Rolf Bernzen

Das Telephon von Philipp Reis

Eine Apparategeschichte

Die Deutsche Bibliothek - CIP Einheitsaufnahme

Bernzen, Rolf:
Das Telephon von Philipp Reis:
Eine Apparategeschichte / Rolf Bernzen.
Marburg: Bernzen, 1999

ISBN 3-00-004284-9

ISBN 3-00-004284-9
Copyright by Dr. Rolf Bernzen
Marburg 1999

Redaktion	Barbara Willmann, Marburg
Layout	Heinz Sieber, Marburg
Gesamtherstellung	Georg Lingenbrink GmbH & Co.
und Auslieferung	Hamburg und Frankfurt

Für Erwin Horstmann

Inhaltsverzeichnis

Vorwort von Dr. Christian Schwarz-Schilling 11

1. Vorbemerkungen 13
1.1 Ziele einer apparategeschichtlichen Betrachtung 15
1.2 Zur Konstruktionsarbeit von Philipp Reis 16
1.3 Aufbau der vorliegenden Untersuchung 20

2. Die Sender 27
2.1 Ausführungsform I 29
2.11 Entstehung und Veröffentlichung 29
2.12 Verbleib 38
2.2 Ausführungsform II 41
2.21 Öffentliche Präsentation und deren Rezeption 41
2.211 Frankfurt am Main 41
2.212 London/ Paris/ Wien 49
2.22 Schriftliche Publikationen, Abbildungen 54
2.23 Verbleib 65
2.24 Funktionsprinzip des Telephons von Reis 65
2.3 Ausführungsform III 71
2.31 Öffentliche Präsentation und deren Rezeption 71
2.32 Schriftliche Publikation, Abbildungen 79

2.4	Ausführungsform IV	85
2.41	Öffentliche Präsentation und deren Rezeption	87
2.42	Schriftliche Publikation und Abbildungen	88
2.5	Ausführungsform V	97
2.51	Ausführungsform Va	98
2.52	Ausführungsform Vb	101
2.6	Ausführungsform VI	105
2.61	Ausführungsform VIa	105
2.62	Ausführungsform VIb	108
2.7	Ausführungsform VII	115
2.71	Veröffentlichungen (Präsentationen)	116
2.711	Frankfurt	116
2.712	Stettin	121
2.713	Newcastel-upon-Tyne	124
2.714	Dublin	125
2.715	Gießen	128
2.716	Wien	132
2.717	St. Petersburg	133
2.718	USA	134
2.719	London	138
2.72	Veröffentlichungen (Bücher/Zeitschriften)	140
2.721	Frankreich	141
2.722	Deutschland	144
2.723	England	145

2.724	Österreich	146
2.73	Varianten	153
2.731	Gestaltung des Sprechrohres	154
2.732	Gestaltung der Signalgeberseite	159
2.733	Anordnung der Kontaktvorrichtung	162
3.	Die Empfänger	163
3.1	Der elektromagnetische Empfänger	165
3.2	Der magnetostriktive Empfänger	177
3.21	Die Entwicklung	177
3.22	Abbildungen, Darstellungen, Präsentationen	182
3.23	Formen des magnetostriktiven Empfängers	182
4.	Schlußbetrachtung	207
4.1	Methodischer und methodologischer Zusammenhang	210
4.2	Der Problemzusammenhang	215
4.3	Apparategeschichtliches Resümee	226
5.	Nachbemerkungen	229
6.	Anhänge	237
6.1	Anhang 1: Prospect von Philipp Reis (1863)	239
6.2	Anhang 2: Vermessungsdaten	245

7.	Verzeichnisse	259
7.1	Literaturverzeichnis	261
7.2	Abbildungsverzeichnis	269
7.3	Apparateverzeichnis	279
8.	Register	305
8.1	Personenregister	307
8.2	Sachregister	311

Vorwort

Die Kommunikationsbranche ist in vollem Umbruch. Wir erleben derzeit die Auflösung der ehemaligen Fernmeldemonopole, die Schaffung freier und wettbewerblich organisierter Märkte. Infolgedessen ist die Weltentwicklung in eine beispiellose Dynamik geraten.

Eine funktionierende Wettbewerbsstruktur ist dabei die wesentliche Voraussetzung, und nicht nur für die Unternehmen, sondern vor allen Dingen für den Kunden, der die Verschiedenartigkeit und kostengünstigste Möglichkeit der Dienste sucht.

Hier zeigt jeder internationale Vergleich, daß, je besser der Wettbewerb vorangekommen ist, je kompetenter die Regulierungsbehörde der Wettbewerb geordnet hat, um so günstiger kann der Kunde modernste Technik und beste Dienstleistungen einkaufen.

Dies ist vor dem Hintergrund der Globalisierung der Volkswirtschaften und Märkte, die eine schnelle Verfügbarkeit und eine schnelle und sichere Verarbeitung und Weiterleitung von Informationen verlangt, eine wesentliche Voraussetzung, um im internationalen Wettbewerb gewinnen zu können.

Die zukünftige Entwicklung wird dabei mehr und mehr der Anwender, der Kunde und nicht mehr der Dienstleister bestimmen, da wir es mittlerweile mit einem ganz klar anwenderorientierten und marktgetriebenen Geschäft zu tun haben.

Die Telekommunikation wird dabei in vielen anderen Bereichen unserer Gesellschaft Umstrukturierungen größten Ausmaßes verursachen. Sie wird große Rationalisierungspotentiale mit Arbeitsplatzreduzierung in Gang setzen, aber auch gewaltige Umstrukturierungen in der ganzen Wirtschaft herbeiführen, die eine Fülle neuer Unternehmungen, von Kleinst- bis Großunternehmen, auf den verschiedensten Gebieten möglich machen.

Dabei stellt das weitere technologische Zusammenwachsen der verschiedenen Branchen, wie der Computerindustrie und der Medienbranche, das technologische Potential, um auch weiterhin neue Produkte und Dienstleistungen zu initiieren.

Daß diese beispiellose Dynamik einmal von der Apparatur eines Telefons ausgehen sollte, war vor über 130 Jahren von keinem Menschen auch nur zu erahnen. So hat erst das Zusammenwachsen der Übertragungstechnologien mit der Mikroelektronik zu den umfassenden technischen, komplexen und höchst differenzierten Kommunikationsmöglichkeiten geführt, deren Ergebnis wir heute ganz selbstverständlich in Anspruch nehmen.

Die Wirklichkeit auf dem Gebiet der Telekommunikation ist heutzutage viel, viel größer, als jede Phantasie seinerzeit auch nur hätte erdenken können.

Tatsächlich stehen wir aber erst am Beginn einer technischen Revolution, deren Weiterentwicklungen und Auswirkungen wir auch jetzt noch nicht absehen können.

Es ist gut, angesichts dieser Entwicklung sich der Anfänge zu erinnern. An dieser Stelle setzt das Ihnen vorliegende Werk an. Es erläutert die apparategeschichtliche Entwicklung des Reisschen Telefons.

Es werden sowohl die konstruktionsgeschichtliche Abfolge bisher bekannter und neuer Gerätevarianten von Reis anhand ermittelter Originalgeräte und zeitgenössischer Quellen rekonstruiert, als auch erstmals genaue Daten und Fakten zur zeitgenössischen Aufnahme, Art und Umfang der Verbreitung der Geräte aufgezeigt.

Die hiermit vorliegende Untersuchung stellt unter Berücksichtigung von neuem und bislang unbeachtetem Quellenmaterial einen wichtigen Beitrag zur Erfindungsgeschichte des Telefons dar, für deren sachgerechte Klärung bisher vielfältige nationale Interessen und Ansprüche - sowohl von amerikanischer, als auch von deutscher Seite - wenig förderlich waren.

Sie würdigt damit auch die Verdienste des deutschen Physikers Philipp Reis um die Erfindung des Telefons und die Begründung der elektrischen Nachrichtentechnik.

Dr. Christian Schwarz-Schilling
Mitglied des Deutschen Bundestages
Bundesminister für Post und Telekommunikation a.D.

Vorbemerkungen

1. Vorbemerkungen

1.1 Ziele einer apparategeschichtlichen Betrachtung

Die folgende Darstellung verfolgt einen - immer noch - unüblichen Ansatz der Betrachtung wissenschafts- und technikgeschichtlicher Zeugnisse. Sie ist der Versuch einer Apparategeschichte.

Ihr Gegenstand wird das Telephon von Philipp Reis (1834-1874) sein, mit dem diesem der Nachweis der elektrischen Übertragbarkeit von Sprache und damit der Basisbeweis der Elektroakustik und der darauf aufbauenden elektrischen Nachrichtentechnik gelang, was anhand der von ihm konstruierten Apparate nachvollziehbar ist.

Die Besonderheit des hier angestrebten apparategeschichtlichen Ansatzes besteht in der Anwendung eines handlungsbezogenen Forschungsansatzes auf einen Gegenstand, dessen Darstellung und Untersuchung traditionell aus anderen Sichtweisen erfolgt.

Entscheidend dabei ist die Grundüberlegung, daß physikalisch-technische Apparate zielgerichtet geschaffene Konstruktionen sind, d.h. sie sind als Konstruktionen nicht isolierte oder problemlos isolierbare technische Objekte, sondern in komplexe kenntnis- und interessengeleitete Handlungszusammenhänge integriert.

Dieser Grundüberlegung folgend wird der (historische) Apparat in zweierlei Hinsicht als Resultat untersucht und dargestellt:

- einerseits als konstruktiver Ausdruck von Problem- und Lösungswissen,

- andererseits gleichzeitig als Ergebnis komplexen gesellschaftlichen Handelns unter konkreten historischen Bedingungen.

Das hier vertretene Verständnis von Apparategeschichte bedeutet eine Veränderung der Sichtweise und Untersuchungsmethodik von historischen Apparaten vor allem dadurch, daß der historische Apparat selbst in seinen verschiedenen Entwicklungsstufen (unter Einbeziehung allen weiteren [Schrift- und Bild-] Quellenmaterials) in den Mittelpunkt der Betrachtung gestellt wird.

Durch Analyse und Vergleich verschiedener Entwicklungsstufen wird dabei eine Rekonstruktion des Weges und der verschiedenen Stationen des Problemlösungsprozesses in dessen historischem Kontext möglich und damit der wissenschafts- und technikgeschichtliche Wert von Apparaten als historischen Quellen für Anfangs-, Zwischen- oder Endergebnisse physikalisch-technischer Problemlösungsprozesse hervorgehoben.

Gleichzeitig wird es möglich, den wissenschaftsgeschichtlichen Eigenwert von technisch überwundenen oder in der weiteren Entwicklung aufgegebenen Zwischenlösungen durch die Rückbesinnung auf den Prozeß des methodischen Problemlösens angemessen zu würdigen.

Werden vom historischen Apparat ausgehend die historischen Zusammenhänge und Bedingungen seiner Konstruktion im Kontext der damit durchgeführten Problemlösungsprozesse untersucht, so wird dabei eine Verortung des technischen Konstrukts im komplexen wissenschafts- und sozialgeschichtlichen Bedingungsgefüge seiner Entstehung darstellbar.

Durch die hier angestrebte Art und Ausrichtung der Betrachtung soll dem historischen Quellenwert physikalisch technischer Apparate Rechnung getragen werden. Gleichzeitig soll die Aufmerksamkeit auf diese vernachlässigte Form gegenständlicher Überlieferung gelenkt, auf ihren Aussagewert aufmerksam gemacht und zu einem respektvolleren Umgang mit solchen wertvollen Zeugnissen früherer Jahrhunderte angeregt werden, wie er für andere historische Quellengattungen seit langem selbstverständlich ist.

1.2 Zur Konstruktionsarbeit von Philipp Reis

Kaum eine Erfindung hat so viele Bereiche unseres Lebens so grundlegend verändert wie das Telefon. Kaum eine Erfindung ist aber auch in ihren Ursprüngen ähnlich umstritten wie das Telefon.

Bei den hier zu betrachtenden Telephon-Apparaten handelt es sich um Geräte, die Philipp Reis zwischen 1861 und 1864 der Öffentlichkeit vorstellte. Die ersten Anfänge der Beschäftigung von Reis mit dem Problem der Reproduktion von Tönen mit Hilfe des galvanischen Stroms reichen -

nach eigenen Angaben von Reis - bis in die frühen 50er Jahre des 19. Jahrhunderts zurück. Später (1861) schrieb er hierzu:

„Dem mit den Lehren der Physik nur oberflächlich Bekannten scheint die Aufgabe, wenn er dieselbe überhaupt kennt, weit weniger Schwierigkeiten zu bieten, weil er eben die meisten nicht voraussieht. So hatte auch ich vor etwa 9 Jahren (mit viel Begeisterung für das Neue und nur unzureichenden Kenntnissen in der Physik) die Kühnheit, die erwähnte Aufgabe lösen zu wollen, mußte aber bald davon abstehen, weil gleich der erste Versuch mich von der Unmöglichkeit der Lösung fest überzeugte. Später, nach weiteren Studien und manchen Erfahrungen, sah ich wohl ein, daß mein erster Versuch ein sehr roher, keineswegs überzeugender gewesen; ich griff aber die Frage in der Folge nicht wieder ernstlich auf, weil ich mich den Hindernissen des zu betretenden Weges nicht gewachsen fühlte. Jugendeindrücke sind aber stark und daher nicht leicht zu verwischen. Ich konnte den Gedanken an jenen Erstlingsversuch und seine Veranlassung trotz aller Einsprache des Verstandes nicht los werden, und so wurde denn, halb ohne es zu wollen, in mancher Musestunde das Jugendproject wieder durchgenommen, die Schwierigkeiten und die Hülfsmittel zu deren Ueberwindung abgewogen und - zum Experiment vorerst noch nicht geschritten." [1]

Reis erwähnt hier die in der Forschung bislang kaum beachtete vorexperimentelle Phase seiner Untersuchungen, deren genauere methodische und methodologische Zusammenhänge noch erörtert werden sollen. In völlig anderem Zusammenhang [2] (und nochmals sieben Jahre später) teilte er in einer vielfach falsch, da kontextunabhängig interpretierten Äußerung mit, daß es wesentlich der Physikunterricht gewesen sei (den er seit 1858 an der Schule, die er selbst als Schüler besucht hatte, dem

---

1. *Philipp Reis: Ueber Telephonie durch den galvanischen Strom. In: Jahres-Bericht des physikalischen Vereins zu Frankfurt am Main für das Rechnungsjahr 1860 - 1861, S.57-64 (mit Tafel I, II, III) (im weiteren zitiert als: Reis (1861)), hier S. 57f.*
2. *Der Zusammenhang wird näher erörtert in: Bernzen: Philipp Reis. Formen, Phasen und Motivationen der Auseinandersetzung mit dem Telephon. Versuch einer Bestandsaufnahme. Berliner Beiträge zur Geschichte der Naturwissenschaften und der Technik Nr. 16, Berlin 1992. [Wiederabgedruckt in Becker, Jörg (Hrsg.): Fernsprechen. Internationale Fernmeldegeschichte, -soziologie und -politik. Berlin 1994, S. 46-89].*

'Institut Garnier' in Friedrichsdorf [3] in der Landgrafschaft Hessen - Homburg, zu erteilen hatte), der ihn zu einer Wiederaufnahme seiner Arbeiten veranlaßte:

„Im Frühjahr 1858 besuchte ich meinen ehemaligen Lehrer, den früheren Vorsteher der hiesigen Anstalt, Herrn Studienrath Garnier, an welchem ich jederzeit einen väterlichen Freund gefunden hatte. Als ich demselben meine Absichten und Aussichten darlegte, bot er mir eine Stelle an seinem Institute an. - Theils Dankbarkeit und Anhänglichkeit, theils der rege Wunsch, mich recht bald nützlich zu machen, veranlaßten mich, die mir angebotene Stelle zu acceptiren ... Bis Ostern 1859 gab ich nur wenig Unterricht, benutzte aber diese Zeit, um mich auf die mir für die Folge zu übertragenden Fächer noch recht gründlich vorzubereiten, wobei ich jederzeit den freundlichen Rath des Dirigenten der Anstalt sowie den meiner älteren Collegen fleißig benutzte. Später übernahm ich die mir bestimmten Fächer. Meine freie Zeit benutzte ich stets zur Weiterbildung, besonders zum Studium pädagogischer Schriften. Durch meinen Physikunterricht dazu veranlaßt griff ich im Jahre 1860 eine schon früher begonnene Arbeit über die Gehörwerkzeuge wieder auf und hatte bald die Freude, meine Mühen durch Erfolg belohnt zu sehen, indem es mir gelang, einen Apparat zu erfinden, durch welchen es möglich wird die Funktionen der Gehörwerkzeuge klar und anschaulich zu machen; mit welchem man aber auch Töne aller Art durch den galvanischen Strom in beliebiger Entfernung reproduciren kann. - Ich nannte das Instrument 'Telephon'." [4]

---

3. *Zur Entwicklung der Schule existiert an älterer Literatur vor allem eine Festschrift, die im Jahre 1896 von Dr. L. Proescholdt, einem ehemaligen Leiter des Instituts, herausgegeben wurde. Erst in jüngster Zeit werden detailliertere sozialgeschichtliche Untersuchungen der sozialen Milieus von Lehrer- und Schülerschaft durchgeführt und die Gründe des Erfolgs dieser Bildungseinrichtung einer eingehenderen Analyse unterzogen. Vgl. dazu Silke Lorch-Göllner: Vom ‚Maison D'Éducation' zur Garnier'schen Lehr- und Erziehungsanstalt - Erziehung und Bildung angehender junger Kaufleute in Friedrichsdorf in den Jahren 1836 bis 1860. In: 'Suleburc Chronik', Schriften zur Geschichte der Stadt Friedrichsdorf, Heft 8, Friedrichsdorf 1996.*

4. *„Curriculum vitae des Lehrers Johann Philipp Reis in Friedrichsdorf b. Homburg". Das Original dieses von Reis im Juni 1868 handschriftlich verfaßten Lebenslaufes befindet sich heute im Deutschen Museum in München (Handschriftenabteilung: Stand-Nr. 3341). Die zitierte Passage befindet sich auf Blatt 9f. Als Reis diese Zeilen schrieb, war er bemüht, seine päd-*

Der unerwartete und unvorbereitete Einstieg ins praktische Berufsleben dürfte Reis zunächst wenig Zeit für private Forschungsinteressen gelassen haben. Dies gilt umso mehr, als dieser Schritt für Reis mit einer grundlegenden Änderung seiner Lebensverhältnisse (Wohnort- und Landeswechsel: von Gelnhausen im Kurfürstentum Hessen-Kassel ins landgräflich hessisch-homburgische Friedrichsdorf, Heirat[5], Verkauf seines Besitzes in Gelnhausen[6], Grunderwerb in Friedrichsdorf[7] etc.) verbunden war.

Seit Frühjahr 1859 voll in den regulären Unterrichtsplan eingespannt, gelang es ihm jedoch bald, sein privates Forschungsinteresse mit seiner Tätigkeit als Physiklehrer zu verbinden. Im Sommer 1860 verzeichnete er erste experimentelle Erfolge und im Oktober 1861 begann er sein Telephon öffentlich vorzustellen.

Seinen ersten öffentlichen Experimentalvortrag hielt Reis am 26. Oktober 1861 vor dem „Physikalischen Verein" in Frankfurt[8]. (Thema seines Vortrags: „Ueber die Fortpflanzung musikalischer Töne auf beliebige Entfernungen durch Vermittlung des galvanischen Stromes")[9]. Ein Ergänzungs-

agogischen Kenntnisse und Leistungen herauszustellen, denn wegen seines fehlenden berufsqualifizierenden Abschlusses war seine Anstellung als Lehrer gefährdet. Daß er in dieser Situation seinem Telephon auch eine pädagogisch-didaktisch wichtige Demonstrationsfunktion zuzuordnen bemüht ist, erklärt sich aus der Situation, zumal ihm der eigentlich erstrebte Durchbruch in der Physik nicht gelungen war. Die pädagogisch-didaktische Bedeutung des Telephons von Reis als Demonstrationsmodell gehörphysiologischer Zusammenhänge ist allerdings begrenzt.
5. *Reis heiratete am 14. September 1858 in Gelnhausen die Tochter seines früheren Vormundes, Margarete Schmidt.*
6. *Hessisches Staatsarchiv Marburg: Protokolle II Gelnhausen, Nr. 6, Bd. 20.*
7. *Reis erwarb für Fl. 5500 ein Haus in Friedrichsdorf. Der Kaufbrief wurde am 12. Juni 1858 ausgefertigt und am 7. September durch das Landgräfliche Justizamt in Homburg bestätigt. Eine Ausfertigung des Kaufbriefes befindet sich im Archiv Gruner in Friedrichsdorf.*
8. *Vgl. Abschnitt 2.2 der vorliegenden Darstellung.*
9. *Vgl. dazu: Jahres-Bericht des physikalischen Vereins für das Rechnungsjahr 1861-1862, S. 13. Vgl. ferner die Darstellung der II. Ausführungsform des Senders.*

vortrag hierzu - ohne experimentelle Vorführungen - fand ebenfalls vor dem „Physikalischen Verein" am 16. November 1861 statt. (Thema des Vortrages: „Darlegung einer neuen Theorie über die Wahrnehmung der Akkorde und der Klangfarben als Fortsetzung und Ergänzung des Vortrages über das Telephon."). Seinen zweiten wichtigen öffentlichen Experimentalvortrag hielt Reis am 11. Mai 1862 vor dem „Freien Deutschen Hochstift" in Frankfurt. (Thema des Vortrages: „Die Telephonie durch Leitung des galvanischen Stromes")[10]. Bei dieser Gelegenheit stellte Reis eine andere Ausführungsform seiner Geräte vor[11]. Eine dritte Form präsentierte er erstmals am 4. Juli 1863 wieder vor dem Physikalischen Verein in Frankfurt (Thema des Vortrages: „Über die Fortpflanzung der Töne auf beliebig weite Entfernungen, mit Hülfe der Electricität, unter Vorzeigung eines verbesserten Telephons und Anstellung von Versuchen damit.") [12]. Apparate derselben Konstruktionsart, die er seit Juli 1863 auch gewerblich vertrieb, führte er schließlich auf der 39. Versammlung der „Gesellschaft Deutscher Naturforscher und Ärzte" am 21. September 1864 in Gießen vor [13].

1.3 Aufbau der vorliegenden Untersuchung

Diese Telephongeräte, die Reis zwischen 1860 und 1863 entwickelte, müssen in zwei verschiedene Apparategruppen eingeteilt werden:

Gruppe 1

die Gruppe der Sender. Reis selbst sprach von „Gebern". In der Terminologie der elektrischen Nachrichtentechnik spricht man heute von „Mikrophonen".

---

10. *Vgl. dazu die Darstellung der III. und IV. Ausführungsform des Senders.*
11. *Vgl. Abschnitt 2.3.*
12. *Vgl. dazu: Jahres-Bericht des physikalischen Vereins für das Rechnungsjahr 1862 - 1863, S. 35. Vgl. ferner: die Darstellung der VII. Ausführungsform des Senders.*
13. *Vgl. dazu: Amtlicher Bericht über die neun und dreissigste Versammlung Deutscher Naturforscher und Ärzte in Giessen im September 1864. Herausgegeben von den Geschäftsführern Wernher und Leuckart. Giessen 1865, S. 84. Vgl. ferner die Darstellung der VII. Ausführungsform des Senders.*

Gruppe 2

die Gruppe der Empfänger. Reis selbst sprach von „Nehmern". In der Terminologie der elektrischen Nachrichtentechnik spricht man heute von „Lautsprechern".

Die Geräte der Gruppe 1) waren nur zum Senden und die der Gruppe 2) nur zum Empfangen vorgesehen und geeignet.

Zu Lebzeiten von Reis wurden vier verschiedene Formen von Sendern und zwei verschiedene Formen von Empfängern der Öffentlichkeit vorgestellt, in der Fachliteratur beschrieben und in der zeitgenössischen Presse dargestellt. Es handelt sich hierbei um die in der nachfolgenden Darstellung als II., III., IV. und VII. Ausführungsform des Reisschen Senders und die als I. und II. Ausführungsform des Empfängers abgehandelten Geräte. Darüber hinaus sind wir durch Berichte von Assistenten sowie durch Geräte, die nach dem Tode von Reis in dessen Laboratorium aufgefunden wurden, über eine Reihe von Zwischenstufen und Gerätevarianten informiert, die ein Bild von der außerordentlich vielgestaltigen Apparateentwicklung in dieser Anfangsphase der Elektroakustik und der elektrischen Nachrichtentechnik liefern.

In die nachfolgende Darstellung der historischen Entwicklung der Konstruktionsgeschichte des Reisschen Telephons wurden als selbständige Ausführungsformen (des Senders und Empfängers) nur solche Geräte aufgenommen, die entweder eine zeitgenössische Veröffentlichung erfahren oder sich erhalten haben. Gerätevarianten, die nur durch Berichte von Assistenten oder Augenzeugen belegt sind, wurden in die Darstellung der entwicklungsgeschichtlich nächstliegenden Ausführungsform integriert. Auf diese Weise kommen wir zu einer Unterscheidung von insgesamt sieben Ausführungsformen des Senders und zwei Ausführungsformen des Empfängers, die nachfolgend - beginnend mit den Sendern - in ihrer entwicklungsgeschichtlichen Aufeinanderfolge [Abbildungen 1 bis 4] dargestellt seien:

Abbildung 1

Ausführungsformen des Senders
Konstruktionszeitraum 1860/61 bis 1862

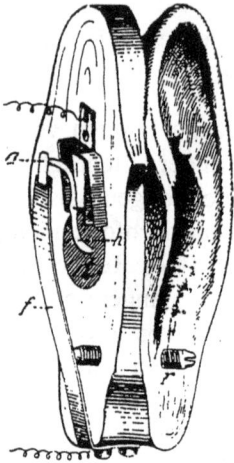

Nr. I (vor 1861)

Nr. II (1861)

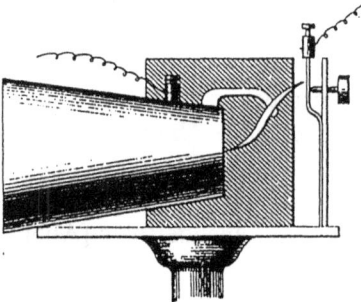

Nr. III (1861/62)

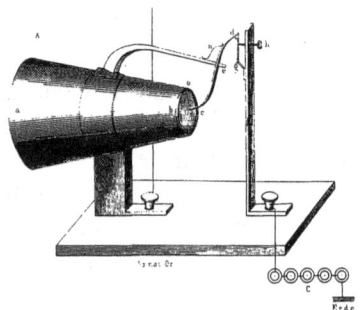

Nr. IV (1862)

Abbildung 2

Ausführungsformen des Senders
Konstruktionszeitraum 1862/63

Nr. Va (1862/63)

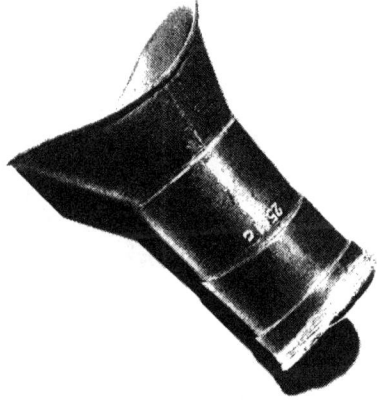

Nr. Vb (1862/63)

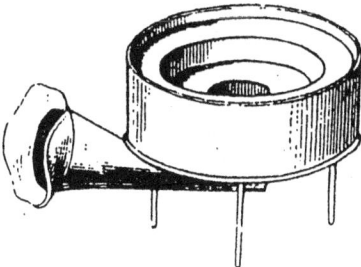

Nr. VIa (1862/63)

Nr. VIb (1862/63)

Abbildung 3

Ausführungsformen des Senders
Konstruktionszeitraum ab 1863

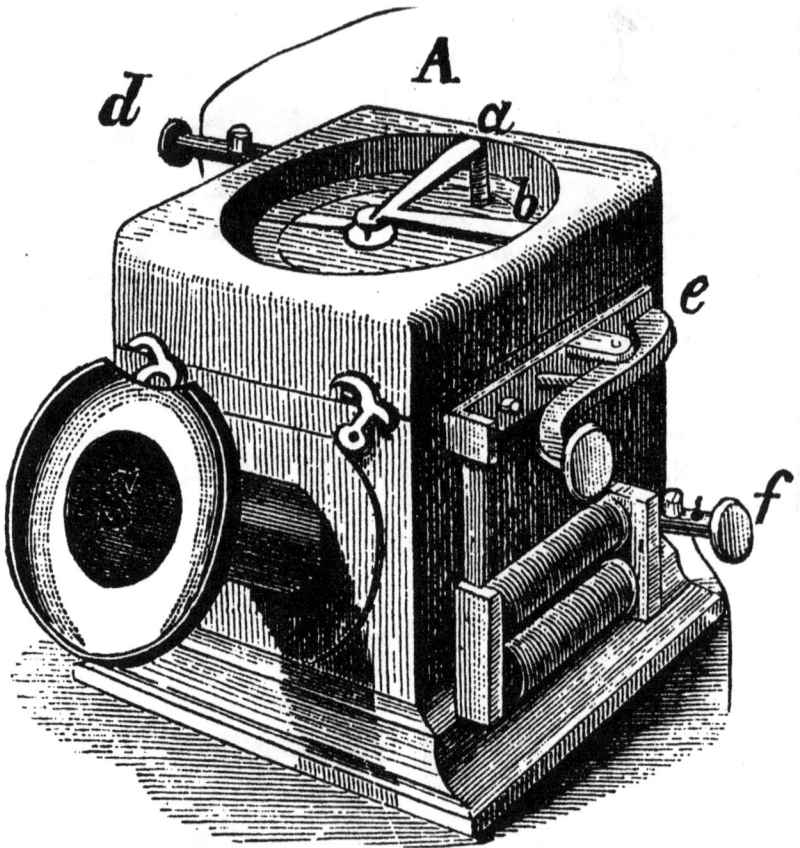

Abbildung aus dem Prospect von Ph. Reis (1863)

Nr. VII (1863)

Abbildung 4

Ausführungsformen des Empfängers
Konstruktionszeitraum 1860/61 bis 1863

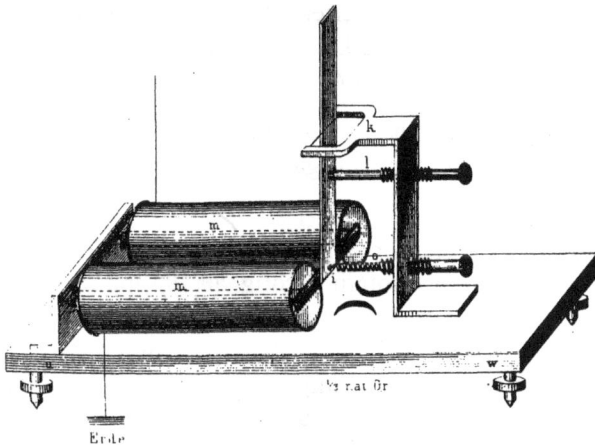

Nr. I (elektromagnetisch) 1862

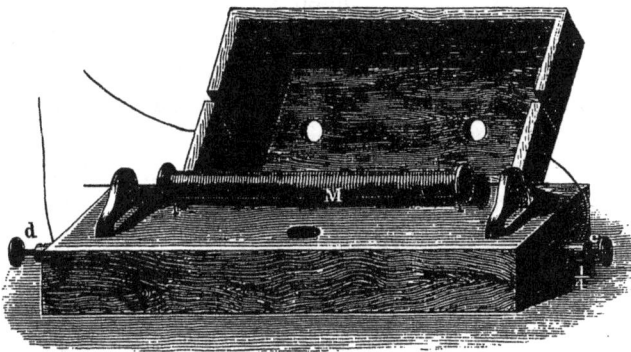

Nr. II (magnetostriktiv) 1861-1863

Neben diesen **Typnummern**, die hier von mir zur eindeutigen Bezeichnung der sieben Ausführungsformen des Senders (Schreibweise mit römischen Zahlen: S I - S VII), und der beiden Formen des Empfängers (Schreibweise: E I und E II) eingeführt wurden, müssen leider im folgenden noch einige andere Numerierungssysteme eingeführt werden, die sich auf ganz unterschiedliche Dinge beziehen. Da sind zunächst einmal - wie bei den vorangegangenen Abbildungen bereits eingeführt -

Abbildungsnummern, d.h. jede Abbildung dieses Buches erhält eine fortlaufende Abbildungsnummer, ganz unabhängig von dem, was darauf abgebildet ist.

Gerätenummern: Weiterhin wird der Begriff der Gerätenummer gebraucht werden. Dies ist insofern wichtig, als Philipp Reis selbst die Sender der VII. Ausführungsform seines Telephons aus der Herstellung der Firma Albert in Frankfurt vor der Auslieferung mit Gerätenummern (Vgl. S. 117, 125) versah. Nur sehr wenige Geräte mit solchen Nummern sind erhalten: Es handelt sich dabei um die Sender mit den Gerätenummern 2, 14, 43, 50, 52 und 59. D.h. heißt für den Sender mit der Gerätenummer 50 aus dem Jahr 1863 gilt unter Weiterführung der bisher eingeführten Schreibweise: (S VII [Albert, Frankfurt: 50] 1863).

Apparatenummern: Die Sender der Ausführungsformen I - VI und alle Empfänger wurden von Reis selber nicht numeriert, ebenso wenig natürlich die zeitgenössischen Nachbauten, so daß der hier behandelte Gerätebestand nicht allein mit Hilfe der von Reis vergebenen Gerätenummern komplett erfaßt werden kann. Deshalb war es notwendig, jeden der in der vorliegenden Darstellung besprochenen Apparate (egal ob dessen Verbleib geklärt ist oder nicht) zur eindeutigen Identifizierbarkeit eine Apparatenummer zuzuweisen. Durch diese Apparatenummer ist eine eindeutige Identifizierung des jeweils besprochenen Apparates möglich. Im Registerteil wird es einen Katalog der verschiedenen Apparate mit Texthinweisen geben.

Inventarnummern: Die erhaltenen Originalgeräte von Philipp Reis befinden sich heute - soweit bisher bekannt - nahezu ausschließlich in Museumsbesitz, und natürlich haben diese Geräte in den Sammlungsbeständen Inventarnummern, die hier ebenfalls verzeichnet sind.

Die Sender

2.1 Ausführungsform I des Senders

2.11 Entstehung und Veröffentlichung

Erst 1882, acht Jahre nach dem Tode von Philipp Reis, wurde der früheste von ihm entwickelte Sendertyp erstmals einer größeren Öffentlichkeit bekannt gemacht. Einer der namhaftesten und bedeutendsten englischen Experimentalphysiker des ausgehenden 19. und beginnenden 20. Jahrhunderts, Silvanus Phillips Thompson (1851-1918)[1], berichtete in den „Proceedings" der 1862 gegründeten „Bristol Naturalists' Society"[2] über die Konstruktionsarbeit von Reis und präsentierte als deren erstes Ergebnis auch die (vermutlich nach 1858 mit Sicherheit aber vor 1861 konstruierte) erste Ausführungsform des Reisschen Senders.

Dieser früheste Sendertyp hatte die Form eines menschlichen Ohres. [App. 1.001, siehe Abbildungen 5-8]. Dem Gerät, das in der nachfolgenden Forschung vielfach als eine Art Kuriosum betrachtet wurde, kommt im methodischen und konstruktiven Vorgehen von Reis eine besondere Bedeutung zu. Denn wie kein anderer seiner Apparate verdeutlicht diese erste Ausführungsform des Senders Reis' methodischen Ansatz, den er in den nachfolgenden Ausführungsformen des Senders kontinuierlich zu perfektionieren suchte.

Diese erste öffentliche Vorstellung der I. Ausführungsform des Reisschen Senders durch Thompson erfolgte in einer Zeit höchst kontroverser, international geführter Auseinandersetzungen um die Erfindung des Telephons, die ich an anderer Stelle dargestellt habe.[3]

Thompson war nicht nur - wie erwähnt - einer der namhaftesten Experimentalphysiker seiner Zeit, sondern er spielt für die wissenschaftliche

---

1. Zu *Silvanus Phillips Thompson (1851-1918)* vgl.: *Dictionary of Scientific Biography (Hrsg. C.C. Gillispie) Vol. XIII, New York 1976, S. 356-357 (Verf. Ch. Süsskind).*
2. *Silvanus Phillips Thompson: The First Telephone. In: Proceedings of the Bristol Naturalists' Society. Vol. IV, (New Series), 1882-1885, S. 45 - 53. Im weiteren zitiert als Thompson (1882).*
3. *Vgl. Bernzen (1992).*

Beschäftigung mit den Arbeiten von Philipp Reis bis heute eine ganz zentrale Rolle. Seine Recherchen und Analysen zur Arbeit von Philipp Reis prägen - wie keine spätere Untersuchung - die wissenschaftliche Auseinandersetzung bis in die aktuelle Gegenwart. Auch wenn wir hier in unseren Überlegungen erstmals - wie wir aber meinen: begründet - von seinen Einschätzungen, Systematisierungen und Bewertungen abweichen werden, so soll die grundsätzliche Bedeutung seiner wissenschaftshistorischen Arbeit dadurch nicht geschmälert werden. Doch angesichts der Fülle neuer Quellen, materieller Befunde und theoretischer Erkenntnisse, die inzwischen vorgelegt worden sind und die wir hier vorlegen werden, muß auch Thompsons wichtige Untersuchung als historisches Dokument[4] betrachtet werden, beispielgebend und wegweisend, aber in sehr vielen Punkten sachlich überholt. Thompsons Grundeinschätzung, daß Philipp Reis derjenige war, dem erstmals die Übertragung von Sprache auf elektrischem Wege gelungen ist, wird hier - wie physikwissenschaftlich immer wieder bestätigt - nachdrücklich geteilt.

Wann Thompson das Reis-Telephon kennengelernt hat, konnte nicht mit Sicherheit festgestellt werden. In Thompsons Biographie heißt es dazu unbestimmt:

„In this country the only well-known forms of telephone were those invented in America by Dr. Graham Bell and Mr. T. A. Edison, but during one of his visits to Germany, Thompson had come across an earlier form of telephone, which was regarded there as the original and first telephone invented. He was much interested in it, and set about tracing the history and construction of this instrument."[5]

Sicher ist jedoch, daß er im Zusammenhang mit Vorträgen in Lancashire und Cheshire im Januar 1882 einen ehemaligen Schüler von Reis, Ernst Horkheimer (1844-?) [6], in Manchester aufsuchte. An seine Frau schrieb

---

4. Vgl. Bernzen (1992)
5. Jane S. und Helen G. Thompson: Silvanus Phillips Thompson. His Life and Letters. London 1920, S. 111. Im weiteren zitiert als Thompson und Thompson (1920).
6. Die Ermittlung biographischer Daten erwies sich hier als sehr schwierig. Nach den Schulakten des Institut Garnier im Stadtarchiv in Friedrichsdorf

Thompson in diesem Zusammenhang:

„I had an hour in Manchester with Mr. Horkheimer, a former pupil of Reis, who told me lots of things about the telephone, and is going to give me two which he himself had set up in his house in 1875"[7].

Um welche Geräte es sich hierbei genau gehandelt hat, ist unsicher. Jedoch dürfte Thompson spätestens in diesem Zusammenhang von der frühesten Ausführungsform des Reisschen Senders erfahren haben. Doch - wie gesagt - der genaue Verlauf der ersten Thompsonschen Ermittlungen ist unklar.

Einige Monate später, als er die Ergebnisse seiner bisherigen experimentellen und historischen Untersuchungen in den „Proceedings of the Bristol Naturalists' Society" veröffentlichte, war er jedoch unzweifelhaft im Besitz mehrerer Geräte von Reis, darunter eben dieser ersten Ausführungsform des Reisschen-Senders. In seiner Biographie heißt es dazu:

„Thompson had procured some of the apparatus made by this man (Reis -RB) , and the reprint of his lecture was illustrated by drawings of it made by himself." (Bei dem hier erwähnten Reprint handelt es sich um den Aufsatz von Reis, auf den wir im Zusammenhang mit der nächsten Ausführungsform des Senders genauer eingehen werden. Weiter heißt es an dieser Stelle der Thompson Biographie:) „The most interesting form was a receiver of wood made in the form of a human ear, with a metal tympanum against which rested a curved lever of platinum wire."[8]

---

ist Ernst Horkheimer am 15.12.1844 geboren und besuchte die Schule vom 8.4.1861 bis zum 28.3.1862. Dies ist der Zeitraum, in dem er Reis assistiert haben kann. Sein Vater war Kaufmann in Frankfurt, also mit großer Wahrscheinlichkeit Bernhard Horkheimer (Sohn des Hayum Löb Horkheimer), der 1843 Jeanette Flörsheim (Tochter des Salomon Jakob Flörsheim) geheiratet und am 25. Juli 1849 in das Frankfurter Bürgerrecht aufgenommen worden war. Bernhard Horkheimer war Tuchhändler und zuerst Prokurist der Firma Ernst Lochner, dann Teilhaber der Firma Ernst Lochner und Horkheimer.
7. *Thompson und Thompson (1920) S. 111f.*
8. *Thompson und Thompson (1920) S.112.*

Den Biographinnen Thompsons unterläuft hier ein bezeichnender Fehler. Sie halten „das Ohr" fälschlich für einen Empfänger („receiver") und nicht für einen Sender, denn naheliegenderweise ist das Ohr als menschliches Organ ein Instrument zum Empfangen und nicht zum Senden von Schallwellen.

Thompson hatte die spektakuläre Bedeutung des Gerätes (als frühester Ausführungsform des Senders) jedoch durchaus erkannt. Er wußte, daß die Präsentation dieses Gerätes als erster Form des Telephons überhaupt eine wissenschaftliche Sensation war.

Er sei, schrieb Thompson in den „Proceedings", im Besitz der Geräte, die Reis seinerzeit (1861) vor dem Physikalischen Verein vorgeführt habe, und „ ...I have also temporarily entrusted to me a still earlier experimental telephone, made by Philipp Reis, in the form of a model of the human ear."[9]

In Verlauf unserer weiteren Untersuchung werden wir uns mit der Frage beschäftigen müssen, ob Thompson tatsächlich - wie allgemein angenommen - hier im Besitz des Originalgerätes von 1861 war, d.h. des Gerätes, das Reis 1861 im „Physikalischen Verein" in Frankfurt vorstellte.

Hier jedoch ist erst einmal wichtig, daß Thompson auf dieses Telephon von 1861 (das als nächstes als II. Ausführungsform zu betrachtende Gerät) in diesem frühen Aufsatz nur sehr knapp einging. Er konzentrierte sich auf das „Ohr"[10].

Thompson gab eine physikalisch-technische Beschreibung des Gerätes:

„It is carved in oak-wood. Of the tympanic membrane only small fragments now exist. Against the centre of the tympanum rested the lower end of a little curved lever of platinum wire, which represented the 'hammer' bone of the human ear.

---

9. *Thompson (1882) S. 47.*
10. *Thompson wählte Bezeichnungen, die die Geräte von Reis - abgesehen vom hier besprochenen „Model Ear" nicht eindeutig charakterisieren und zu Verwechslungen Anlaß geben, z.B. „Bored Block" (Hohlwürfel) für die II. Ausführungsform des Senders oder „Square Box" (Würfelform) für die VII. Ausführungsform des Senders. Wir werden sie daher nicht übernehmen.*

Abbildung 5

I. Ausführungsform des Senders

Foto aus dem ehemaligen Reichspostmuseum

Abbildung 6

I. Ausführungsform des Senders

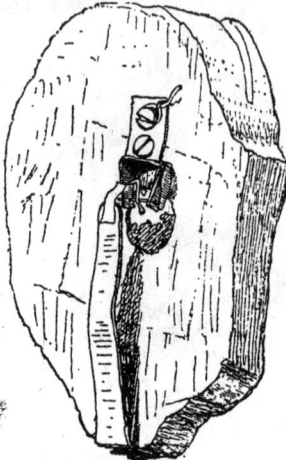

Fig. 2.

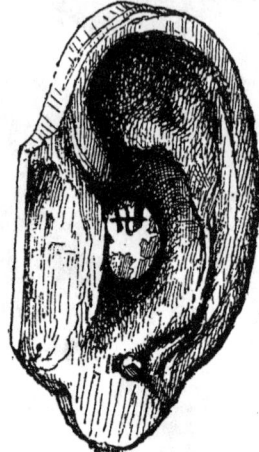

Fig. 3.

Fig. 4

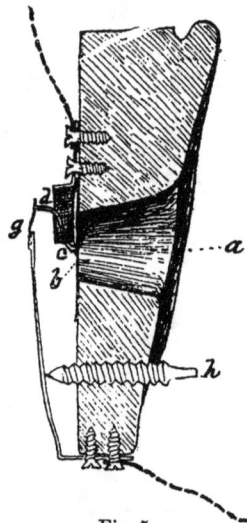

Fig. 5.

Abbildungen nach Thompson (1883) Fig. 2-5

Abbildung 7

I. Ausführungsform des Senders

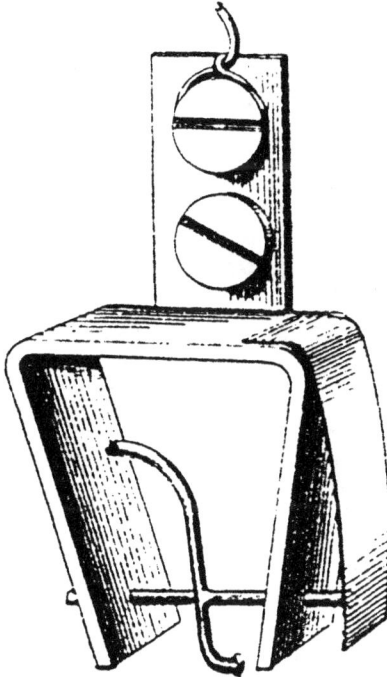

Fig. 6.

Detail-Abbildung nach Thompson (1883) Fig. 6

Abbildung 8

I. Ausführungsform des Senders

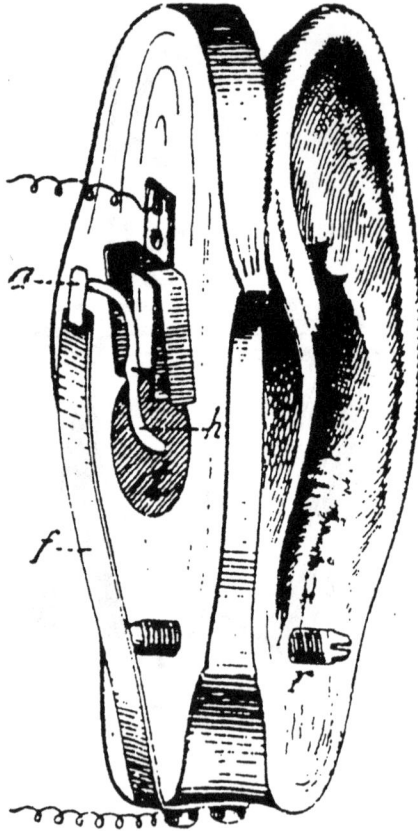

Abbildung nach Hartmann (1899) S. 13

This curved lever was attached to the membrane by a minute drop of sealing-
wax, so that it moved in correspondence with every movement of the tympanum.
It was pivotted near its centre by being soldered to a short cross-wire serving as
an axis. The upper end of the curved lever rested in loose-contact against the upper end of a vertical spring, about one inch long, bearing at its summit a slender
and resilient strip of planinum foil (see Fig. 4). An adjusting screw served to regulate the degree of contact between the vertical spring and the curved lever.
Conducting wires by means of which the current of electricity entered and left
the apparatus were affixed to screws in connection respectively with the support
of the pivotted lever and with the vertical spring. A springy strip of platinum
pressed against the end of the pivot of the lever (as shewn [=shown R.B.] en-
larged in fig. 5) to ensure good electrical contact." [11]

Von besonderem Interesse für uns ist, daß er seinen Ausführungen vier
Abbildungen (Stiche) dieses Apparates hinzufügt und zwar mit Informationen, die über seine spätere Buchveröffentlichung[12] hinausgehen. Diese
erlauben uns eine relativ präzise Einschätzung der Größenverhältnisse
dieses Gerätes. Denn Thompson vermerkt hier: „This interesting instrument
is depicted in its actual condition and size in Figures 1, 2, and 3, and in section in
Fig. 4" [13]. Das heißt, soweit die mir vorliegenden Abbildungen für eine
vorläufige Größenbestimmung ausreichen, kann von einer Maximalhöhe
des Gerätes von ca. 63 mm und einer Maximalbreite von ca. 35 mm ausgegangen werden. Die Maximaltiefe liegt am oberen Geräterand bei ca.
20 mm und beim unteren Geräterand bei ca. 8 - 9 mm.

Thompson experimentierte mit den Geräten von Reis und entschloß sich,
fasziniert von seinen Ergebnissen, zu einer genaueren Untersuchung, die
dann im Herbst 1883 unter dem Titel: „Philipp Reis, Inventor of the Telephon." in London.[14] erschien. Hierin übernahm er sowohl seine Abbildungen dieser ersten Ausführungsform des Reis Senders als auch die
Textdarstellung aus den „Proceedings" weitestgehend.

11. *Thompson (1882) S. 48f.*
12. *Silvanus Phillips Thompson,: Philipp Reis: Inventor of the Telephone. A
     biographical Sketch with documentary Testimony, Translations of the
     Original Papers of the Inventor and contemporary Publications. Lon-
     don/New York 1883.*
13. *Thompson (1882) S. 47.*
14. *Thompson (1883) S. 17 und 17, Fig. 2 - 6.*

Sein Aufsatz in den „Proceedings" hatte zu vielen Nachfragen geführt. Daraufhin präsentierte Thompson diese erste Ausführungsform des Senders von Reis in der Folgezeit mehrfach in der englischen Öffentlichkeit, z. B. am 11. November 1882 vor der bedeutenden „Physical Society of London"[15].

2.12 Verbleib

Nach Angaben von Thompson[16] stammte dieses Gerät, dem wir die Apparatenummer: [App. 1.001] gegeben haben, das er sich vorübergehend ausgeliehen hatte, aus dem Besitz des „Institut Garnier[17]", der Schule, an der Reis von 1858 bis zu seinem Tode als Lehrer tätig war. Es ist naheliegend, Horkheimer hier eine wichtige Vermittlerrolle zuzuordnen. Daß sich das Gerät zu diesem Zeitpunkt in der Physikalischen Sammlung der Schule befunden hat, ist sicher, denn nach Reis' Tod im Jahre 1874 gingen einige in seinem Besitz befindliche Apparate, darunter dieser Sender, an die physikalische Sammlung des „Institut Garnier".

Einige Jahre später (1878) veröffentlichte der langjährige Leiter dieser Schule, Prof. Dr. Karl Wilhelm Schenk (1825-1880)[18], die erste zusammenfassende Studie über Reis[19]. In einem kurzen Abschnitt seiner Schrift gab er unter dem Titel „Des Erfinders erste Apparate"[20] eine Darstellung von drei verschiedenen Sendertypen (diese entsprechen hier den Ausführungsformen Va, VIa und VII), die er als die „ersten Apparate, welche

---

15. *The Physical Society of London. Proceedings. Vol. V., Part III, October 1882 to April 1883. London 1883, S. 5f.*

16. *Thompson (1882) S. 47, Anm. 1.*

17. *Durch die heute noch erhaltenen Institutsakten im Stadtarchiv Friedrichsdorf konnte dieser Vorgang nicht mehr belegt werden.*

18. *Zur Biographie Schenks siehe: Festschrift zur Feier des 60jährigen Bestehens der Garnier'schen Lehr- und Erziehungsanstalt zu Friedrichsdorf (Taunus), 15. und 16. August 1896, Hrsg. Dr. L. Proescholdt), Homburg v. d. Höhe 1896, S. 3-23.*

19. *(Karl) Schenk: Philipp Reis, der Erfinder des Telephon. Frankfurt a. M. 1878.*

20. *Schenk (1878) S. 8f.*

noch vorhanden sind" bezeichnete[21]. Es stellt sich die Frage, warum
Schenk hierin diese I. Ausführungsform des Reisschen Senders nicht erwähnt, obgleich sie sich damals bereits im Besitz der physikalischen
Sammlung seiner Schule befand. Wieso erwähnt er auch die von Reis bei
seinen Experimentalvorträgen benutzten Ausführungsformen nicht, obwohl er diese ebenfalls gekannt hat? Denn Schenk war mit den Arbeiten
von Reis gut vertraut und über dessen Experimentalvorträge genau informiert. Wir werden diese Fragen an späterer Stelle (V. und VI. Ausführungsform des Senders) zu beantworten versuchen. Der weiteren Darstellung vorgreifend kann jedoch schon hier gesagt werden, daß die Darstellung Schenks in der nachfolgenden Literatur zu dem Mißverständnis geführt hat, daß es sich bei diesen bei Schenk abgebildeten Geräten auch
um die frühesten Ausführungsformen des Reisschen Senders überhaupt
gehandelt habe[22]. Halbwegs amtlichen Charakter bekam diese Annahme
vor allem durch die Tatsache, daß auch eine zwei Jahre später von der
Kaiserlichen Deutschen Reichspost herausgegebene Schrift sich dieser
Auffassung anschloß [23].

Nochmals einige Jahre später (1886) beauftragte Heinrich von Stephan
(1831-1897) den Kaiserlichen Oberpostdirektor und Geheimen Postrat
Heldberg aus Frankfurt, nach dem Verbleib der Reis-Geräte im „Institut
Garnier" zu forschen. Heldberg stellte Kontakte zu Friedrichsdorf her und
berichtete nach Berlin, daß die dort befindliche Gerätesammlung tatsächlich diejenigen Geräte enthalte, die Thompson auch in seinem Buch beschrieben habe. Heldberg wies in diesem Zusammenhang besonders auf
das hier interessierende Gerät, „das auch von Thompson hervorgehobene
Modellohr" hin. [24].

---

21. *Schenk (1878) S. 8.*

22. *Vgl. bereits im gleichen Jahr J. Sack: Die Telephonie, ihre Entstehung,
Entwicklung und Verwerthung als Verkehrsmittel. Berlin 1878, S. 8*

23. *Die Geschichte und Entwicklung des elektrischen Fernsprechwesens. Herausgegeben von der Kaiserlichen Deutschen Reichspost. Zweite vermehrte
und ergänzte Auflage. Berlin 1880, S. 7.*

24. *Vgl. hierzu und zu dem gesamten Vorgang der Schenkung der Geräte an
das Reichspostmuseum die Darstellung von Hans Hübner: Die Apparate*

Ende 1886 ging das Gerät (zusammen mit allen anderen, die sich damals in der Physikalischen Sammlung des „Institut Garnier" befanden) als Geschenk an das „Reichspostmuseum" in Berlin.

Während des II. Weltkrieges - wie viele andere Bestände - ausgelagert, gilt dieses Gerät heute als vermißt.[25]

---

zum Fernsprechen von Philipp Reis im Reichspostmuseum. In: Archiv für Deutsche Postgeschichte (1994), Heft 1, S. 53-72.
25. *Weder das „Museum für Post und Kommunikation" in Frankfurt noch das in Berlin zählt nach eigenen Auskünften das Gerät zu seinen derzeitigen Beständen.*

2.2 Ausführungsform II des Senders

2.21 Öffentliche Präsentationen und deren Rezeption

2.211 Frankfurt am Main

Die II. Ausführungsform seines Senders war es, mit der Reis erstmalig an die Öffentlichkeit trat. Am 26.10.1861 hielt er einen Experimentalvortrag vor dem „Physikalischen Verein" in Frankfurt und stellte bei dieser Gelegenheit sein Telephon (II. Ausführungsform des Senders in Verbindung mit einem magnetostriktiven Empfänger) der Öffentlichkeit vor[1]. Dieses Gerät [App. 1.002] galt in der Forschung bisher als Unikat. Wir werden im folgenden zeigen, daß es von dieser Ausführungsform jedoch durchaus zeitgenössische Nachbauten gab, die sogar international vertrieben wurden. Gleichzeitig muß damit die Frage danach, welcher von den zumindest durch Abbildungen überlieferten Apparaten das Originalgerät von Reis war, neu gestellt werden.

In einer Notiz über diese Versammlung des „Physikalischen Vereins" heißt es in einem (auf den 27. 10. 1861 datierten) Bericht in der Zeitschrift „Didaskalia":

„Für die gestrige Versammlung der Mitglieder des physikalischen Vereins war angekündigt: 'Vortrag des Vereinsmitgliedes, Herrn Ph. Reis aus Friedrichsdorf: Ueber Fortpflanzung musikalischer Töne auf beliebige Entfernungen durch Vermittlung des galvanischen Stroms.' Wir bekennen, daß diese Ankündigung uns vermuthen ließ, es müsse hier eine Selbsttäuschung unterlaufen, da der electrische Strom, als solcher, den Ton nicht fortzupflanzen vermag, wie es durch die Schallwellen in der Luft geschieht. Wir kamen also zu dem Vortrage mit einem für begründet erachteten Vorurtheil. Allein die Einleitung, von wissenschaftlichem Standpuncte ausgehend, schwächte unser Vorurtheil mehr und mehr ab, und als wir und alle Anwesenden im Hörsaale nun im Experiment, die Melodie eines in dem entfernt gelegenen Bürgerhospital gesungenen, bekannten Liedes ganz deutlich vernahmen, da entstand ein allgemeines Erstaunen und die freudigste Ueberraschung, die sich allseitig laut aussprach. ... Sollte durch wei-

---

1. *Vgl. dazu Jahresbericht des physikalischen Vereins für das Rechnungsjahr 1861-1862, S. 13.*

tere Vervollkomnung es Herrn Reis gelingen, das gesprochene Wort, direct, sicher und präcis, in den elektrischen Strom einzuführen und so den jetzigen Telegraphendraht zu einem Sprechorgan zu gestalten, so würde diese Erfindung
doch wohl den Gipfel aller Erfindungen unseres erfindungsreichen Jahrhunderts
bilden".[2]

Ein zweiter Vortrag von Reis am 16.11.1861 ebenfalls vor dem
„Physikalischen Verein" war offenbar ursprünglich nicht vorgesehen. Am
27.10.1861, also am Tage nach seinem ersten Vortrag, schickte Reis sein
Manuskript an den Dozenten des „Physikalischen Vereins", Prof. Dr. Rudolph Boettger, und bat ihn um Mitteilung, wann er „die angekündigte
Fortsetzung des Gegenstandes im Verein" für passend halte[3]. Auf eine
entsprechende leider nicht erhaltene Nachricht Boettgers hin teilt Reis
diesem am 13.11.1861 mit, er werde am Samstag, dem 16. November
nach Frankfurt kommen, um dort vor dem „Physikalischen Verein" einen
zweiten Vortrag zu halten. Als Thema schlägt er vor „Neue Theorie über
die Wahrnehmung der Accorde und der Klangfarben, Fortsetzung und Ergänzung des Vortrages über das Telephon" (Zusatz: „3/4 bis 1 Stunde er-
fordernd"). Die genaue Formulierung der Themenstellung überließ er
Boettger[4], der sie aber fast wörtlich übernahm.[5]

---

2. *Didaskalia Nr. 299 u. 300 vom 29. 10. 1861. Mit nur geringfügigen Abän-
   derungen wurde dieser Artikel (der an dieser Stelle nur gekürzt wiedergegeben ist) am darauffolgenden Tag in den Frankfurter Nachrichten
   (Extrabeilage zum Intelligenz-Blatt der freien Stadt Frankfurt) Nr. 127 (v.
   30.10.1861) S. 1012 unter der Rubrik: 'Zur Tagesgeschichte Frankfurts'
   noch einmal abgedruckt.*
3. *Archiv des Physikalischen Vereins im Stadtarchiv Frankfurt, Bd. 374.*
4. *Der Originalbrief von Reis an Boettger vom 13.11.1861 befindet sich heute
   im „Museum für Post und Kommunikation Frankfurt" und hat laut briefli-
   cher Mitteilung des Museums vom 16.3.1989 die Inventarnummer:
   "Autograph Reis 1"*
5. *Vgl. Jahresbericht des physikalischen Vereins für das Rechnungsjahr 1861
   bis 1862, S. 13: "Darlegung einer neuen Theorie über die Wahrnehmung
   der Accorde und der Klangfarben als Fortsetzung und Ergänzung des
   Vortrages über das Telephon".*

Das „Frankfurter Konversationsblatt" berichtete über diese Veranstaltung:

„Diese neue Entdeckung, welche mit Recht das größte Interesse erregt, verdanken wir Herrn Lehrer Reiß aus Friedrichsdorf. Demselben ist es nach vielen Versuchen gelungen, dieses bis jetzt für unlösbar gehaltene Problem bis zu einem gewissen Punkte wenigstens zu lösen. Von allen neueren Entdeckungen in den Naturwissenschaften sind wohl keine von so allgemeinem, in das praktische Leben eingreifenden Nutzen, als die auf dem Gebiete der Chemie und Physik. ... In dem Augenblick, wo die Telegraphie in dem socialen Leben heimisch wird, beginnt vielleicht für dieselbe eine neue Aera durch die neue Erfindung dadurch, daß wir ebenso wie mit jener in Zeichen, in dieser uns durch Laute nach entfernten Punkten verständigen können. Herr Reiß hat auf sehr sinnreiche Art einen Apparat construirt, mittelst dessen er vor einem großen Auditorium im physikalischen Vereine dahier Versuche angestellt hat, die vollkommen gelungen sind. ... Bis jetzt ist das Wiedergeben der Töne allerdings noch schwach und können Worte nicht reproducirt werden'"[6]

Die hier vor dem Hintergrund grundlegender Zweifel zeitgenössischer Wissenschaftler als sensationell empfundenen Erfolge des Experimentes fielen jedoch hinter das zurück, was Reis vorher in kleinem Kreis in Friedrichsdorf geglückt war[7], die Übertragung von Sprache. Die Ursa-

---

6. *Frankfurter Konversationsblatt Nr. 282 v. 29.11.1861.*
7. *Heinrich Friedrich Peter (1828-1884), ein Kollege von Reis erklärte hierzu in einer von Thompson (1883) S. 126f veröffentlichten Stellungnahme: "I was present and assisted at the experiments at Frankfort-on-the-Main, on the 26th of October, 1861; and after the meeting broke-up, I saw the menbers of the Society as they came and congratulated Mr. Reis on the success of his experiments. I played upon the English horn, and Philipp Schmidt sang. The singing was heard much better than the playing. At an experiment which we made at Friedrichsdorf, in the presence of Hofrath Dr. Müller, Apothecary Müller, and Prof. Dr. Schenk, formerly Director of Garnier's Institute, an incident occurred which will interest you. Singing was at first tried; and afterwards his brother-in-law, Philipp Schmidt, read long sentences from Spiess's 'Turnbuch' (Book of Gymnastics), which sentences Philipp Reis, who was listenig, understood perfectly, and repeated to us. I said to him, 'Philipp, you know that whole book by heart;' and I was unwilling to believe that his experiment could be so successful unless*

chen für diesen begrenzten Erfolg mögen in der Art des Experiments zu suchen sein, dem die akustischen Verhältnisse in einem großen Vortragsraum mit großem Auditorium und lauten Beifallsbekundungen nicht zuträglich waren.

Trotz der vergleichsweise mäßigen Ergebnisse war diese öffentliche Präsentation für Reis und die Rezeption seiner Erfindung von immenser Bedeutung. Dies lag nicht zuletzt daran, welches wissenschaftliche und gesellschaftliche Renommee und welche faktischen Möglichkeiten der Einflußnahme die Institution besaß, die den Rahmen für Reis' Präsentationen bildete: der „Physikalische Verein" in Frankfurt, dem Reis (mit Unterbrechungen) von 1851 bis 1867[8] als Mitglied angehörte.

he would repeat for me the sentences which I would give him. So I then went up into the room where stood the telephone, and purposely uttered some nonsensical sentences, for instance: 'Die Sonne ist von Kupfer' (The sun is made of copper), which Reis understood as, 'Die Sonne ist von Zukker' (The sun is made of sugar); 'Das Pferd frisst keinen Gurkensalat' (The horse eats no cucumber-salad); which Reis understood as 'Das Pferd frisst....' (The horse eats...). This was the last of these experiments which we tried. Those who were present were very greatly astonished, and were convinced that Reis's invention had opened out a great future." Die Originalschrift Peters konnte bislang nicht ermittelt werden. Ein unveröffentlichter Brief Thompsons an Carl, den Sohn von Reis, vom 11.3.1883 (im Besitz des Museums der Stadt Gelnhausen) gibt jedoch nähere Hinweise: "You may remember Herr Sletson, and that he got Herr Hold and Herr Peter and others to give him certain legal and formal statements about the Telephone and the early experiments made by your deceased father. Well, Mr. Sletson has given me copies of those documents; and I think that this testimony is so valuable that I desire to print part of it in the book. Accordingly I have transcribed certain parts; but before I print them I should like them to be read over carefully to Herr Hold and Herr Peter, in order that if there is anything in which my English words do not accurately give the meaning, it may be set right before the book goes to press."

8. *Das Mitgliederverzeichnis (Archiv des Physikalischen Vereins im Stadtarchiv Frankfurt Invt. Bd. Nr. 63) verzeichnet Reis seit dem Rechnungsjahr 1851-1852 als wirkliches Mitglied. Die Jahresberichte des Physikalischen Vereins nennen ihn bis zum Rechnungsjahr 1853-1854. Einem Vermerk in den Vorstandsprotokollen des Vereins (A III 3 2055 = Archiv Invt. Bd. Nr.*

Der 1824 gegründete „Physikalische Verein" in Frankfurt verfügte nämlich 1861 nicht nur über ein international weitverzweigtes Netz wissenschaftlicher Kontakte zu nahezu allen wichtigen naturwissenschaftlichen
Institutionen und Organisationen auf der Welt. Er hatte auch in der politisch souveränen Freien Stadt Frankfurt, die gleichzeitig Sitz des Deutschen Bundestages war, eine bemerkenswerte Sonderstellung inne: Er
war die entscheidende Einrichtung, in der die für den Stadtstaat hand-
lungsrelevanten, fachlichen Entscheidungen über naturwissenschaftliche
und technische Fragen gefällt wurden.[9]

Durch den Senat finanziell mitgetragen, nahm der „Physikalische Verein"
seit 1836 außerdem wichtige öffentliche Bildungs- und Beratungsaufga-
ben wahr, die ihn zu einer Schnittstelle von Wissenschaft, Wirtschaft und
Politik machten.

So stand er dem „Hohen Senat der Freien Stadt Frankfurt" als Gegenlei-
stung für das finanzielle Engagement als unabhängige Gutachterinstitu-
tion zur Verfügung[10]. Da der Stadtstaat diese Möglichkeit rege nutzte,
erhielt der Verein erheblichen Einfluß. Gesuche an den Senat wurden an
den „Physikalischen Verein" weitergeleitet und die dort ausgesprochenen
Empfehlungen weitestgehend auch in politische und verwaltungsrechtli-
che Entscheidungen umgesetzt.

Besondere Bedeutung erhält diese Funktion des Vereins dadurch, daß
dessen Tätigkeit schwerpunktmäßig in der Begutachtung von Patentan-

---

*4, S. 91) zufolge trat Reis im August 1854 wieder aus. Erst im Rechnungs-
jahr 1860-1861 erscheint Reis wieder in der Liste der wirklichen Mitglieder
bis zum Rechnungsjahr 1866-1867. In den Belegen zu den Protokollen des
Vorstandes (Bd. IV, Nr. 1-300 = Archiv Invt. Nr. 32, Beleg Nr. 204) findet
sich die Austrittserklärung von Reis vom 16.7.1867. Der Vorstand nahm
diese in seiner Sitzung vom 3.10.1867 zu Protokoll (Protokolle des Vor-
stands A IV, S. 48, § 210 = Archiv Invt. Bd. Nr. 5).*
*9. Heinz Fricke: 150 Jahre Physikalischer Verein Frankfurt a.M.. Hrsg Physi-
kalischer Verein. Frankfurt o.J. [1974]. Weiterhin zitiert als Fricke [1974].
Hier S.113.*
10. Fricke [1974] S. 38ff.

trägen lag[11]. Nachdem sich im September 1842 die Staaten des „Deutschen Zollvereins" zu einer gegenseitigen Patentanerkennung verpflichtet hatten, der auch der Stadtstaat Frankfurt 1845 zustimmte, erlangte diese Tätigkeit des Vereins weitreichende Bedeutung, zumal sich in der Stadt regelrechte Patentagenturen mit Angeboten für die Vermittlung internationaler Patentanmeldungen bildeten[12]. Der „Physikalische Verein" in Frankfurt erhielt damit zumindest eine national bedeutsame Entscheidungskompetenz, die angesichts der internationalen Einbindung des Vereins nicht zu unterschätzen ist.

Reis wählte damit für die erste öffentliche Präsentation seiner Erfindung eine Einrichtung, die eine patentrechtliche Sicherung in besonderer Weise nahelegte. Dennoch bemühte er sich nicht um um eine Patentanmeldung. Obgleich ausgebildeter Kaufmann und mit diesen rechtlichen Möglichkeiten vertraut, verzichtete Reis auch später auf eine Patentanmeldung auf sein Telephon. Die Gründe hierfür müssen weniger im Bereich von Nachlässigkeit als vielmehr im Bereich der von ihm verfolgten Ziele gesucht werden, die an späterer Stelle erörtert werden sollen

Von seinen ersten Anfängen her als Einrichtung eines „Physikalischen Museums" hat sich der „Physikalische Verein" zudem als eine Bildungseinrichtung verstanden, deren Aufgabe es sein sollte, zwischen wissenschaftlicher Forschung und einer interessierten und gebildeten Öffentlichkeit zu vermitteln. Bereits die ersten Anfänge des „Physikalischen Vereins" waren mit öffentlichen Bildungsangeboten gekoppelt. Das erste Vorlesungsverzeichnis des Vereins wurde für das Winterhalbjahr 1828/29 herausgegeben[13]. Seit 1836 kam der Verein über einen von ihm

---

11. *Fricke [1974] S. 39.*
12. *Die Existenz solcher Patentagenturen war, (zumindest) als Reis mit der endgültigen Ausführungsform seines Telephons an die Öffentlichkeit trat, allgemein bekannt. Sehr aktiv war hier z.B. die Agentur Wirth und Sonntag, die regelmäßig in der Tagespresse mit Anzeigen warb, wie: „Patente für alle Länder vermittelt die Maschinen- und Patentagentur von Wirth und Sonntag in Frankfurt a.M." (siehe Frankfurter Journal. Erste Beilage zu No. 186 v. 7.7.1863 / zu No. 192 v. 13.7.1863/ zu No 235 v. 25.8.1863/ zu No. 242 v. 1.9.1863... etc.).*
13. *Vgl Fricke [1974] S.23ff.*

eingerichteten „Lehrstuhl für Physik und Chemie" dieser Aufgabe regel-mäßig und öffentlich nach. Durch Ausweitung dieses Angebotes und die Einrichtung weiterer Lehrstühle wurde der „Physikalische Verein" zu einer der entscheidenden Keimzellen der späteren (Stiftungs)-Universität Frankfurt.

Mit der Berufung Rudolph Christian Boettgers (1806-1881) auf den vom Verein finanzierten und verwalteten Lehrstuhl (1835) sicherte sich der Verein einen ständigen Mitarbeiter, der recht bald internationales Ansehen erlangte, vor allem durch eine Reihe von Entdeckungen, die von politisch wie militärisch hochbrisanten Dingen wie der Schießbaumwolle (gemeinsam mit Ch. F. Schönbein) bis hin zu praktisch nützlichen Entwicklungen, wie der der sogenannten „Schwedischen Zündhölzer" reichte. Noch heute erinnert die bekannte „Boettgersche-Probe" zum Nachweis von Traubenzucker an diesen bekannten und verdienten Physiker und Chemiker[14].

In dem bereits zitierten Artikel im „Frankfurter Konversationsblatt" vom 29. November 1861 finden wir noch einen weiteren nicht nur apparategeschichtlich interessanten Hinweis. Reis hatte zu keinem Zeitpunkt aus der technischen Verbesserungsbedürftigkeit seiner Geräte einen Hehl gemacht. Der Artikel im „Frankfurter Konversationsblatt" belegt nun, daß diese Einschätzung vom „Physikalischen Verein" durchaus ernst genommen und eine professionelle Ausfertigung des Reis Gerätes - zumindest des Senders - [App. 2.101] in Auftrag gegeben wurde:

---

14. *Rudolph Christian Boettger (1806-1881), Lehrer und Protektor von Philipp Reis, war zu diesem Zeitpunkt bereits ein auf internationaler Ebene anerkannter Wissenschaftler. Vgl. Allgemeine Deutsche Biographie (ADB) Bd. XLVII (1903) S. 43f (Verf. R. Knott); Neue Deutsche Biographie (NDB) Bd. II (1955) S. 410 (Verf. R. Klement); Poggendorff I (1863) Sp. 224f, III (1898) S. 150f; VIIa Supplement (1971) S. 96f; Dictionary of Scientific Biography (Hrsg. C.C. Gillispie), Vol. II, New York 1970, S. 340 (Verf. L.I. Kuslan) etc.*

„Herr Mechanikus Fritz", heißt es in der Zeitung, „construirt eben einen neuen
Apparat mit einigen Verbesserungen und wird Herr Professor Böttger seiner Zeit
damit Versuche im physikalischen Vereine anstellen, worauf wir einstweilen aufmerksam machen wollen."[15]

Dieser Hinweis und die Tatsache, daß die Experimente von Boettger tatsächlich stattfanden und zwar nachweisbar durch einen Experimentalvortrag Boettgers am 1.12.1861 vor dem „Physikalischen Verein" mit dem
Thema: „Anstellung eines Versuches bezüglich der Fortpflanzung musikalischer Töne auf beliebige Entfernungen durch Vermittlung des galvanischen Stromes"[16], belegen, daß die bisher allgemein und unwidersprochen vertretene Auffassung, daß der Reis-Sender dieser Ausführungsform
ein Unikat war, nicht aufrecht erhalten werden kann. Wir werden diesen
Aspekt später noch einmal aufgreifen, da nachgewiesen werden kann,
daß wir es bei dieser II. Ausführungsform des Reis-Senders - entgegen
allen Annahmen bis hin zum obersten amerikanischen Gerichtshof - mit
einer ganzen Gruppe von Apparaten zu tun haben.

Nach Abschluß dieser eigenen Experimente berichtet Boettger, der Reis
bereits bei seinen Experimenten am 26.10.1861 assistiert hatte[17], in dem
von ihm herausgegebenen „Polytechnischen Notizblatt"[18] über den ersten
Experimentalvortrag von Reis. Er schließt seinen Bericht mit den Worten:

„Mag man auch noch weit davon entfernt sein, daß man mit einem 100 Meilen
entfernt wohnenden Freunde eine Conversation führen und seine Stimme erkennen kann, als ob er neben uns säße, die Unmöglichkeit kann nicht mehr behauptet werden, ja die Wahrscheinlichkeit, daß man dahin gelange, ist bereits so groß

15, *Frankfurter Konversationsblatt Nr. 282 v. 29.11.1861.*
16. *Vgl. Jahresbericht des physikalischen Vereins für das Rechnungsjahr 1861*
    bis 1861, S. 11.
17. *Dies ergibt sich aus einem unveröffentlichten Schreiben Boettgers an den*
    Vorsitzenden des Physikalischen Vereins. Akten des physikalischen Vereins,
    Stadtarchiv Frankfurt Bd. 36, § 940, Nr. 785a.
18. *Polytechnisches Notizblatt XVIII (1863) Nr. 6, S. 81-84.*

geworden, wie durch die merkwürdigen Versuche von Niepce die Reproduction der natürlichen Farben durch Lichtbildnerei"[19]

Boettgers Stellungnahme hatte nicht nur in der wissenschaftlichen Öffentlichkeit erhebliches Gewicht, denn sein Artikel wurde sowohl in wissenschaftlichen Fachzeitschriften[20] aufgegriffen als auch in der Tagespresse[21] wiederabgedruckt.

2.212 London / Paris / (Wien)

Die Konzentration der Forschung auf den deutschen Rezeptionsbereich hat dazu geführt, daß einige wesentliche Aspekte überhaupt nicht ins Blickfeld gerieten. Es geht darum, daß die hier behandelte II. Ausführungsform des Reisschen Senders bereits wenige Monate nach Reis erstem öffentlichen Experimentalvortrag vor dem „Physikalischen Verein" auf der Weltausstellung in London (1862) ausgestellt wurde. Damit wurde das lokale wissenschaftliche Ereignis bereits nach wenigen Monaten international bekannt gemacht. Aber hierbei handelte es sich weder um das von Reis angefertigte Originalgerät [App. 1.002], noch um die Ausführung der Firma Georg August Fritz [App. 2.101] in Frankfurt.

Die Beweisführung für diesen zunächst überraschenden Sachverhalt führt von London nach Paris bzw. zunächst genaugenommen nach Wien und zwar in eine der dortigen Vorortschulen. An der „Communal-Oberrealschule" in Wieden bei Wien arbeitete 1862 ein damals noch wenig bekannter Physiker als Lehrer, Dr. Franz Joseph Pisko (1827-1888)[22]. Pisko hatte 1861/62 begonnen, ein später sehr bekanntes und noch heute im Hinblick auf die akustischen Instrumente des 19. Jahrhunderts sehr geschätztes Buch zu schreiben, das 1865 unter dem Titel „Die neueren Apparate der Akustik." im Druck erschien. Dieses Buch ist der bisherigen Forschung über die Arbeit von Philipp Reis natürlich nicht entgangen,

---

19. *Polytechnisches Notizblatt XVIII (1863) Nr. 6, S. 84.*
20. *Polytechnisches Journal Bd. 168 (= Iv. Reihe, 18. Bd.) Jg. (1863) S. 185-187, oder das Polytechnische Centralblatt (Hrsg. v. Schnedermann und Boettcher) Bd. 29 (1863) S. 858ff.*
21. *Frankfurter Konversationsblatt Nr. 154 v. 30.6.1863, S. 615-616.*
22. *Zu Franz Joseph Pisko siehe z.B.: Poggendorff III,2 (1898) S.1044.*

denn Pisko beschreibt darin[23] die VII. Ausführungsform des Reisschen Senders. Wir werden auf diese Darstellung Piskos bei der Betrachtung dieser VII. Ausführungsform des Senders zurückkommen.

Als wesentlich wichtiger erwiesen sich für unseren Zusammenhang jedoch die Vorarbeiten Piskos: Die Recherchen für sein Buch führten ihn nämlich 1862 zur Weltaustellung nach London. Für uns noch bedeutsamer: Eine solche Reise zu einem so weltbewegenden Ereignis wie einer Weltausstellung und die dort gewonnenen Eindrücke waren für die Schule, an der er tätig war, natürlich von allergrößtem Interesse. So ist es dann auch nicht verwunderlich, daß Pisko sich in den nächsten Jahresberichten seiner Wiedener Communal-Oberrealschule zu seiner wissenschaftlichen Arbeit und seinen Reisen äußerte. Und eben dieser Jahresbericht einer Wiener Vorortschule ist es, der für uns zu einer geradezu spektakulären Quelle wurde. Pisko schreibt darin:

„Bei Durchmusterung der im Londoner Industriepalast (1862) aufgestellten fisikalischen Gegenstände wendete ich mich immer wieder zu der eben so schönen als vollkommenen Sammlung akustischer Apparate des R. König (Nachfolgers von Marloye) in Paris."[24].

Der in Paris lebende Akustikexperte und Instrumentenbauer Dr. Rudolph Koenig (1832-1901)[25], der dort 1859 die eingesessene Firma Marloye übernommen hatte, stieg durch die Konzentration auf hochwertige akustische Instrumente innerhalb weniger Jahre in die Spitze der internationalen Elite der „Constructeurs d'instruments d'acoustiques" auf.

„Upon completing his apprenticeship in 1858 Koenig started his own business as designer and maker of original acoustical apparatus of the highest quality. For

---

23. *Pisko: Die neueren Apparate der Akustik. Wien 1865, S. 94-103 und 240-244.*

24. *Pisko, Franz Josef: Über einige neuere akustische Gegenstände. In.: Jahresbericht der Wiedener Communal-Oberrealschule in Wien. Wien 1863, S. 1ff, hier S. 1. Weiterhin zitiert als Pisko (1863).*

25. *Zu Karl Rudolph Koenig siehe z.B.: Dictionary of Scientific Biography (Hrsg. C.C. Gillispie), Vol. VII, New York 1973, S. 444-446 (R. S. Shankland). Ferner Poggendorff III,1 (1898) S734; IV,1 (1904) S. 775f.*

the remainder of his life he produced equipment used for acoustical research throughout the world and renowned for the precision and skill of its workmanship. Every piece of equipment was tested by Koenig himself and usually employed in his own basic researches before it was sold ... Koenig contributed a great deal to the development of the science of sound during the nineteenth century. Primarily an experimentalist and instrument maker, he was a man of great intellectual power with a deep physical understanding of the nature of sound and music. His attention to detail was phenomenal, and the quality of his finished apparatus was superb."[26]

Pisko erkannte schnell die Bedeutung Koenigs, der auf dieser Ausstellung übrigens mit Gold ausgezeichnet wurde[27], und seiner Instrumente. Es gelang ihm, eine Verbindung zu Koenig herzustellen, und er suchte nach der Ausstellung Koenig in Paris auf, um Beschreibungen anzufertigen und möglichst auch mit dessen Geräten zu experimentieren.

„Bei meiner nachmaligen Ankunft in Paris war einer meiner ersten Gänge zu dem Meister jener vorzüglichen Instrumente. König, ein junger, höchst intelligenter Mann (Deutscher), nahm mich in der zuvorkommendsten Weise auf. Hier hatte ich Gelegenheit viele der in London unter Glas ruhenden Instrumente in ihrer Thätigkeit zu sehen."[28]

Pisko beschrieb danach die von ihm untersuchten Geräte der Londoner Ausstellung und dazu gehörte auch unter Nr. 16 ein von Koenig verfertigter Nachbau der II. Ausführungsform des Reis-Senders („'Telefon' von Reiss") [App. 2.201].

„Den Fonautograf bei Reiss lieferte ein Holzwürfel mit konischer Bohrung. Die kleinere Öffnung war mit der Membrane bespannt. Den tönenden Draht gab eine Stricknadel ab, die auf jeder Seite der Multiplikatorspule um 2" aus derselben herausragte und auf zwei Stegen eines Resonanzkastens lag. Das umgebende Gewinde bestand aus 6 Lagen dünnen Drahtes."[29]

---

26. Shankland (1973) in: Dictionary of Scientific Biography (Hrsg. C.C. Gillispie), Vol. VII, New York 1973, S. 445.

27. Vgl. Shangland (1973) S. 445.

28. Pisko (1863) S.1.

29. Pisko (1863) S. 16.

Auf welchem Wege König Kenntnis von dem Telephon von Reis erlangte, konnte nicht nachgewiesen werden. Mit großer Wahrscheinlichkeit kannte er die Darstellung in den Jahresberichten des „Physikalischen
Vereins", auf dessen weitreichende internationale Kontakte bereits verwiesen wurde. Unzweifelhaft ist jedoch, daß er einen von ihm gefertigten
Nachbau 1862 in London zur Ausstellung brachte und vor allem auch
international kommerziell anbot und vertrieb.

Dies bestätigt auch für die Veröffentlichungen der nachfolgenden Ausführungsformen des Reistelephons, wie unzureichend die Konzentration
auf Frankfurt ist und, konkret bezogen auf unseren Zusammenhang, wie
ungerechtfertigt die Annahme ist, daß es sich bei der Ausführungsform II
des Reisschen Senders nur um ein Unikat gehandelt habe. Es muß vielmehr von einer Apparategruppe schon allein aus Koenigscher Herstellung
ausgegangen werden.

Pisko, dem wir diese wertvolle Information verdanken, stand der Reisschen Erfindung - im Gegensatz zu Koenig, der auch weiterhin Reis
Apparate nachbaute und vertrieb[30] - überaus skeptisch gegenüber.

„Bekanntlich geräth ein Eisendraht, der von häufig unterbrochenen, kräftigen
galvanischen Strömen umflossen ist, in's Tönen, das nach Umständen ein longi-
tudinales, transversales oder beides zugleich sein kann. Einen solchen in einer
Spirale liegenden Eisendraht schaltete Reiss auf der zweiten Stazion ein. Dieser
gab dann Töne, wenn die Membrane in's Schwingen gebracht wurde. Dass aber
ein derartiger Stab nur anzeigen kann, es singe und spreche eben Jemand auf der
anderen Stazion, dass er überdieß einige Änderungen der Tonhöhe wird hören
lassen, und nicht mehr, ist nach den entwickelten Gesetzen über die Membrane
und nach den Gesetzen der galvanisch-tönenden Stäbe von selbst klar."[31]

Daß Pisko sich trotzdem weiterhin sehr intensiv mit Reis und seinen Apparaten beschäftigte, überrascht zunächst angesichts seiner Einstellung.
Denn im „Jahresbericht der Wiedener Communal Oberrealschule" vermerkt Pisko lediglich:

---

30. *Vgl. Koenigs Sortimentskatalog: Catalogue des appareils d'acoustique. Paris 1865, S. 5, Nr. 29 ("Telephone de M. Reiss")*
31. *Pisko (1863) S. 15.*

„Indessen wird das Experiment von Reiss immer einen netten Schulversuch geben, besonders da die Mittel dazu ... so einfach sind."[32].

Als dann 1865 sein Buch über die „Neuere Apparate der Akustik" erschien, war Reis in seiner Konstruktionsarbeit natürlich längst weiter fortgeschritten. Und Pisko war - wie wir noch darlegen werden - darüber informiert. Konsequenterweise beschrieb er deshalb also die aktuelle, d.h. die VII. Ausführungsform des Senders. Dies mag auch der Grund dafür sein, warum die Tatsache, daß Pisko bereits die II. Ausführungsform bekannt war, der Forschung bislang entgangen ist.

Offenbar jedoch war Pisko - möglicherweise, weil ein Experte wie Koenig das Reis-Gerät nach wie vor für nachbauwürdig hielt - sich seiner Sache nicht völlig sicher. Er setzte sich mit Reis in Verbindung und bat ihn um Zeichnungen und Publikationen, wahrscheinlich unter Zusendung seines Beitrages in der Schulzeitschrift. Reis antwortete Pisko mit einem Schreiben vom 18.10.1863, in dem er sich für das freundliche Interesse Piskos bedankte, dann aber selbstbewußt richtigstellte:

„[In Bezug auf die Erklärung auf Seite 15 Ihres Programms muss ich sagen, dass die gezogenen Schlüsse, obgleich sie richtig auf früheren Annahmen basieren, doch gänzlich falsch sind (einfach deshalb, weil die Annahmen falsch sind).] Der Apparat gibt ganze Melodien, die Tonleiter zwischen C und c ganz gut, und ich versichere Sie, dass wenn Sie mich hier besuchen wollen, ich Ihnen zeigen will, dass man imstande ist, allerdings auch Worte zu verstehen ... Am besten wird es immerhin sein, wenn Sie sich selbst von der Einfachheit und Richtigkeit der Thatsache überzeugen."[33]

---

32. *Pisko (1863) S. 16.*
33. *Der Verbleib des Originalbriefes von Reis konnte nicht ermittelt werden. F.J. Pisko zitierte den Brief von Reis auszugsweise in seiner späteren Darstellung des Reis Telephons: "Die Telephonie. In: Bericht über die internationale Elektrische Ausstellung Wien 1883 (Hrsg. v. Niederösterreichischen Gewerbevereine) Wien 1885, S. 248. Eine englische Übersetzung des gesamten Briefes erschien im „Scientific American" vom 15.1.1877, S. 37 (unter der Überschrift "Philipp Reis, Inventor of the Telephone."). Der erste hier zitierte Satz [] ist eine Rückübersetzung aus dem „Scientific American". Der gesamt Brief ist übersetzt abgedruckt bei Leopold Petrik: Philipp Reis' Telephon. Ein Beitrag zur Entwicklungsgeschichte des elektri-*

2.22 Schriftliche Publikationen, Abbildungen

Die hier vertretene Auffassung, daß es sich bei der II. Ausführungsform des Reisschen Gebers um eine ganze Apparategruppe und nicht um ein einzelnes Gerät handelt, läßt sich auch noch anders belegen. Als materielle Grundlage dienen hierbei in der Literatur und in Reisschen Autographen tradierte Abbildungen, die sich (angeblich) auf das Originalgerät beziehen, das Reis bei seinem 1. Vortrag vor dem „Physikalischen Verein" am 26. Oktober 1861 vorführte [also App. 1.002]. Gleichzeitig läßt sich mit Hilfe einer genauen Untersuchung dieser Abbildungen mit Gewißheit die umstrittene Frage entscheiden, welche der späteren Abbildungen denn nun tatsächlich das Originalgerät wiedergibt.

Zu Lebzeiten von Reis wurde nur eine Abbildung dieses Apparates (wenn auch mehrfach wiederabgedruckt) veröffentlicht und zwar die zuerst im „Jahresbericht des physikalischen Vereins für das Rechnungsjahr 1860 bis 1861"[34] publizierte. Reis veröffentlichte hier seinen Aufsatz „Ueber Telephonie durch den galvanischen Strom" und datierte diese einzige von ihm erhaltene wissenschaftliche Arbeit im Manuskript auf „December 1861". Er faßte darin den Inhalt seiner beiden Vorträge im „Physikalischen Verein" zusammen. Die Abbildung im Jahresbericht geht auf eine von Reis selbst gefertigte Handskizze im Manuskript seines Aufsatzes zurück[35].

schen Fernsprechwesens. Mit einer Figurentafel. In: Jahresbericht über das k.k. Gymnasium in Triest veröffentlicht am Schlusse des Schuljahres 1892. XLII. Jahrgang, Triest 1892., S. 28, (= Petrik (1892).

34. *Jahresbericht des physikalischen Vereins für das Rechnungsjahr 1860 bis 1861, S. 60.*

35. *Das Manuskript des Aufsatzes von Reis "Ueber Telephonie durch den galvanischen Strom" befindet sich heute im Deutschen Museum in München, Handschriftenabteilung (Standnummer 3342) (10 Seiten/ 22x35 cm). Die Handskizze von Reis befindet sich auf Manuskriptseite 5.*

Abbildung 9

II. Ausführungsform des Senders

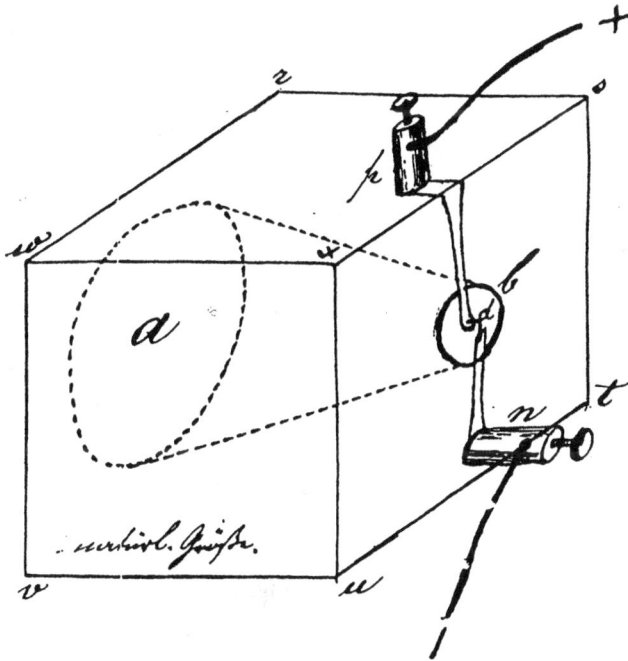

Handskizze von Philipp Reis im Manuskript
seines Aufsatzes „Ueber Telefonie durch den
galvanischen Strom", S. 5

Abbildung 10

II. Ausführungsform des Senders

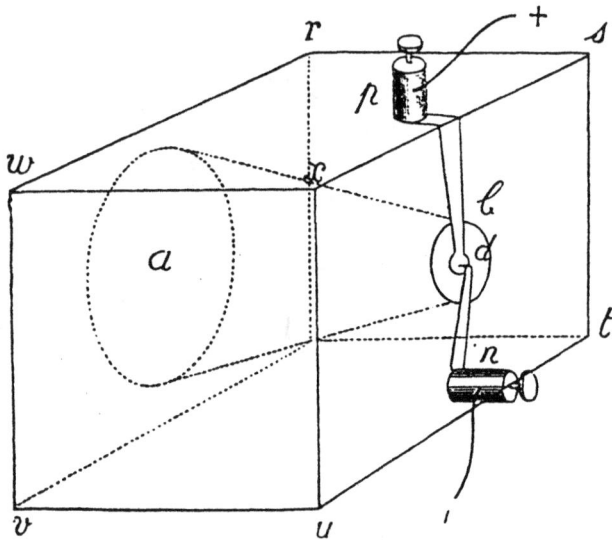

Fig. 9.

Abbildung im Jahresbericht des
PhysikalischenVereins 1861-1862, S. 60

Verblüffenderweise können wir die Frage nach dem Originalgerät von Reis [also App. 1.002] sehr viel schneller und unproblematischer klären als erwartet und zwar einfach durch den Rückgriff auf das handschriftliche Original von Reis.

Denn beim Vergleich der Handskizze von Reis mit der Abbildung des Apparates im „Jahresbericht des physikalischen Vereins" ist ein wichtiger Unterschied feststellbar: Die Abbildungen haben eine unterschiedliche Größe, und zwar ist die Abbildung im „Jahresbericht" [Abbildung 10] gegenüber der Handskizze von Reis [Abbildung 9] verkleinert. Dies ist insofern wichtig, als die Handskizze von Reis einen bisher übersehenen aber höchst bedeutungsvollen Hinweis enthält, nämlich den handschriftlichen Zusatz „natürl. Größe". Bei der gegenüber dem handschriftlichen Original verkleinerten Abbildung im „Jahresbericht" wurde dieser Hinweis korrekterweise nicht übernommen.

Halten wir uns an den handschriftlichen Hinweis von Reis für das von ihm am 26. Oktober 1861 benutzte und ihm bei der Abfassung seines Aufsatzes vorgelegen habende Gerät, so hatte dieses eine Kantenlänge (x - u) von ca 52 mm, wobei die anderen Kanten (w - x) (w - v) und (v - u) die gleiche Länge haben wie die Kante (x - u). Hieraus ergibt sich zweifelsfrei, daß keines der später in der Forschung und auch in den juristischen Auseinandersetzungen um die Bellschen Patentansprüche für das Original gehaltenen Geräte wirklich das Gerät war, das Reis selbst dem Physikalischen Verein vorgeführt hatte. Die Vorstellungen über die Größenverhältnisse des Reisschen Originalgerätes dieser II. Ausführungsform waren stets an einem später offenbar für das Original gehaltenen Gerät orientiert, auf das wir anschließend eingehen wollen.

Die folgende Abbildung der II. Ausführungsform des Reisschen Senders [Abbildung 11] stammt aus dem „Scientific American"[36]. Das Gerät ist dort zwar (und dies wurde hier korrigiert) versehentlich auf dem Kopf

---

36. *Scientific American Vol. LIII, No. 22 vom 28. Nov. 1885, S. 341f, Fig. 1 und 2.*

Abbildung 11

II. Ausführungsform des Senders

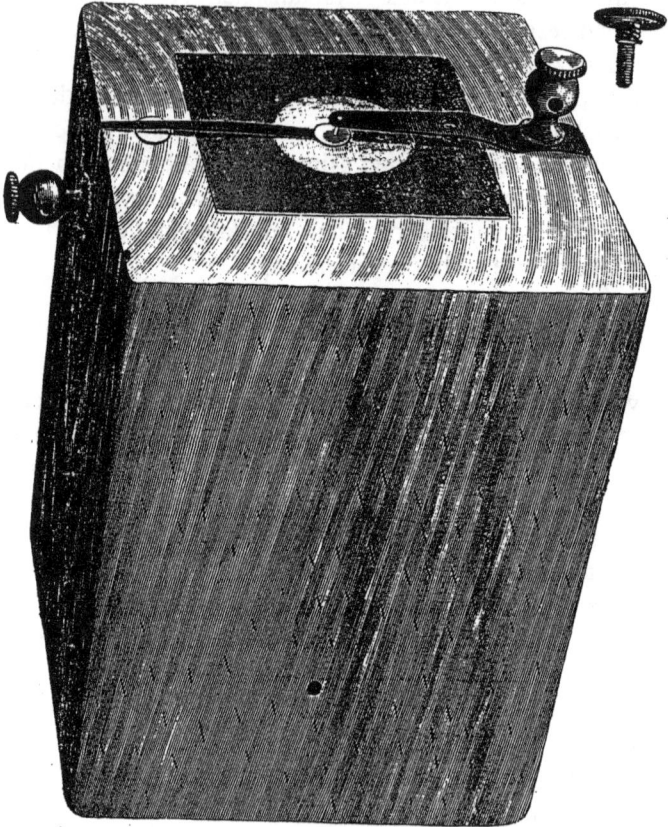

Abbildung aus dem „Scientific American"
Vol. LIII, No. 22 vom 28.11.1885, S. 341, Fig. 1

stehend, ansonsten aber in natürlicher Größe und mit größter Exaktheit abgebildet. Wir wollen diesem Gerät, das mit [App. 1.002] nicht identisch ist, die Apparatenummer [App. 1.003] geben.

Zu diesem Gerät und dem dazugehörigen magnetostriktiven Empfänger[37] heißt es dort:

„These instruments were received by Professor Thompson from Dr. Theodore Stein, of Frankfort; and in order to verify their genuineness, the testimony of Dr. Stein was taken, and he proved that they were given to him by Professor Bottger in 1862, who assured him that they were produced and used by Reis at the meeting of the Society. Dr. Stein kept them in his possession until 1882, when he delivered them to Professor Thompson. During some recent experiments with reproduced forms of Reis telephones, made by Professor J. R. Paddock, of the Stevens Institute, this original telephone was submitted for examination. Professor Paddock, assisted by Mr. E. W. Smith, a skillful operator, long employed in the use of Bell telephones, had obtained such remarkable results that he determined to test this original instrument. It was nearly twenty-five years old, and somewhat battered, but all its parts were perfect except one of the wooden supports of the needle..."[38]

Die Experimente, die Paddock durchführte, liefern die ausführlichsten experimentellen Angaben, die zu dem hier besprochenen Sendertyp vorliegen[39]. Doch enthält der Artikel noch weitere Angaben, die hier von Bedeutung sind: Die Wahrscheinlichkeit, daß dieses Gerät bereits im Jahre 1862 in den Besitz von Siegmund Theodor Stein (1840-1891) überwechselte, ist höchst gering, da Stein in diesem Jahre gerade in München promovierte, ein Zusatzstudium begann und nach weiteren Zwischenstationen in Erlangen, Würzburg, Prag, Wien, Breslau und Berlin erst 1864/65 nach Frankfurt kam und hier das Bürgerrecht erwarb[40]. Stein war somit - wie auch die Unterlagen des Physikalischen Vereins auswei-

---

37. *Scientific American Vol. LIII, No. 22, S. 341f, Fig.3 und 4.*
38. *Scientific American Vol. LIII, No. 22, S. 341.*
39. *Vgl. Journal of the Franklin Institute Bd. 123 (1887)S. 49, übersetzt und abgedruckt in der Elektrotechnischen Zeitschrift (März 1887) S. 139f.*
40. *Vgl. Senatssupplikation 871/8 (Stadtarchiv Frankfurt).*

sen - 1861 nicht Mitglied des Vereins[41] und nicht Augenzeuge des Reis-
Vortrages vom 26. Oktober. Er wurde nach seiner Niederlassung als Arzt
in Frankfurt rasch zu einem der führenden wissenschaftlichen Repräsen-
tanten des Stadtstaates, gründete die „Elektrotechnische Gesellschaft"
und war jahrelang Herausgeber der „Elektrotechnischen Rundschau"[42].
Laut Zeugnis von Stein war das Gerät über Boettger in seinen Besitz
gelangt. Als das Gerät dann an Thompson überging, lebte Boettger bereits nicht mehr, so daß genauere Erkundigungen für Thompson nicht
möglich waren. Boettger, als Dozent des Physikalischen Vereins, konnte
jedoch lediglich über das von ihm selbst benutzte Gerät der Fa. Fritz
verfügen [App. 2.101], da es wenig plausibel und auch durch nichts
belegbar ist, daß Reis dem Physikalischen Verein das Gerät, das er selbst
vorgeführt hatte [App. 1.002], überlassen hätte.

Betrachten wir vor weiteren Überlegungen das Gerät [App. 1.003] selbst,
das uns durch die detaillgenaue Abbildung im „Scientific American"
überliefert ist, und versuchen wir, dieses mit dem Gerät, das Reis in seiner Handskizze abgebildet hat, zu vergleichen. Zuverlässiger Anhalts-
punkt war für das Gerät bei Reis die mit „natürl. Größe" gekennzeichnete
Kantenlänge (x-u). Vergleichen wir diese Kantenlänge mit der entsprechenden Kantenlänge des Gerätes im „Scientific American" so stellen
wir hier eine Länge von 82 mm (gegenüber 52 mm nach Angaben von
Reis) fest. Dieses Gerät unterscheidet sich von den Größenverhältnissen
des Reisschen Originalgerätes also um fast 60%. Das heißt, dieses in
Amerika in vielfältigen Rechtsstreitigkeiten[43] als Originalgerät von Reis
gehandhabte Gerät ist - entgegen geltender Auffassung - keinesfalls das
Originalgerät von Reis [App. 1.002].

41. *Vgl. Jahresbericht des physikalischen Vereins zu Frankfurt am Main für
    das Rechnungsjahr 1860-1861, S. 6f.*
42. *Zu Siegmund Theodor Stein siehe: Wilhelm Kallmorgen: Siebenhundert
    Jahre Heilkunst in Frankfurt. Frankfurt 1936, S. 422. Vgl. auch Pog-
    gendorff III,2 (1898) S. 1286f.*
43. *Die umfangreiche Prozeßgeschichte um die Ansprüche 4 und 5 des Bell-Pa-
    tentes Nr. 174.465 vom 7.3.1876 ist bis heute (nicht nur wissenschaftsge-
    schichtlich) weitestgehend ununtersucht. Neben rechtshistorischen Er-
    kenntnissen könnten vielleicht auch noch wissenschaftsgeschichtlich bedeu-
    tende Quellenmaterialien aufgefunden werden.*

Ist [App. 1.003] demnach mit [App. 2.101] identisch? Die Frage ist komplizierter zu beantworten als es zunächst scheint.

Richtig ist, daß ein Apparat der II. Ausführungsform des Senders von Reis und ein magnetostriktiver Empfänger irgendwann an Dr. Stein und über diesen 1882 an Prof. Dr. Silvanus Ph. Thompson gingen[44]. Thompson war auf die Erklärung Steins angewiesen, und Stein hatte Boettger zweifellos so verstanden, daß dies tatsächlich das Originalgerät vom 26.10.1861 gewesen sei. Auf der Elektrizitätsausstellung 1882 in München stellte Stein dieses Gerät entsprechend auch mit diesen Angaben aus[45]. Thompson verglich dieses nun in seinen Besitz übergegangene „Originalgerät" mit der Skizze im Jahresbericht des „Physikalischen Vereins" und stellte Abweichungen fest. Er ließ daher eine Schnittskizze des ihm vorliegenden Gerätes [Apparat 1.004] anfertigen[46].

Da auch von [App. 1.003], dem zuvor behandelten Gerät, eine detailgenaue Schnittskizze in natürlicher Größe vorliegt[47], bietet sich hier ein Vergleich an. Thompson war in seinen Abbildungen außerordentlich sorgsam. Dies muß vorausgeschickt werden, denn die beiden Schnittskizzen unterscheiden sich nicht unerheblich. [Vergleiche die Abbildungen 12 und 13]

Um die beiden Abbildungen maßstäblich vergleichen zu können, sind einige einfache Umrechnungen erforderlich. Ausgegangen werden soll dabei von der Reisschen Kantenlänge (X - U). Diese betrug bei dem Gerät im „Scientific American" 82 mm. Nehmen wir nun diese Länge als Ausgangspunkt für das bei Thompson abgebildete Gerät an, so ergeben sich für den maßstäblichen Vergleich einige erhebliche Unterschiede:

---

44. *Vgl. hierzu die bereits zitierte Äußerung im „Scientific American". Dies wird durch die Angaben Thompsons bestätigt: vgl. Thompson (1883) S. 21.*
45. *Vgl. Catalog für die internationale Elektricitäts-Ausstellung ... im K. Glaspalaste zu München, München 1882, S. 59, Nr. 131.*
46. *Thompson (1883) S. 21, Fig. 10.*
47. *Scientific American Vol. LIII, No. 22 v. 28.11.1885 S. 342, Fig 2.*

Abbildung 12

II. Ausführungsform des Senders

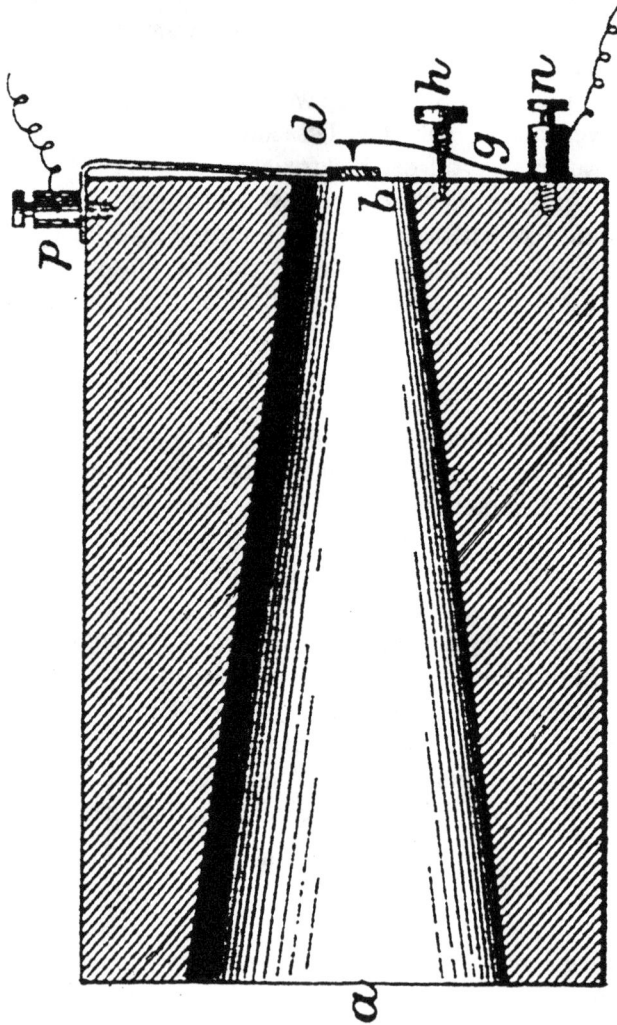

Schnittskizze bei Thompson (1883) S. 21, Fig.10

Abbildung 13

II. Ausführungsform des Senders

Beginnen wir beim Auffälligsten: der konischen Bohrung. Das Gerät im „Scientific American" [App. 1.003] hatte bei der vorderen Bohrung einen Durchmesser von 65 mm . Das Thompson-Gerät [App. 1.004] würde bei einer vergleichenden Umrechnung nur einen Durchmesser von 50,9 mm haben. Die kleinere Öffnung der Bohrung hatte bei [App. 1.003] einen Durchmesser von 22,5 mm. Bei [App. 1.004] würde umgerechnet diese Öffnung einen Durchmesser von 17,7 mm haben. Die Detailgenauigkeit beider Abbildungen unterstellt, ist somit bereits unstrittig, daß es sich nicht um ein und dasselbe Gerät handelt.

Dies wird auch noch durch weitere Anhaltspunkte bestärkt. Betrachten wir hierzu - noch weiter ins Detail gehend - die Plazierung der Klemmschraube p: Nach der Abbildung von [App. 1.003] müßte diese Klemmschraube einen Abstand von der linken Kante der Abbildung des Gerätes von 113,6 mm haben. Bei [App. 1.004] hat sie jedoch nur einen Abstand von 105 mm. Weiterhin ins Auge fallend ist die deutlich abweichende Form der Klemmschrauben, von denen die bei [App. 1.004], d. h. der bei Thompson abgebildeten Art, auch späterhin bei Reis-Geräten bekannt ist. Die kunstvolle Form bei [App. 1.003] weicht hier völlig von dem ab, was Reis auch in seiner späteren Praxis verwandte. Die Exaktheit der zugrunde gelegten Stiche unterstellt, kann also kein Zweifel bestehen, daß die beiden Geräte nicht identisch sind.

Dies wirft viele Fragen auf, die hier nicht beantwortet werden können. Es beantwortet aber auch einige Fragen, die in der bisherigen Forschung gar nicht erst gestellt wurden: Erstens ist die bislang unkritisch unterstellte Identität der hier betrachteten Geräte [App. 1.003] und [App. 1.004] nicht aufrecht zu erhalten. Zweitens ist weder [App. 1.003] noch [App. 1.004] identisch mit [App. 1.002], d.h. mit dem Originalgerät von Reis. Drittens muß davon ausgegangen werden, daß über die Firma Koenig in Paris eine hier nicht erfaßte Anzahl von Apparaten dieser II. Ausführungsform des Senders vor 1863 zum Verkauf kam.

2.23 Verbleib

Der Verbleib von keinem der hier angesprochenen Apparate der II. Ausführungsform des Reisschen Senders konnte von uns ermittelt werden.

Es ist wichtig, darauf aufmerksam zu machen, daß neben den tatsächlich zeitgenössischen Nachbauten von Koenig, Geräte dieser Ausführungsform (nach der Patentanmeldung von Alexander Graham Bell) in den End-70er und 80er Jahren des 19. Jahrhunderts zu Experimentalzwecken in Amerika in größerer Zahl nachgebaut wurden[48].

2.24 Funktionsprinzip und Leistungsfähigkeit

In den vielfältigen durch nationale und kommerzielle Interessen bestimmten juristischen Prozessen der 1880er Jahre um die Erfindung des Telephons spielt diese Ausführungsform des Senders eine besonders wichtige Rolle. Dies betrifft auch die Einschätzung der Leistungsfähigkeit der Reis-Geräte.

Die erwähnten Experimente von J. R. Paddock mit dieser Ausführungsform des Reisschen Senders sollen hier zum Anlaß genommen werden, das (für alle Sender von Reis in unterschiedlicher Form charakteristische) Funktionsprinzip des Senders des Reis Telephons zu erläutern und Aussagen über die Leistungsfähigkeit dieser II. Ausführungsform, soweit dies für uns heute angesichts der bestehenden Sachquellenlage noch möglich ist, zu machen.

Zur Verdeutlichung sei eine schematische Darstellung von Sender und Empfänger (Ausführungsform II des Gebers und Form II des Nehmers) in Schnitt und Schaltung[49] gegeben, auf die sich die nachfolgenden Erklärungen beziehen [Abbildung 14]:

---

48. *Vgl. hierzu die bei E. J. Houston: Glimpses of the International Electrical Exhibition. The Telephone. Philadelphia 1886, S. 161ff abgedruckten Berichte verschiedener führender amerikanischer Physiker.*
49. *In Anlehnung an Adolf Poppe: Erfinder-Lose. Philipp Reis und das Telephon. In: Die Gartenlaube (1893) Nr. 14, S. 237.*

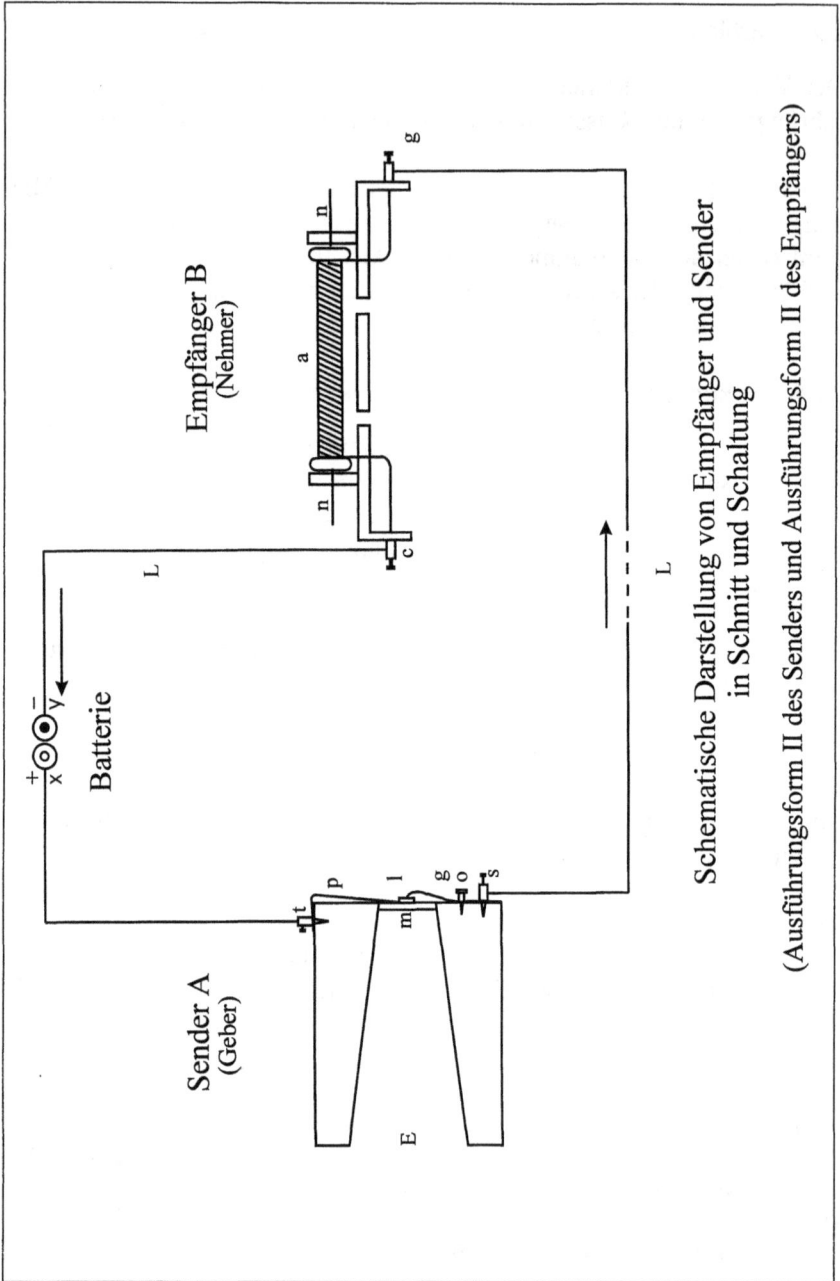

Abbildung 14

Empfänger B
(Nehmer)

Batterie

Sender A
(Geber)

Schematische Darstellung von Empfänger und Sender
in Schnitt und Schaltung

(Ausführungsform II des Senders und Ausführungsform II des Empfängers)

Der Sender der II. Ausführungsform des Reisschen Gebers (A) bestand aus einem Holzwürfel, der als Schalltrichter eine konische Bohrung besaß, deren engere Mündung durch eine straff gespannte Membrane (m) verschlossen war. Auf die Mitte der Membrane war ein Platinplättchen (l) gekittet und dieses durch einen dünnen Kupferstreifen (p) mit der Klemme (r) verbunden. Ein an einer zweiten Klemme (s) befestigter Platinstreifen (g), der über der Mitte der Membrane in einer Spitze endete (einem Platin-Flachkontakt-Stift), berührte das Platinplättchen (l) auf der Membrane. Die Justierung dieses Kontaktstiftes erfolgte über eine Stellschraube (o), so daß der Strom vom positiven Pol (x) einer Batterie durch den Leitungsdraht (L) den Weg: x - t - p - l - g - s zum Empfänger B und dort auf dem Wege: g - a - c - zum negativen Pol (y) der Batterie nehmen konnte. Durch Hineinsprechen in den Schalltrichter E im Geber A wurde die Membrane m durch die Schallwellen in Schwingungen versetzt, die wiederum die Festigkeit des Kontaktes zwischen dem Platinplättchen (l) und dem Kontaktstift an g beeinflußten. Ziel war es also, die menschliche Stimme zu benutzen, um den Grad eines losen Kontaktes zu beeinflussen. Indem der Grad der Festigkeit des Kontaktes verändert wurde, bot dieser dem Stromfluß einen größeren oder geringeren Widerstand und veranlaßte ihn zu Schwankungen, die den Schwingungen entsprachen, die die Schallwellen der Membrane aufprägten. Dieses konstruktiv durchgängig nachweisbare Prinzip steht im Widerspruch zu den theoretischen Erklärungen, auf die Reis zurückgriff. Diesen Umstand werden wir noch näher zu untersuchen haben.

Da für quantifizierende neue Untersuchungen weder das Originalgerät von Reis noch ein zeitgleicher Nachbau zur Verfügung steht, fällt die Beurteilung der Leistungsfähigkeit dieser II. Ausführungsform schwer und hat immer wieder Anlaß zu Spekulationen geboten. Einen detaillierten Experimentalbericht gab jedoch J. R. Paddock von seinen Experimenten, z. B. in einem Brief vom 29. November 1886 an E. J. Houston[50], der hier auszugsweise zitiert sei:

---

50. *Journal of the Franklin Institute Bd. 123 (1887) S. 49, übersetzt und abgedruckt in der Elektrotechnischen Zeitschrift (März 1887) S. 139f.*

„Da meine Aufmerksamkeit auf Dr. Stein's Mittheilungen bezüglich meiner Versuche mit den Reis'schen Original-Instrumenten gelenkt worden ist, liefere ich über dieselben für diesmal gern weitere Aufklärung, wie ich schon im vorhergehenden Briefe zu thun versprochen. Damals war es mir gelungen, einen englischen Satz von 23 Worten zu telephoniren, wobei die Instrumente in genauer Uebereinstimmung mit der von Reis in seinem Vortrag vor der Physikalischen Gesellschaft zu Frankfurt a. M. beschriebenen Weise thätig waren. Seitdem ist der Umfang, bis zu welchem diese Instrumente gesprochene Worte weiter zu geben vermögen, noch näher untersucht und es sind die Resultate sorgfältig in Tabellen aufgezeichnet worden. Diese Ergebnisse zeigen, dass, obwohl die erste Form des Reis'schen Telephons [= II. Ausführungsform des Senders und Empfängers - RB] ein sehr unvollkommenes Instrument darstellt, es dennoch möglich ist, mit demselben gewisse Worte und Sätze auf gewöhnlichem Gespräche, in unserer heutigen Sprache zu telephoniren, und dass es bis zu diesem Umfange wenigstens fähig ist, Gesprochenes wiederzugeben. Damit meine Meinung deutlicher werde, will ich Beispiele von Wörtern geben, die telephonirt worden sind, unter Angabe derjenigen elementaren Laute der Sprache, welche die Instrumente wiedergaben und welche nicht, und ich will auch Nachbildungen von genauen Zeichnungen der Instrumente selbst beifügen.

Am Geber gesprochen: Am Empfänger gehört:

Run   Run
Sun   -un
                                        (s wurde nicht gehört)
hat   -at
                                        (h wurde nicht gehört)
pat   pat
Cat   kat
better   better
letter   letter
Fetter   -etter
                                        (F wurde nicht gehört)
talking!   talking
Walking!   Walking
Shouting!   -ing
                                        (Shout nicht gehört)

Phonograph!	Phonograph
Telegraph!	Telegraph
Philadelphia!	Philadelphia
Boston!	--un
New-Jersey!	Nu----
Maryland!	-------
Virginia!	-------
Ohio!	O-io
Connecticut!	Connecticut
The Indianna State Bar	- Indiana----
proposes to hold a meeting	----ing
Govenor Hill was elected	Gov-nor--lected
by ten thousand majority	- ten thousand majority
Did you get my telegram	Did you get my telegram
I send you yesterday?	I send you yesterday?

Um solche Ergebnisse zu erzielen, muss eine Anzahl von Bedingungen erfüllt werden, die viel Zeit und Geduld erfordern und viele entmuthigende Misserfolge verursachen, im Hinblick auf welche es nicht erstaunlich ist, dass widerstreitende Angaben in Betreff der Leistungsfähigkeit der Instrumente gemacht worden sind ... Zum Schlusse möchte ich noch erwähnen, dass bei diesen Versuchen mit Reis'schen Instrumenten kein Verkehr durch *unmittelbares* Sprechen stattfinden konnte, denn Geber und Empfänger waren in von einander entfernten Gebäuden, und dass die Versuche zur Bestätigung für das wissenschaftliche Publikum offen stehen."[51]

---

51. *Paddock Brief an Houston vom 29.11.1886 zitiert aus Elektrotechnische Zeitschrift (März 1887) S. 139f.*

2.3 Ausführungsform III des Senders

Die III. Ausführungsform seines Senders führte Reis am 11. Mai 1862 bei einer Veranstaltung des „Freien Deutschen Hochstiftes" in Frankfurt der Öffentlichkeit vor [App. 1.005]. Es war für Reis die zweite wichtige Institution, der er im Rahmen einer Vortragsveranstaltung seine Erfindung präsentierte.

2.31 Öffentliche Präsentation und deren Rezeption

Die Veranstaltung des „Freien Deutschen Hochstiftes" war vom Gründer der Gesellschaft, Dr. Otto Volger (1822-1897), professionell vorbereitet und gezielt auf eine größere Öffentlichkeit orientiert:

Am 10. Mai, einen Tag vor dem Vortrag von Reis, berichtet das „Frankfurter Konversationsblatt":

„In der ordentlichen Sitzung des deutschen Hochstiftes am nächsten Sonntag den 11. Mai Vormittags elf Uhr wird Herr Reis von Friedrichsdorf in einem mit den erforderlichen Experimenten begleiteten Vortrage seine ungemein wichtige und gewiß für Jeden interessante Erfindung, wirkliche Töne zu telegraphiren, auseinandersetzen, weßhalb es wohl am Platze sein mag, Nichtmitglieder des Hochstiftes zu erinnern, daß jedem Gebildeten der Zutritt zu den Sitzungen gern gestattet wird. Herr Reis ist beständig beschäftigt mit der Vervollkommnung dieser Erfindung, welche schon in ihren ersten Anfängen bei einer im hiesigen physikalischen Vereine angestellten Probe so große Ueberraschung gewährte."[1]

Auch andere Pressemedien mit hoher Auflage annoncieren den Vortrag[2] und noch am Tage des Vortrages selbst erscheinen in der Frankfurter Presse ausführliche Ankündigungen:

„Telephonie, d.h. Klangleitung, nennt der vortreffliche Physiker, Herr Lehrer Reis von Friedrichsdorf, seine Aufsehen erregende Erfindung, die Telegraphen-

---

1. *Frankfurter Konversationsblatt Nr. 112 v. 10.5.1862, S.448. Die Nachricht ist auf den 9. Mai datiert.*
2. *Frankfurter Intelligenzblatt, 4. Beilage, Nr. 111 vom 10.5.1862 und 2. Beilage, Nr. 112 vom 11.5.1862.*

Leitung zur Mittheilung wirklich hörbarer Töne zu benutzen. Unsere Leser erinnern sich vielleicht, vor längerer Zeit von dieser Erfindung gehört zu haben, von welcher Herr Reis im physikalischen Vereine hieselbst die ersten Proben ablegte. Seitdem ist dieselbe in beständiger Fortbildung begriffen und wird ohne Zweifel von großer Wichtigkeit werden. Nächsten Sonntag, den 11. Mai, Morgens 11 Uhr, wird Herr Reis dieselbe in der ordentlichen Sitzung des freien deutschen Hochstiftes im neuen Saalgebäude dahier vorlegen. Die zu den Versuchen erforderlichen Apparate wird mit freundlicher Bereitwilligkeit Herr Professor Böttger darbieten. Wir verfehlen nicht, die Leser der „Didaskalia" auf diese interessante Sitzung aufmerksam zu machen, da das Hochstift auch Nichtmitgliedern gern die Theilnahme gestattet."[3]

Entsprechend der professionellen Werbung für die Veranstaltung war die Sitzung des „Freien Deutschen Hochstiftes" am 11. Mai 1862 - wie die Presse berichtete[4] „äußerst zahlreich besucht", was dem Interesse von Reis und dem des Hochstiftes, eine möglichst große Öffentlichkeit zu erreichen, sehr förderlich, dem Experiment jedoch weniger zuträglich war.

Mit heutigen technischen Möglichkeiten sind wir präziser, als dies bei einer Anzahl früherer Wiederholungen der Reisschen Experimente der Fall war, in der Lage, das Verhältnis von tatsächlich erreichter Übertragungslautstärke und situationsbedingten Störeinflüssen angemessen zu würdigen[5]. Wie ungünstig die einzige Reis zur Verfügung stehende Darbietungsform im Rahmen eines öffentlichen Vortrages war, wird dadurch offensichtlich, und die auseinandergehenden Meinungen von Augenzeugen werden erklärlich. Großveranstaltungen, wie die vom Hochstift organisierte am 11. Mai 1862, waren daher - wie wir heute durch quantifizier-

---

3. *Didaskalia Nr. 130 v. 11. Mai 1862. Die Anzeige ist auf den 8. Mai datiert.*
    Bei den in dem Artikel erwähnten erforderlichen Apparaten handelte es
    sich nicht um Sender und Empfänger des Reisschen Telephons, sondern wie
    sich aus dem handschriftlichen Protokoll der Vorstandssitzung des Physi-
    kalischen Vereins vom 2.5.1862, § 1716 (Archiv Invt. Nr. Bd. 4, S. 238
    (Stadtarchiv Frankfurt) ergibt, um die „Benutzung einer galvanischen
    Batterie mit den nöthigen Leithungsdrähten".
4. *Didaskalia Nr. 133 vom Mittwoch den 14.5.1862*
5. *Vgl. die Abschnitte: „Die Funktionsfähigkeit des Reis-Telephons" (S. 44-*
    52) und „Ergebnisse früherer Versuche" (S. 53-57) bei Claus Reinländer:
    Die Erfindung des Telephons. Ing. Diss. TH München 1961.

te Meßergebnisse belegen können - von vornherein mit einer überaus großen Mißerfolgsaussicht verbunden.

Der Experimentalvortrag von Reis fand im Saalbau in Frankfurt statt. Er wurde im Auditorium des Gebäudes am Ende einer vier Zimmer umfassenden Zimmerflucht gehalten. Der Sender stand in dem am weitesten entfernten Zimmer. Die Drähte waren durch zwei verschlossene Zimmer ins Auditorium geführt, wo der Empfänger stand. Aus heutiger Sicht erwartungsgemäß blieben die Erfolge der Vorführung hinter dem Stand des Erreichten und in kleinerem Kreise erfolgreich Erprobten zurück, was im Bericht in der Zeitschrift „Didaskalia" auf „die mangelhafte Leitung" und die „Localität" zurückgeführt[6] wurde.

Trotz des nur begrenzten Erfolges seiner Demonstration sollte sein Hochstiftvortrag der rezeptionsgeschichtlich wohl bedeutsamste Experimentalvortrag von Reis werden. Immerhin jedoch verdankte Reis diesem Vortrag die wohl bedeutungsvollste Veröffentlichung seiner Ideen und Ergebnisse und zwar durch einen Mann, dem es nicht um ein akademisches Thema, nicht um eine wissenschaftliche Anerkennung von Reis, sondern um einen praktisch ausbaufähigen Ansatz ging, Wilhelm von Legat (1822 -1866). Wir werden hierauf bei der Betrachtung der nächsten Ausführungsform des Senders zurückkommen.

Damit angemessen beurteilt werden kann, welche Möglichkeiten der Anerkennung für Reis im Kreise der Fachwelt und der interessierten Öffentlichkeit damit verbunden waren, daß er die Gelegenheit wahrnahm, sein Telephon im Rahmen dieser Organisation zu präsentieren, muß zunächst die Institution selber mit ihren Zielen, Ansprüchen und ihrer Stellung im Wissenschaftssystem dieser Zeit dargestellt werden. Diese Notwendigkeit ergibt sich um so mehr,

1. als in der bisherigen Forschung der grundsätzlich unterschiedliche Charakter der verschiedenen Institutionen, vor denen Reis seine drei Experimentalvorträge über sein Telephon hielt, ignoriert worden ist;

---

6. *Vgl. Didaskalia Nr. 133 vom 14.5.1862.*

2. weil die später veränderte Aufgabenstellung des heute noch existierenden „Freien Deutschen Hochstiftes" immer wieder zu einer unhistori-
schen Interpretation der Entwicklung in den frühen 60er Jahren, in denen
Reis hier seinen Vortrag hielt, geführt hat.

Im Vergleich zu der traditionellen Frankfurter Institution des „Physikalischen Vereins", der - 1824 gegründet - zum Zeitpunkt des Reisvortrages
bereits über ein beträchtliches (nicht nur regionales) Ansehen und ein
System reger internationaler Kontakte auf der Ebene eines wissenschaftlichen Interessenverbandes verfügte, war das „Freie Deutsche Hochstift"
eine Neugründung, die sich ihre gesellschaftliche Stellung erst noch erar-
beiten mußte. Zudem war das „Freie Deutsche Hochstift" als eine für den
gesamten deutschsprachigen Raum einzigartige Einrichtung geplant: Seine demonstrativ nicht nur überregionale, sondern gezielt nationale Konzeption definierte das Hochstift seit seiner Gründung im Jahre 1859 nicht
als Frankfurter, nicht als (Kur- oder Großherzoglich-) hessische, preußische oder sächsische etc., sondern bewußt als staatenübergreifende ge-
samtdeutsche und damals noch weitestgehend diskreditierte, nämlich
bewußt demokratische Institution, die als nationale und unabhängige Alternative zu den einzelstaatlichen Akademien und Universitäten ener-
gisch, in der Sache außerordentlich aktiv und nicht zuletzt öffentlich-
keitswirksam angetreten war, ihren Platz im wissenschaftlichen Gefüge
der Nation geltend zu machen. Als Reis seinen Vortrag hielt, existierte
das Hochstift (FDH) erst seit zweieinhalb Jahren, d. h. sein Vortrag fiel
in eine noch weitgehend programmatische Phase der Hochstiftentwicklung.

Das Hochstiftkonzept dieser Jahre ist ohne historischen Rückbezug auf
die Ideen und Vorstellungen der 1848er Bewegung, zu deren Wortfüh-
rern Otto Volger als Vorsitzender des „Demokratischen Clubs" in Göttin-
gen gehört hatte[7], nicht verständlich:

---

7. *Vgl. Fritz Adler: Freies Deutsches Hochstift. Seine Geschichte. Erster Teil
1859 - 1885. Frankfurt 1959, S. 27*

Nach dem Scheitern der politischen Befreiung und Einigung, wie es die 48er Bewegung angestrebt hatte, schien es in der zweiten Hälfte der 50er Jahre wieder möglich, neue (oder aber auch sehr alte) Wege auf der Suche nach der nationalen Identität zu beschreiten. Erreichbares und angestrebtes Ziel war es, um es im Pathos der Zeit zu formulieren, die 'geistige Einigung der Nation' zu verwirklichen, die als unabdingbare Voraussetzung jedweder politischer Vereinigung verstanden wurde. „Diese geistige Gemeinschaft" sah Volger als „die unzerstörbare Grundlage der deutschen Einheit"[8] an. Das von ihm gegründete (und in Anlehnung an die mittelalterlichen Bistümer, die gleichzeitig übergeordnete Bildungszentren waren, so bezeichnete) „Hochstift", sollte ein „Bundestag des Deutschen Geistes"[9] sein. Hinter all dem zeitbedingten Pathos, das nicht nur die Hochstiftentwicklung in dieser Zeit entscheidend prägte, stand jedoch eine rationale und progressive Konzeption:

Ausgehend vom übergeordneten Ziel der geistigen Einigung der Nation und der Bildung eines gesamtdeutschen Bewußtseins war das Hochstiftkonzept Volgers durch zwei sich überlagernde Organisationsstrukturen charakterisiert: Das „Freie Deutsche Hochstift" sollte einerseits eine Gesellschaft und andererseits eine Institution sein.[10]

Das Hochstift als Gesellschaft sollte zunächst einmal die bedeutenden und einflußreichen Männer aus den verschiedensten Gebieten der Wissenschaft und der Kunst, aber auch aus Technik und Wirtschaft, die es in den zahlreichen Ländern des politisch zersplitterten deutschen Sprachgebietes gab, zu einem Verband zusammenschließen. Dieser Zusammenschluß sollte dem Ziel verpflichtet sein

„... sich gegenseitig als durch besondere Freundschaft verbunden zu betrachten und bei jeglichem Anlasse mit Rath und That zu fördern und zu unterstützen. Die

---

8. *Volger an den Bundespräsidialgesandten am Deutschen Bundestag Kübeck, 31.8.1862, Entwurf FDH Hs-8994.*
9. *Berichte des Freien Deutschen Hochstiftes (1860) S. 2f.*
10. *Diese Unterscheidung geht auf die grundlegende Untersuchung zur Geschichte des FDH von Fritz Adler (1959) S. 33ff zurück.*

hohen Ziele unserer Vereinigung vor Augen", heißt es in den Berichten des FDH[11], „stehen wir Einer für Alle, Alle für Einen."

Volger knüpfte in seiner „Gesellschafts"-Konzeption an den Akademiegedanken des 18. Jahrhunderts an, nur sollte das Hochstift in dieser Funktion als „Allgemeine Deutsche Gelehrten- und Künstlergesellschaft" (wie sie in der Satzung von 1863 erstmals bezeichnet wird) nicht wie die Akademien der Länder der Hoheit irgendeines Landesfürsten unterstehen (wie etwa in Bayern oder Preußen), sondern eine „freie Vereinigung für das ganze geistige Deutschland" sein:

„Dadurch sollte über die Grenzen der Länder nicht nur die Möglichkeit zu persönlichem Kontakt und gegenseitigem Gedankenaustausch gegeben, sondern auch dafür Sorge getragen werden, daß neue Ergebnisse der Forschung und neue Werke der Kunst allerwärts bekannt und gewürdigt würden; wo aber einem Gelehrten oder Künstler bisher die verdiente Anerkennung versagt worden wäre, da wollte man sich für diese einsetzen. Ferner sollte denjenigen, welche auf ihrem Fachgebiet Besonderes geleistet hätten, der Titel 'Meister des Freien Deutschen Hochstiftes' verliehen werden, mit dem auch Nichtmitglieder geehrt werden könnten."[12]

Weniger um den tatsächlichen gesellschaftlichen Einfluß des Hochstiftes zu verdeutlichen, als vielmehr um den energischen Eifer aufzuzeigen, mit dem dieses Konzept verwirklicht wurde, sei darauf aufmerksam gemacht, daß etwa Ende 1864 z.B. Emmanuel Geibel, Franz Grillparzer, Ludwig Richter, Moritz von Schwind, Bunsen, Helmholtz, Richard Wagner oder Männer wie Alfred Krupp „Meister" des Hochstiftes waren.[13]

Doch die „Allgemeine Deutsche Gelehrten- und Künstlergesellschaft" bildete nur einen Teil des Hochstiftkonzeptes. Denn darüber hinaus sollte das Hochstift eine Institution, eine „Freie Deutsche Hochschule für die Höhere Gesamtbildung" sein. Hier war Volger von Arnold Ruges Kon-

---

11. Berichte des Freien Deutschen Hochstiftes (1876) S. 60.

12. Adler (1959) S. 33.

13. Verzeichnis der Hohen Beschützer und der sämmtlichen Mitglieder des FDH. 1. Weinmonat 1864, In: Berichte des FDH (1864)

zept einer freien Universität (1841)[14] beeinflußt, das im August 1848 zwar zu einer Denkschrift zur Gründung einer „Allgemeinen deutschen freien akademischen Universität" geführt hatte, von den Initiatoren selber aber nie über das Stadium der Wunschvorstellung hinaus geführt worden war. Träger dieser Überlegungen waren außer Ruge vor allem die Philosophen Ludwig Feuerbach und Moritz Carriere gewesen, wie auch der Theologe Ludwig Noack. Volger verlor sich jedoch nicht in philosophischen Spekulationen, sondern setzte dieses Konzept pragmatisch und realitätsbezogen um. Verbindendes Glied blieb

„ ... die entschiedene, leidenschaftliche Ablehnung der alten Landesuniversitäten, die für beide zu 'Staatsdiener-Abrichtungs-Anstalten und Broderwerbs-Vorbereitungen' herabgesunken waren, an deren Stelle eine unabhängige freie Hochschule für ganz Deutschland treten solle, nicht von den Regierungen, sondern vom Volk geschaffen."[15]

Das „Freie Deutsche Hochstift" verstand sich als Dachverband eines neuen akademischen Bildungssystems, in Forschung und Lehre allein der Sache verpflichtet und frei von staatlichen Kontroll-, Eingriffs- und Mitbestimmungsmöglichkeiten, das staatenübergreifend, überparteilich und überkonfessionell eine Alternative zu den (bereits 1848 kritisierten) traditionellen universitären und akademischen Wissenschafts- und Bildungseinrichtungen darstellen sollte. Die Einrichtung der erwähnten Meisterwürde des FDH wurde bewußt als „Schaffung eines zeitgemäßen, an die Stelle der von den Universitäts-Fakultäten verliehenen Doktoren-Würde tretenden, durchaus unentgeltlich und nur nach wahrem Verdienste, aber ohne Rücksicht auf Schulzwang der Bewerber zu ertheilenden Ersatzes"[16] verstanden. Für Volger bot Reis demnach einen beispielhaften Fall: Der Mann aus dem Volke, ohne universitäre Bildung, zeigte einfallsreich Problemlösungen mit klar erkennbarer praktischer Bedeu-

---

14. *Ruge, Arnold: Vorwort. In: Hallische Jahrbücher für deutsche Wissenschaft und Kunst, 4. Jg. (1841), Nr.1 und 2 (vom 1. und 2. Januar 1841), S. 1-6.*
15. *Adler (1959) S. 41*
16. *Rundschreiben des FDH an die Mitglieder von 1.1.1860. In: Berichte des FDH (1864)*

tung auf, die der herrschenden Wissenschaft trotz großen Mittelaufwandes nicht gelungen waren.

Für Reis selbst stellte sich die Frage der Zusammenarbeit mit dem FDH offenbar anders: Er ergriff die Möglichkeit einer Veröffentlichung seiner Ideen und Ergebnisse in einer Veranstaltung des Hochstiftes, verhielt sich dieser Organisation gegenüber, die sich (trotz ihrer Verpflichtung auf das Ziel der Freiheit wissenschaftlicher Forschung und Lehre) bewußt gegen das etablierte Wissenschaftssystem stellte, auch in den nächsten Jahren jedoch zurückhaltend. So nahm er nach seinem Vortrag zwar die „Meisterwürde" des Hochstiftes an (hier war er - wie erwähnt - in eine durch sehr namhafte Vertreter der etablierten Physik und anderer Wissenschaften ausgezeichnete Gruppe aufgenommen), betrachtete sich aber nie als Mitglied des Hochstiftes[17]. Dies verweist auf Reis Orientierung am System der herrschenden, etablierten Wissenschaft.

Andererseits war - um wieder auf den Reisvortrag zurückzukommen - auch der Vorbereitungsaufwand für den Vortrag durch das „Freie Deutsche Hochstift" verglichen mit dem des „Physikalischen Vereins" erstaunlich hoch. Dies war fraglos einerseits auf das Interesse an den

---

17. *Am 19. Juli 1864 tagte der Verwaltungsrat des Freien Deutschen Hochstiftes. Im handschriftlichen Protokoll der Sitzung (Archiv des FDH, Sitzungen des Verwaltungsrates des FDH, Schriftbericht 1863/64, 35. Sitzung) heißt es: „Der Vorsitzende , Hr. Dr. Volger zeigt an, daß auf die erfolgte Mahnung weitere Annahmebriefe zur Meisterwahl eingegangen sind u. zwar von den Herren: Dr. Mohr, Führich, Preller, Veil, Lommel, Dr. Schnorr von Carolsfeld, Dr. Höfer, Frhrn. v. Liebig und Steinheil (München)...In Folge der gleichen Mahnung an den Lehrer Hrn. Phil. Reis in Friedrichsdorf, hat derselbe die schriftliche Erklärung abgegeben, daß er sich bisher nicht als Mitglied des F.D.H. betrachtet und deshalb die ihm mehrfach zugemuthete Beitragszahlung ignoriert habe, dagegen aber die auf ihn am 9. Juli 1862 gefallene Meisterschaftswahl anerkennen wolle. Derselbe hat demgemäß, trotz der stets entgegengenommenen Zusendungen des Hochstiftes während dreier Jahre, das ihm vor sechs Monaten übersandte Mitgliedschaftsdiplom zurückgeschickt. Die Verwaltung hat Hrn. Reis angezeigt, daß sie diesen Irrtum anerkennen, jedoch die erfolgte Meisterschaftswahl aus diesem Anlaß als nicht geschehen ansehen müsse. "*

Erkenntnissen von Reis zurückzuführen. Andererseits kam mit Sicherheit das untrügliche Gespür des Hochstift-Gründers Dr. Otto Volger für 'wissenschaftliche Sensationen' hinzu und sein Bemühen, diese für die Reputation seiner Organisation zu nutzen. Volger versuchte einerseits, Reis zu fördern, wie es den erklärten Zielen des Hochstiftes entsprach, andererseits dieses Förderungsinteresse mit den Interessen des Hochstiftes am Nachweis seiner eigenen wissenschaftlichen Leistungsfähigkeit zu koppeln.

2.32 Schriftliche Publikation, Abbildungen und die Frage nach dem Hochstift-Originalgerät

Diese III. Ausführungsform des Senders, die Reis dem „Freien Deutschen Hochstift" vorstellte [also App. 1.005], ist in der Forschung immer wieder mit der nachfolgend beschriebenen IV. Ausführungsform verwechselt worden. Deshalb sei hier mit Nachdruck betont, daß dieser Apparat, den Reis bei seinem Hochstiftvortrag als Sender benutzte, erst nach seinem Tode publiziert worden ist.

Die erste Publikation einer Abbildung des Hochstiftgerätes [Abbildung 15 = Ausführungsform III] erfolgte 1883 durch Thompson[18]. Thompsons Darstellung geht dabei auf Angaben zurück, die ihm Ernst Horkheimer, der bereits erwähnte ehemalige Schüler von Reis, gab[19].

Horkheimer hatte Thompson in seinem Brief vom 2.12.1882 mitgeteilt:

„In conclusion, I beg to send you herewith a photograph of Philipp Reis ..., holding in his hand the instrument I helped him to make, and which photograph he took of himself, exposing the camera by a pneumatic arrangement of his own,

---

18. *Thompson (1883) S. 22-24.*
19. *Vgl. Thompson (1883) S. 116-120 und S. 22-30.*

Abbildung 15

III. Ausführungsform des Senders

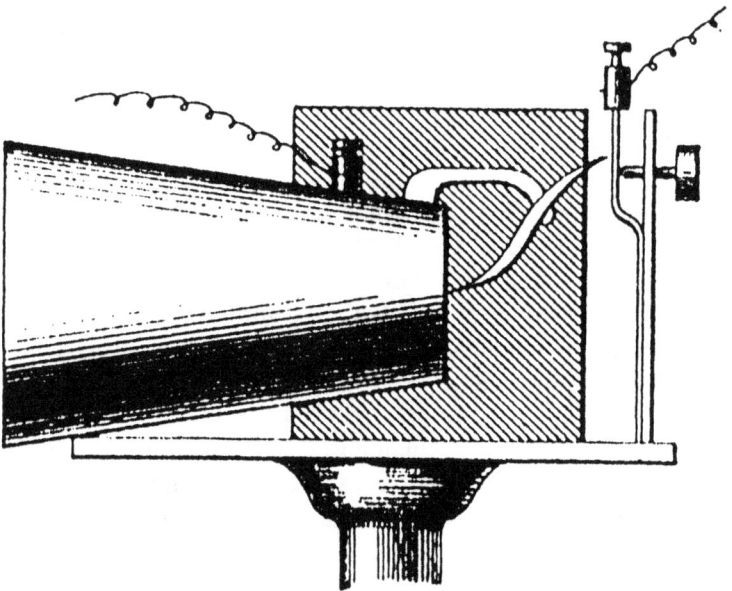

Rekonstruktion von Thompson (1883) S. 24, Fig. 13

and which formed part of a little machine which he concocted for turning over the leaves of music-books. The instrument used by Reis at the Physical Society may have been the square block form: I believe that this cone-form was not quite completed then. At the Saalbau (Hochstift), however, I am sure the instrument shown in my photograph was employed; not with a tin cone, but a wooden one. I send you herewith a sketch of what I remember that instrument to have been."[20]

Aufgrund der Darstellung Horkheimers und der Abbildung des Gerätes auf dem Photo aus dem Besitz Horkheimers rekonstruierte Thompson das Aussehen dieser Ausführungsform des Senders. Thompson ließ das Photo von Reis durch J. D. Cooper stechen und veröffentlichte es schließlich in seinem Buch. [Abbildung 16]

Dieses Photo bzw. dieser Stich führt zu einigen weiteren Informationen, die für unseren apparategeschichtlichen Zusammenhang und unsere weitere Betrachtung von größter Bedeutung sind:

Thompson ließ dieses ihm von Horkheimer geschickte Photo also stechen und Horkheimer den ersten Entwurf dieses Stiches zuschicken. Da Horkheimer mit diesem ersten Stich überhaupt nicht einverstanden war, ließ Thompson diesen nochmals überarbeiten, bis Horkheimer sich damit einverstanden erklärte. In einem unveröffentlichten Brief wandte sich Thompson sodann an die Familie Reis in Friedrichsdorf und teilte Reis Sohn Carl hierin zu diesem Vorgang mit:

„Bristol Mar. 27. 1883
My dear Sir,
Mr Horkheimer did not like the engraving made at first from the photograph in his possession. I have had it altered and he now says that the portrait is 'very good'.
Thinking that you might like to see the change that has been made, I send you a 'proof'. I hope you have received the documents I lately sent you. As my book is now in the press, I am desirous of having back in my hands the papers which I

---

20. *Thompson (1883) S. 119f. Der Verbleib des Originalbriefes von Horkheimer und auch dessen sonstiger Korrespondenz mit Thompson konnte nicht ermittelt werden.*

Abbildung 16

III. Ausführungsform des Senders
Stich nach einem Foto von Philipp Reis

Abbildung nach Thompson (1883) S. 23, Fig. 12

sent you a fortnight ago.
With most sincere regards,
Believe me
Yours most faithfully
Silvs. P. Thompson"[21]

Angesichts der wenigen Photographien, die es von Philipp Reis gab, meldete Carl Reis, der das Photo offenbar nicht kannte, Zweifel an der Echtheit der Aufnahme an[22], so daß Thompson sich in dieser Angelegenheit am 16.4.1883 nochmals an Carl Reis wandte. Da eben dieses Schreiben Thompsons wichtige Informationen über den Inhalt der Thompson-Horkheimerschen Korrespondenz und für die nächste Ausführungsform des Senders enthält, sei er hier ungekürzt wiedergegeben:

„Apr. 16. 1883

My dear Sir,
To remove your doubts as to the authenticity of the portrait of which you speak, I send you the same. Send or take it, if you desire, to Madame Reis, but be very careful of it, and return it shortly to me.
Mr. Horkheimer says that when he left Germany all the Teachers at Garnier's Institute gave him some little memento, such as a piece of handwriting in his album, or a photograph. Your late father had no photograph of himself at the time. This was in April or May 1862. But in June 1862 your father sent to Mr. Horkheimer this photograph, which he photographed himself, using as a means of opening the camera a pneumatic apparatus which he worked by pressing on it with his foot. This apparatus which Horkheimer hat helped him to construct, your father had designed for the purpose of turning over the leaves of music-books. Mr. Horkheimer thinks that the apparatus is still existing in the possession of Mr. J. Horkheimer in Frankfurt.
Now as to the transmitter which your father was holding in his hand when he photographed himself: it is very indistinct in the photograph. But Mr Horkheimer says that your father chose this form of memento - the photograph - because it represented him as holding in his hand the instrument which Horkheimer had

---

21. *Das Original dieses Briefes befindet sich im Besitz des Museums der Stadt Gelnhausen.*
22. *Ein entsprechender Brief von Carl Reis konnte nicht aufgefunden werden. Der Zusammenhang ergibt sich jedoch aus Thompsons Antwort vom 16. April 1883.*

helped him to make. Mr. Horkheimer himself gave me a sketch of the parts of the instrument, and this I gave to the engraver to help him in his work.

It is quite probable that Mr. Albert knows nothing about this particular form of Telephone. Horkheimer who assisted your father at the experiments at the Hochstift says that there they used an instrument with a wooden cone; that they tried very hard to get one with a metal cone ready: but could not get it done in time. It was probably this instrument with the tin-cone which was given to Mr. von Legat.

Mr. Horkheimer says that Herr Hold will be more likely than any one else to know about the photograph.

What room was it taken in? Do you recognize the wooden panels of the wall?

With sincerest greatings,

believe me,

yours ever truly

S. P. Thompson."[23]

---

23. Das Original dieses bislang unveröffentlichten Briefes befindet sich im Museum der Stadt Gelnhausen.

2.4 Ausführungsform IV des Senders

Die IV. Ausführungsform des Senders [App. 1.006], die - wie erwähnt - häufig fälschlicherweise für das Gerät gehalten wird, das Reis bei seinem Experimentalvortrag vor dem „Freien Deutschen Hochstift" am 11.5. 1862 vorgeführt hat [App. 1.005], wurde nicht von Reis selbst, sondern 1862 (fast zeitgleich mit dem Erscheinen des „Jahresberichtes des Physikalischen Vereins", in dem Reis seinen Aufsatz zur II. Ausführungsform seines Senders publizierte[1]), durch den Telegraphenexperten Wilhelm von Legat (1822-1866)[2] in der „Zeitschrift des Deutsch-Österreichischen Telegraphenvereins" der Öffentlichkeit vorgestellt[3]. Diese Darstellung von Legats wurde in Dinglers „Polytechnischem Journal" wiederabgedruckt[4] und diente als Grundlage für die Darstellung dieses Sendertyps in Kuhns bekanntem „Handbuch der angewandten Electricitätslehre"[5].

Die Präsentation dieser Ausführungsform des Senders erfolgte nicht wie bei den beiden vorhergehenden im Rahmen eines öffentlichen Experimentalvortrages, sondern gleich in Form eines gedruckten Berichtes. Doch ist auch hierbei das in Anspruch genommene Publikationsmedium von Bedeutung. Um die Initiative Wilhelm von Legats zu verstehen und

1. *Reis: "Ueber Telephonie durch den galvanischen Strom" In: Jahresbericht des physikalischen Vereins zu Frankfurt a. Main für das Rechnungsjahr 1861-1862, S. 57-64 (mit Tafeln I, II, III)*
2. *Auf die Person Wilhelm von Legats werden wir im Zusammenhang mit der Darstellung der I. Form des Empfängers, die v. Legat gemeinsam mit der hier zu betrachtenden IV. Ausführungsform des Senders erstmals veröffentlichte, genauer eingehen.*
3. *Wilhelm von Legat: Über die Reproduktion von Tönen auf elektrogalvanischem Wege. In: Zeitschrift des deutsch-österreichischen Telegraphenvereins. Hrsg. in dessen Auftrag von der Königlich preußischen Telegraphen-Direction, Jahrgang IX (1862) Heft VI, VII, VIII, S. 125-130.*
4. *Polytechnisches Journal. Hrsg. v. Dr. Emil Maximilian Dingler, 169. Bd. (=IV. Reihe, 19. Bd.) Jahrgang 1863, S. 23-29 mit Abbildungen auf Tab. I.*
5. *Carl Kuhn: Handbuch der angewandten Elektricitätslehre, mit besonderer Berücksichtigung der theoretischen Grundlagen. (XX. Bd. der Allgemeinen Encyclopädie der Physik, hrsg. v. Gustav Karsten) Leipzig 1866, 1017-1020 (Abb.: Fig. 504).*

einordnen zu können, ist es notwendig, sich die Spezifik dieses Vereins und die Zielstellungen seiner Zeitschrift zu verdeutlichen, denn unser heutiges „Vereins"-Verständnis könnte auch hier leicht zu Mißverständnissen führen. Der Vertrag über die Bildung des „Deutsch-Österreichischen-Telegraphenvereins"[6] regelte die Zusammenarbeit der wesentlichen deutschen Staatsregierungen mit dem Ziel, „dem öffentlichen wie dem Privatverkehr ihrer respektiven Staaten die Vorteile eines nach gleichmäßigen Grundsätzen geregelten Telgraphensystems zuzuführen"[7]. Beim „Deutsch-Österreichischen Telegraphenverein" handelte es sich somit um einen eminent wichtigen politischen Zusammenschluß auf höchster staatlicher Ebene (ähnlich dem „Zollverein" und anderen staatsvertraglich geregelten Zusammenschlüssen).

Im 1. Nachvertrag wurde geregelt, daß nur deutsche Staaten dem Verein und zwar nur als wirkliche Mitglieder beitreten konnten. Nicht-deutsche Staaten konnten zu dem Verein in ein Vertragsverhältnis treten. Dies wurde international genutzt, was in den nächsten Jahren zu einer engen Verkettung nahezu aller europäischen Staaten führte.

Schon 1851 war von der preußischen Regierung (Wiener Konferenz) die Herausgabe einer Zeitschrift für Telegraphie angeregt worden, in der die Veröffentlichung der gesetzlichen und technischen Vorschriften, der Verwaltungsvorschriften, die Bekanntmachung neuer Telegraphenlinien, Nachrichten über das Telegraphenwesen, aber vor allem auch die Beschreibung von Erfindungen und neuen Konstruktionen erfolgen sollte. Auf der Berliner Konferenz (1853) wurde dann die Herausgabe eines solchen amtlichen Organs unter dem Titel „Zeitschrift des Deutsch-Österreichischen Telegraphenvereins" beschlossen. Diese erschien in ununterbro-

---

6. *Dresden 25.7.1850 / 1. Nachvertrag: Wien 14.10.1851 / 2. Nachvertrag: Berlin 23.9.1853 / 3. Nachvertrag: München 15.5.1855 / Revidierter Vertrag: Stuttgart 16.11.1857)*
7. *Vgl. u.a. J. Noebels: Die Entwicklung des Deutsch-Österreichischen Telegraphenvereins und der internationalen Telegraphenbeziehungen. In: Archiv für Post und Telegraphie Nr. 2/ 1905, 46 - 63; Nr. 3 / 1905, S. 79 - 89; Nr. 5 / 1905, S. 154 - 159; Nr. 8 / 1905, S. 259 - 271; Nr. 9 / 1905, S. 295 bis 308.*

chener Folge von 1854 bis 1869 und erlangte eine beachtliche Verbreitung und Bedeutung in ganz Europa.

Damit wurde die Reissche Erfindung in einem amtlichen Publikationsor-
gan einem an praktischer Verwertung interessierten Fachpublikum und
politisch Verantwortlichen vorgestellt.

2.41 Öffentliche Präsentation und deren Rezeption

Zwar wurde diese Ausführungsform gleich schriftlich veröffentlicht,
doch steht ihr Erfolg in engem Zusammenhang mit dem Vortrag von Reis
beim „Freien Deutschen Hochstift" am 11. Mai 1862.

Bei der Darstellung der III. Ausführungsform des Senders (der Hochstift-
Form) hatten wir auf die aufwendigen Ankündigungen des Hochstiftes
verwiesen. Auffällig ist, daß diesen mit großem Aufwand betriebenen
Ankündigungen des Reisschen Vortrages keine vergleichbare Berichterstattung nach dem Vortrag folgte. Bei einem im Bereich der Pressearbeit
erfahrenen und über weitreichenden Einfluß verfügenden Mann wie Dr.
Otto Volger, dem Obmann des Hochstiftes, als Organisator der Veranstaltung mag dies noch mehr erstaunen. Eine verminderte Wertschätzung der
Reisschen Arbeit scheidet als Begründung aus, da Reis nach dem Vortrage die „Meisterwürde des Freien Deutschen Hochstiftes" verliehen
wurde[8]. Plausibel wird diese ungewöhnliche Zurückhaltung des Hochstiftes und Volgers dann, wenn man davon ausgeht, daß die Berichterstattung von Legats in Abstimmung mit Volger und dem Hochstift erfolgte
und man einer wirkungsvollen Berichterstattung in Frankfurter Pressemedien eine weit wirkungsvollere in der bedeutenden Zeitschrift des

---

8. ˙ „Durch diese Ernennung...", hieß es in der Ernennungsurkunde, „... haben wir Dein Wirken und alle Deine Verdienste eintragen wollen an gehei-
ligter Stätte in das Buch der Ehren unseres Volkes, dessen höchster Stolz
und Ruhm besteht in Thaten des Geistes, in der Veredlung der Menschheit
durch Wissenschaften, durch Künste und allgemeine Bildung." Archiv des
Freien Deutschen Hochstifts: Entwurf der Meisterurkunde für Philipp Reis
(hier „Reiß" geschrieben).

„Deutsch-Österreichischen Telegraphenvereins" vorzog, zumal bekannt
war, daß Wilhelm von Legat über Kontakte zu dieser Zeitschrift verfügte.

2.42 Schriftliche Publikation und Abbildungen

Aus dem vorangehend veröffentlichten Brief Thompsons an Carl Reis
wissen wir,

a)   daß bei dem Hochstiftvortrag eine andere und zwar sehr wahr-
      scheinlich die hier beschriebene IV. Ausführungsform des Sen-
      ders zur Vorführung kommen sollte,

b)   daß dieses Gerät [App. 1.006] aber nicht rechtzeitig genug fertig
      gestellt werden konnte und

c)   daß Reis daher auf ein bereits fertiges Gerät [App. 1.005], an des-
      sen Verbesserung er gerade arbeitete, zurückgreifen mußte.

Auskünften des Herausgebers der Zeitschrift des Deutsch-Österreichischen Telegraphenvereins, Dr. Philipp Brix (1817-1899), die Thompson
publizierte, können wir entnehmen

a)   daß sich W. v. Legat einige Zeit nach dem Vortrag mit Reis in
      Verbindung setzte (oder umgekehrt) und

b)   daß Reis W. v. Legat Unterlagen und den offenbar inzwischen
      fertiggestellten - ursprünglich für den Hochstiftvortrag vorge-
      sehenen - Apparat überließ,

c)   daß die Arbeit v. Legats nach ihrer Fertigstellung von der
      Redaktion der Zeitschrift noch einmal Reis vorgelegt und von
      diesem in der Fassung genehmigt wurde, die dann publiziert
      wurde.

Bereits Thompson erkannte, daß es sich bei dem von v. Legat beschriebenen Apparat um denjenigen gehandelt hat, der für den Hochstiftvortrag
vorgesehen und mit einem metallischen Trichter ausgestattet war. Dies
wird durch die Bemerkung von Legats weiter erhärtet, daß „...bei den
praktischen Versuchen...sich herausgestellt (hat - RB), daß die Wahl des

Materials für diese Röhre, beim Gebrauch des Apparates ohne Einfluß" ist[9].

Der Trichter der III. Ausführungsform [App. 1.005] war aus Holz. Wahrscheinlich hatte Reis sich von dem Materialwechsel eine Verbesserung seiner Experimentalergebnisse versprochen. Gleichzeitig kann ausgeschlossen werden, daß Reis innerhalb so kurzer Zeit noch ein weiteres neues Gerät konstruierte, da Versuchsergebnisse mit der IV. Ausführungsform mit metallischem Trichter [App. 1.006] noch ausstanden und entsprechende Experimente erst einmal durchgeführt werden mußten. Die Aussage v. Legats verweist auf eben solche Experimente, und da er nachweislich nicht die (auf dem Photo von Reis abgebildete) III. Ausführungsform beschrieb, muß es sich bei dem von v. Legat beschriebenen Gerät um das einige Zeit nach dem Hochstiftvortrag fertiggestellte Gerät gehandelt haben, über das Horkheimer Thompson berichtete.

Wilhelm von Legats Motivation zur Beschäftigung mit dem Reis-Telephon und die Schwerpunktsetzung seiner Betrachtung unterschied sich von der anderer Berichterstatter, die von der Bedeutung der Reisschen Überlegungen und Experimente überzeugt waren. Ihm ging es um eine Zwischenbilanz, sein Anliegen war:

„...was zur Verwirklichung dieses Projektes bis jetzt geschehen, in weiteren Kreisen bekannt zu machen, damit auf den gesammelten Erfahrungen fortgebaut und die Wirksamkeit des galvanischen Stromes ... auch in dieser Hinsicht ausgebeutet werde."[10]

Wie Reis selbst hob von Legat den Prozeßcharakter der Versuche und den kollektiven Charakter der sich hier stellenden Aufgabe hervor[11], nur in der Gewichtung und in der Sicht dessen, was unter „Verwirklichung des Projektes" zu verstehen sei, unterscheidet er sich von Reis. Ging es

---

9. v.. Legat (1862) S.128.

10. v.. Legat (1862) S. 125.

11. v. Legats Beschreibung enthält konkrete Konstruktionshinweise wie: Es „empfiehlt sich eine möglichst glatte Oberfläche der inneren Wandung", „Es empfiehlt sich, den Arm ce länger als den Arm ed zu construiren" etc.

Reis vor allem um den Nachweis der Übertragbarkeit von Tönen
(Sprache und Musik) mit dem Ziel der Eröffnung einer ganzen neuen
wissenschaftlichen Disziplin[12], so betonte v. Legat zwar auch ein theore-
tisches Interesse, stellte aber das Gerät in den Kontext einer möglichen
praktischen Verwertung:

„Es unterliegt keinem Zweifel, daß das hier zur Sprache Gebrachte, bevor eine
praktische Verwerthung mit Nutzen zu erwarten, noch eines erheblichen Fortbaues bedürfen wird, und namentlich die Mechanik den zu benutzenden Apparat
vervollkommnen muß, doch bin ich nach den wiederholten praktischen Versuchen überzeugt, daß die Verfolgung dieser zur Sprache angebrachten Angelegenheit vom höchsten theoretischen Interesse und die praktische Verwerthung in
unserem intelligenten Jahrhundert nicht ausbleiben wird !"[13]

Wir werden bei der Erörterung der zu diesem Sender gehörigen Ausführungsform des Empfängers (Ausführungsform I des Empfängers) noch
einmal auf die unterschiedliche Motivation von Reis und von v. Legat zu
sprechen kommen.

Versuchen wir noch zu etwas präziseren Vorstellungen über das Gerät
und die Gerätemaße zu kommen:
W. v.. Legat veröffentlichte eine Abbildung dieser Ausführungsform des
Senders [hier App. 1.006 = Abbildung 17] und beschrieb das Gerät (bei
v. Legat Tafel IX, Fig.4 A), wobei er mehrfach konkrete Konstruktionshinweise gab, wie folgt.:

„In vorliegender Fig. 4 Taf. IX ist A der Tonabgeber [= Abbildung 17 - R.B.]
und B [vgl. App. 3.101 = Abb. 41] der Tonempfänger, welche beiden Apparate
auf verschiedenen Stationen aufgestellt werden. ... Wenden wir uns nun zunächst
zu dem Tonabgeber Figur 4A.
Derselbe steht einerseits mit der metallischen Leitung zur Nachbarstation und
vermittelst dieser mit dem Tonempfänger Figur 4B [= I. Ausführungsform des
Empfängers-RB] in Verbindung, andererseits ist derselbe vermittelst der elek-
tromotorischen Kraft C mit der Erde (oder der metallischen Rückleitung) verbunden.

---

12. Vgl. Reis (1861) S. 64
13. v.. Legat (1862) S. 129 f.

Abbildung 17

IV. Ausführungsform des Senders

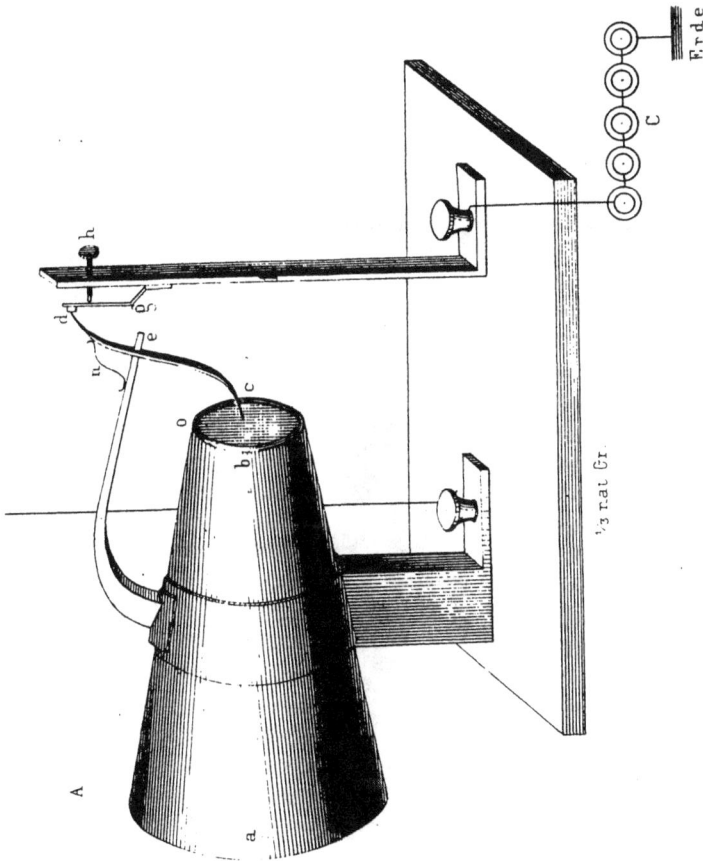

Abbildung nach Wilhelm von Legat (1862) Fig. 4 A

Abbildung 18

IV. Ausführungsform des Senders

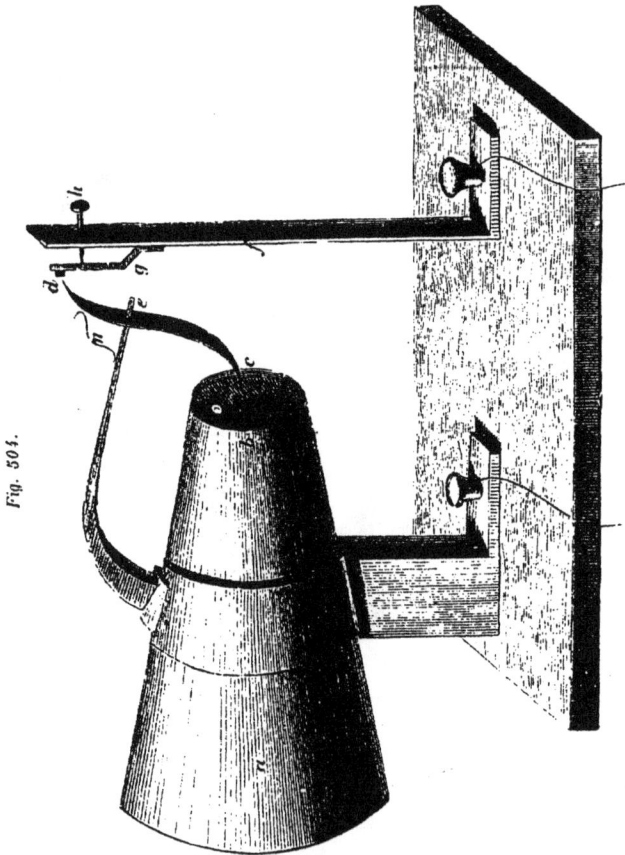

Fig. 504.

Abbildung nach Carl Kuhn (1866) Fig. 504

Der Tongeber Figur 4 A besteht aus einer conischen Röhre a-b von circa 15 Centimeter Länge, 10 Centimeter vorderer und 4 Centimeter hinterer Oeffnung. (Bei den praktischen Versuchen hat sich herausgestellt, daß die Wahl des Materials für diese Röhre, beim Gebrauch des Apparates ohne Einfluß, und ebenso eine größere Länge desselben für die Sicherheit des Apparates ohne Wirkung. Eine größere Weitung des Cylinders schadet der Benutzung des Apparates und empfiehlt sich eine möglichst glatte Oberfläche der inneren Wandung). Die engere, hintere Oeffnung des Cylinders wird durch eine Membrane o von Collodium verschlossen, und ruht auf der Mitte der durch diese Membrane gebildeten Kreisfläche das eine Ende c des Hebels cd, dessen Unterstützungspunkt e durch einen Träger gehalten mit der metallischen Leitung verbunden bleibt. Die Wahl der Länge der beiden Hebelarme ce und ed wird durch die Gesetze über die Hebelkräfte bedingt. Es empfiehlt sich, den Arm ce länger als den Arm ed zu construiren, um die kleinste Bewegung bei c mit möglichster Kraftäußerung bei d zur Wirkung zu bringen, andererseits aber ist es wünschenswerth, den Hebel selbst möglichst leicht zu fertigen, damit derselbe den Bewegungen der Membrane folgen kann. Ein nicht sicheres Folgen des Hebels cd erzeugt unreine Töne auf der Empfangsstation. Im Zustande der Ruhe ist der Contact dg geschlossen und hält eine schwache Feder n den Hebel in dieser Ruhelage fest. Der zweite Theil dieses Apparates, der Ständer f, besteht aus einem metallischen Träger, welcher mit dem einen Pol der Batterie C verbunden, während der zweite Batteriepol zur Erde resp. zur metallischen Rückleitung der anderen Station geführt ist. An dem Träger f befindet sich eine Feder g mit einem Contacte, welcher mit dem Contacte des Hebels cd in d correspondirt, und deren Stellung durch eine Schraube h regulirt wird. Um durch Mittheilung der beim Gebrauche des Apparates sich erzeugenden Luftwellen gegen die Rückseite der Membrane die Wirkung des Apparates nicht zu schwächen, empfiehlt es sich, über die Röhre ab rechtwinklig zur Längenachse derselben eine Scheibe von circa 50 Centimeter Durchmesser zu stellen, welche auf die äußere Wandung der Röhre fest aufschließt."[14]

Die Abbildung dieser Ausführungsform des Senders von Reis, die W. v. Legat gibt, ist die einzige, die mit Sicherheit auf das Originalgerät von Reis, dessen Verbleib schon vor einhundert Jahren nicht mehr zu ermitteln war (Thompson/ Hartmann), zurückgeht. Ob Carl Kuhn für die Darstellung dieses Apparates in seinem „Handbuch" [Abbildung 18] ebenfalls das Originalgerät von Reis zur Verfügung stand, oder ob er sich le-

---

14. *v. Legat (1862) S. 127f*

diglich auf die v. Legatschen Angaben stützte, kann nicht mit Sicherheit festgestellt werden. Für weitere Rückschlüsse über diese IV. Ausführungsform des Reisschen Senders sind wir also in allererster Linie auf die Abbildung und die Angaben W. v. Legats angewiesen. Ergänzend hierzu soll die Abbildung bei Kuhn [Abbildung 18] herangezogen werden.

V. Legat macht in seinem Aufsatz zwei für die Einschätzung der ungefähren Abmessungsverhältnisse des Gerätes wichtige Angaben:

Erstens beschreibt er den konischen Trichter des Gerätes als „von circa 15 Centimeter Länge, 10 Centimeter vorderer und 4 Centimeter hinterer Oeffnung".

Zweitens macht er bei dem seinem Aufsatz beigefügten Stich des Gerätes die Angabe: „1/3 nat. Gr." (= 1/3 natürliche Größe).

Zwar spricht v. Legat bei seinen Angaben zu den Trichtermaßen von „Circa"-Angaben, doch ergibt ein Vergleich der von Ihm gegebenen „Circa"-Angaben deutliche Abweichungen zu seiner Abbildung, die hierbei insgesamt leicht vergrößert erscheint:

Von der Abbildungsangabe ausgehend, daß sich das abgebildete Gerät zu dem wirklichen Gerät in einem Größenverhältnis 1 : 3 befindet, kann die Längsseite des Sockelbrettes mit ca. 261 mm angegeben werden. Wegen der perspektivischen Verkürzung in der Abbildung ist das angegebene Größenverhältnis natürlich nur bedingt für die übrigen Teile des Gerätes verwendbar. Doch müßte der Trichter des Gerätes einen vorderen Öffnungsdurchmesser von wenigstens 120 mm und einen hinteren Öffnungsdurchmesser von wenigstens 51 mm gehabt haben. Damit ergibt sich ein Durchmesserverhältnis von vorderer und hinterer Trichteröffnung von 2,35:1. Nach v. Legats Textangaben hätte dieses Verhältnis 2,5:1 betragen müssen.

Interessanterweise kommt die Abbildung in Carl Kuhns Handbuch den Maßangaben v.Legats näher: Hiernach ist von einer Länge der Längsseite des Sockelbrettes von 219 mm auszugehen, einem vorderen Trichterdurchmesser von 102 mm und einem hinteren von 42 mm. Das Durch-

messerverhältnis von vorderer und hinterer Trichteröffnung von 1 : 2,42
kommt damit den v. Legatschen Textangaben (1 : 2,5) erheblich näher.

2.5 Ausführungsform V des Senders

Auch diese und die nächste (= VI.) Ausführungsform des Senders wurden zu Lebzeiten von Reis nicht veröffentlicht. Wir werden hier sowohl zur V. Ausführungsform als auch zur VI. Ausführungsform je zwei Varianten (Va, Vb und VIa, VIb) vorstellen.

Die Varianten Va und VIa wurden 1878 erstmals von Karl Schenk veröffentlicht und und von Thompson in seiner Klassifikation berücksichtigt. Die Varianten Vb und VIb werden hier erstmals entwicklungsgeschichtlich berücksichtigt und beschrieben.

Karl Schenk, der Leiter des Institut Garnier in Friedrichsdorf, der Schule, an der Reis von 1858 bis zu seinem Tode 1874 als Lehrer tätig war, veröffentlichte 1878[1] ein Buch über das Telephon von Philipp Reis.

In dem Kapitel „Des Erfinders erste Apparate"[2] stellte Schenk drei Reissche Sender vor:

a)   die endgültige Form (Ausführungsform VII) von 1863 sowie zwei frühere Apparate, die in unserer Darstellung als

b)   Ausführungsform Va des Senders[3] [= App. 1.007] und

c)   Ausführungsform VIa des Senders[4] [= App. 1.009] eingeordnet und dargestellt werden.

Diese - im Vergleich zur bisherigen Forschung - späte entwicklungsgeschichtliche Einordnung dieser beiden Sendertypen soll an späterer Stelle begründet werden.

---

1. *Vgl Schenk (1878): S. 8 mit Figur 2. Vgl. auch I. Ausführungsform des Senders.*
2. *Karl Schenk (1878) S. 8f.*
3. *Vgl. Schenk (1878) S. 8, Fig. 2.*
4. *Vgl Schenk (1878) S. 8, Fig. 1.*

2.51 Ausführungsform Va

Hierbei handelt es sich um das Gerät, das Schenk als Fig. 2 abbildet. [hier Abbildung 19 = App. 1.007].

Entgegen der hier vertretenen Auffassung sah Schenk in [App. 1.007], der Ausführungsform Va, die gegenüber der im nächsten Kapitel zu besprechenden Ausführungsform VIa (bei Schenk Fig. 1, hier App. 1.009) entwickeltere Ausführungsform. Er vermerkte hierzu:

„Die ersten Apparate, welche noch vorhanden sind, sind in Fig. 1 und 2 dargestellt. Beide sind aus Blech von Herrn Reis selbst gearbeitet und bei beiden ist a die Schallröhre mit der der Ohrmuschel entsprechenden Erweiterung. Während nun im ersten Falle [= Ausführungsform VIa-RB] die schwingende Membran (erst Thierblase, dann Schweinsdünndarm) über den 15 Ctm. im Durchmesser haltenden nach innen mit einem vorspringenden Rand versehenen Ring b gespannt war, zeigt der zweite Schallapparat [= Ausführungsform Va-RB] schon mehr Aehnlichkeit mit der Stellung der Gehörmuschel, dem Gehörgang und dem Trommelfell (abc). Auf der Blase c findet sich noch Siegellak, mittels dessen bei dem Apparat Fig. 2 [= Ausführungsform Va-RB] schon ein stromunterbrechendes Platinstreifchen aufgekittet war."[5]

Thompson, der in seiner Darstellung dieser beiden Ausführungen des Reisschen Senders auf Schenk zurückgriff, übernahm die Schenkschen Abbildungen und Charakterisierungen und klassifizierte sie als 2. und 3. Ausführungsform des Senders. Bei der Betrachtung der VI. Ausführungsform werden wir auf die Gründe hierfür und für das Abweichen der hier dargelegten Entwicklungsfolge der Gerätetypen näher eingehen.

In Thompsons Darstellung wird dieses Gerät [App. 1.007] wie folgt beschrieben:

„It consists of an auditory tube a, with an embouchure representing the pinna or flap of the ear. This second apparatus shows also a great similarity with the arrangement of the ear, having the pinna or ear-flap, the auditory passage, and the drum-skin (a,b,c). Upon the bladder c there still remains some sealing-wax, by

---

5. *Schenk (1878) S. 8 f.*

Abbildung 19

V. Ausführungsform des Senders

Variante a

Abbildung nach Schenk (1878) S. 8, Fig. 2

means of which a little strip of platinum, for the all-essential loose-contact that controlled the current, had formerly been cemented to the apparatus."[6]

Thompson übernimmt also die Abbildung und die wesentlichen Angaben Schenks zum Aussehen des Gerätes und fügt einen Hinweis auf die technisch-konstruktive Besonderheit des losen Kontaktes hinzu.

Der heutige Verbleib dieses Apparates ist ungeklärt. Zum Zeitpunkt seiner Bekanntmachung durch Karl Schenk befand er sich (ebenso wie die Ausführungsformen I und VIa) im Besitz der physikalischen Sammlung des „Institut Garnier" in Friedrichsdorf. [Abbildung 20]. Im Oktober 1886 gingen alle drei Geräte in den Besitz des „Reichspostmuseums" in Berlin über[7], wo sie nachweisbar bis gegen Ende des II. Weltkrieges blieben. Im Jahre 1943 wurde begonnen, Teile der Sammlung zu verlagern (z. B nach Schloß Waltershausen bei Mellrichstadt, nach Reichenberg, Schloß Schieritz bei Meißen etc.). Andere Teile blieben im „Reichpostmuseum". Durch die Zerstörung des „Reichspostmuseums" aber auch durch andere Kriegs- und Nachkriegseinflüsse entstanden an den ausgelagerten Beständen große Schäden. Auf jeden Fall sind nach Auskünften der „Museen für Post und Kommunikation" in Frankfurt und

---

6. *Thompson (1883) S. 18 f mit Fig. 7. Thompson bezeichnete diesen Apparat als "Tin Tube".*

7. *Vgl. Katalog des Reichspostamtes. Im Auftrage des Reichs-Postamtes bearbeitet von H. Theinert. Berlin 1889, S. 257f; ferner: Katalog des Reichspostmuseums. Berlin 1897, S. 376; Vgl. auch Ferdinand Hennike: Reichs-Postmuseum, Berlin 1889, S. 99 und Ernst Feyerabend: 50 Jahre Fernsprecher in Deutschland 1877-1927. Berlin 1927, S. 16. Bei Feyerabend (1927) S. 17 und bei Erwin Horstmann: 75 Jahre Fernsprecher in Deutschland 1877-1952. Ein Rückblick auf die Entwicklung des Fernsprechers in Deutschland und auf seine Erfindungsgeschichte. Hrsg. vom Bundesministerium für das Post- und Fernmeldewesen. Berlin) S. 31 sind Fotos folgender drei Ausführungsformen des Reisschen Gebers veröffentlicht: Ausführungsform I (Feyerabend (1927) S. 17, Abb. 6a / Horstmann (1952) S. 31, Abb. 8a); Ausführungsform Va (Feyerabend (1927) S. 17, Abb. 6b / Horstmann (1952) S. 31, Abb. 8b); Ausführungsform VIa (Feyerabend (1927) S. 17, Abb. 6c / Horstmann (1952) S. 31, Abb. 8c.)*

Berlin die hier besprochenen Geräte (Sender Va und VIa) nicht mehr im Bestand nachweisbar.

2.52 Ausführungsform Vb

Angesichts dieser Tatsache ist es um so bedeutsamer, daß sich im Besitz des „Deutschen Museums" in München zwei in der Literatur bisher unbeachtete Geräte befinden, die als Varianten der von Schenk beschriebenen Ausführungsformen Va [=Abbildung 20] und VIa [=Abbildungen 22 und 23] betrachtet werden müssen[8]. Wir werden diese beiden Geräte als Ausführungsformen Vb [Abbildung 21] und VIb [Abbildung 24] beschreiben. Hier wird zunächst im Anschluß an die von Schenk und Thompson publizierte Ausführungsvariante Va [App. 1.007] die Ausführungsvariante Vb [= App. 1.008] vorgestellt. Im Anschluß an die noch ausstehende Darstellung der Ausführungsform VIa [= App. 1.009] soll das zweite Gerät als Variante VIb [= App. 1.010] besprochen werden.

Bei diesem Gerät [App. 1.008], Variante Vb der Ausführungsform V des Reisschen Gebers [Abbildung 21], die in den Unterlagen des „Deutschen Museums" als Originalgerät von Reis ausgewiesen ist[9], handelt es sich um ein röhrenförmiges, hohlzylindrisches Gerät mit einer Gesamtlänge von 107 mm, das aus 1 mm starkem Zinkblech gefertigt ist und aus vier zusammengelöteten Teilstücken (a,b,c,d) besteht:

Teilstück a (das Sprechmuschelstück) weist eine ovale Form von 86 mm x 56 mm (einschließlich des auf 2 mm verbreiterten Muschelrandes) auf und ist mit Teilstück b (einem Zwischenstück), das (wie auch die Teil-

---

8. *Vgl Deutsches Museum Invt. Nr. 2561c und 2561d. Diese in den Unterlagen des Deutschen Museums als Originale ausgewiesenen Geräte gelangten im Juni 1905 zusammen mit einem Sender der VII. Ausführungsform von 1863 und einem Empfänger (Invt.Nr. 05/2561a und 05/2561b) sowie einem handschriftlichen Brief von Reis aus dem Besitz der Königlichen Industrieschule Augsburg in die Bestände des Deutschen Museums (Handschriftenabteilung Stand-Nr. 1233). Wann und auf welchem Wege die Geräte nach Augsburg gelangt sind, konnte nicht ermittelt werden.*
9. *Deutsches Museum Invt.Nr. 05/2561c.*

Abbildung 20

V. Ausführungsform des Senders

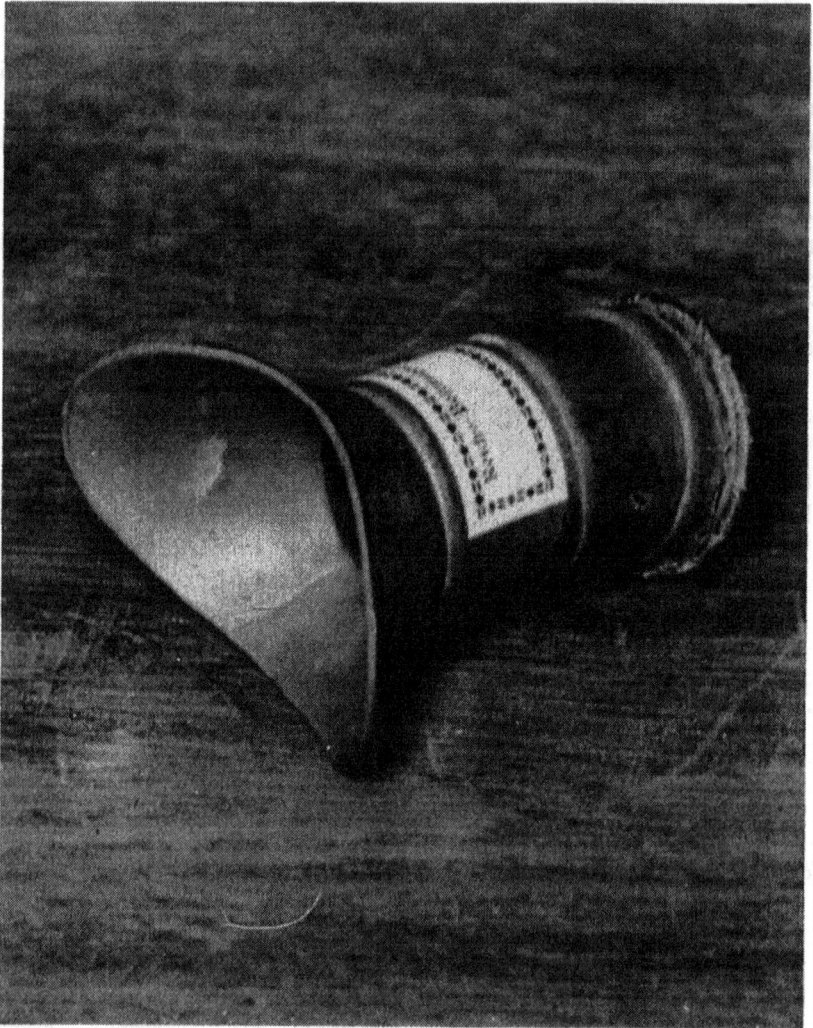

Variante a
Foto aus dem ehemaligen Reichspostmuseum

Abbildung 21

V. Ausführungsform des Senders

Variante b
Deutsches Museum München

stücke c und d) aus einem zylindrischen Rohr mit einem Durchmesser
von 43 mm besteht, verlötet ist.

Das (hohl)-zylindrische Teilstück b ist einseitig zum Teilstück c hin
schräg zur Zylinderachse abgeschnitten, so daß die maximale Zylinderhöhe 33 mm und die minimale Zylinderhöhe 30 mm beträgt. An das dadurch angeschrägte Teilstück b schließt sich ein ähnliches hohlzylindrisches Teilstück c mit einer minimalen Zylinderhöhe von 20 mm und einer maximalen Zylinderhöhe von 28 mm an. Durch die Abschrägungen
der Teilstücke b und c wird eine Krümmung des Gerätekorpus bewirkt.
An Teilstück c schließt sich als viertes und letztes Teilstück das Mem-
branstück an, das mit einer 0,o5 mm starken Tierhaut verschlossen ist,
die mittels einer dünnen Schnur (Durchmesser ca. 0,3 mm) befestigt ist.
Der Außendurchmesser des Teilstücks d, das an der Membranseite eine
Randverbreiterung zur Befestigung der Membrane aufweist, beträgt auf
der Membranseite 47 mm, und die gebundene Schnurwickelung nimmt
einen Raum von ca. 5 mm in Anspruch.

Auch diese Variante der Ausführungsform V zeigt wie die bei Schenk
und Thompson beschriebene eine starke Ähnlichkeit mit der Anatomie
des menschlichen Ohres, da die Teilstücke jeweils einer pinna oder Muschel, einem gekrümmten Gehörgang und einem Trommelfell vergleich-
bar sind. Im Gegensatz zu der hier beschriebenen Variante weist die Variante Va in der Abbildung bei Schenk und Thompson keine Krümmung
des Gerätekorpus auf.

2.6 Ausführungsform VI des Senders

2.61 Ausführungsform VIa

Auch diese Ausführungsform des Senders wurde - wie erwähnt - erst nach dem Tode von Reis einer größeren Öffentlichkeit bekannt gemacht, d.h. es gab keine zeitgenössische[1] Rezeption. Es handelt sich um das zweite bei Karl Schenk 1878 erstmals veröffentlichte Gerät, das wir im Anschluß an unsere vorangegangenen Ausführungen als Variante a der Ausführungsform VI einordnen und auf einen Herstellungszeitraum von 1862/63 datieren wollen. Dieses Gerät [App. 1.009] ist bei Schenk als Fig. 1[2] durch folgende Abbildung [Abbildung 22] dargestellt:

Abbildung 22

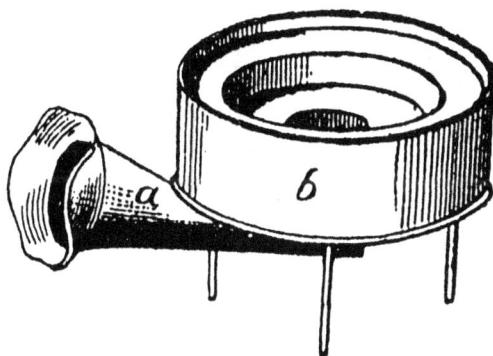

Fig. 1.

---

1. *Unter zeitgenössischer Rezeption sei der Zeitraum von 1861-1874/76 verstanden. Vgl. hierzu: Rolf Bernzen: Phasen, Formen und Motivationen der Auseinandersetzung mit dem Telephon von Philipp Reis (1834-1874). Versuch einer Bestandsaufnahme. In: Jörg Becker (Hrsg.): Fernsprechen. Berlin S.47.*
2. *Schenk (1878) S.8*

Die Beschreibungen Schenks, der die Ausführungsvarianten Va und VIa gemeinsam bespricht, wurden bei der Darstellung der V. Ausführungsform des Senders wiedergegeben. Thompson übernahm auch bei der Darstellung dieses Apparates die Angaben von Schenk und beschrieb das Gerät wie folgt:

„The ... form, also preserved in the collection in Garnier's Institute, is given in Fig. 8, which, with the preceding, is taken by permission from the pamphlet of the late Professor Schenk, consists of a round tin box, the upper part of which fits upon the lower precisely like the lid of a collar-box. Over this lid b, which is 15 centimetres in diameter, was formerly stretched the vibrating membrane, there being also an inner flange of metal. Into a circular aperture below opened an auditory tube a, with an embouchure representing the pinna. The precise arrangement of the contact-parts of this apparatus are not known."[3]

Auch der Verbleib dieses Gerätes [App. 1.009], das sich zuletzt im Besitz des „Reichspostmuseums" in Berlin befand, ist seit 1945 ungeklärt (Vgl. hierzu die Ausführungen zum Verbleib des Senders der V. Ausführungsform). Inzwischen wurde mir freundlicherweise vom „Museum für Post und Kommunikation in Berlin" [Leipziger Straße] umfangreiches Fotomaterial von den ehemals im Besitz des „Reichspostmuseums" befindlichen Geräten zur Verfügung gestellt.

Ein Vergleich der von Schenk gegebenen Abbildung mit den Fotos, die später von denselben Geräten, die aus dem Besitz des „Institut Garnier" in den des „Reichspostmuseums" übergegangen waren [Abbildungen 20 und 23], zeigt, daß die Abbildungen bei Schenk ungenau sind:

1) Die wellenförmige Gestaltung des Sprechmuschelrandes bei dem Gerät der Ausführungsform VIb (wie Schenk sie abbildete und Thompson sie übernahm) entsprach nicht der tatsächlichen Form und mag als eine „ästhetische Verfeinerung" verstanden worden sein. Tatsächlich weist das unter Ausführungsform Vb beschriebene Gerät noch mehr Ähnlichkeit mit der Variante Va auf, als dies bereits anhand der literarischen Abbildungen erkennbar war.

---

3. *Thompson (1883) S. 19.*

Abbildung 23

VI. Ausführungsform des Senders

Variante a
Foto aus dem ehemaligen Reichspostmuseum

2) Die Darstellung der V. Ausführungsform des Senders, wie sie Schenk
und auch Thompson abbildete, erweist sich insofern als ungenau, als er
die Gestalt des Gerätekorpus offenbar nachträglich (orientiert an der
endgültigen Entwicklungsform (Ausführungsform VII von 1863) als
nicht gekrümmt abbildete, was sie bei dem tatsächlichen Gerät der Ausführungsform Va jedoch zweifellos war. Auch hier ist also die Ähnlichkeit der bei Schenk und Thompson abgebildeten Geräte mit den hier beschriebenen Varianten noch größer als die Abbildungen dies zunächst
vermuten ließen.

2.62 Ausführungsform VIb

Auch zu diesem Gerätetyp befindet sich im Besitz des „Deutschen Museums" in München[4] eine offenbar aus dem gleichen Herstellungszeitraum
stammende Variante, die hier als Ausführungsform VIb [App. 1.010] beschrieben sei.

Bei diesem Apparat [App. 1.010 = Variante VIb des Reisschen Senders]
handelt es sich um ein Gerät [Abbildung 24], das aus zwei Teilen
besteht: a) aus einem Untergestell G und b) aus einem Deckel D.

Das Untergestell G, das aus 0,4 mm dickem Zinkblech hergestellt ist, besteht aus einem Hohlzylinder mit eingefügtem Ringblech, sowie drei aus
2 mm dickem Draht hergestellten, angelöteten Füßen. Das Untergestell
hat einen Außendurchmesser von 145 mm und eine Gesamthöhe von 72
mm. Die Höhe des hohlzylindrischen Gerätekorpus beträgt 24 mm. Etwa
2 mm unterhalb der Oberkante des Hohlzylinders ist ein 21 mm breites
Ringblech eingefügt, das eine kreisförmige Öffnung mit einem Innen-
durchmesser von 104 mm umschließt.

Der Deckel D besteht aus einem kreisförmigen Zinkblech mit einem Außendurchmesser von 150 mm und einer konzentrischen, kreisförmigen
Öffnung mit einem Durchmesser von 30 mm. An der Unterseite des Dek-

---

4. Sender Ausführungsform VI b Deutsches Museum Invt. Nr.05/2561d.

Abbildung 24

VI. Ausführungsform des Senders

Variante b
Deutsches Museum München

kels ist ein niedriger Hohlzylinder als Rand aufgesetzt mit einer Höhe von
10 mm. Auf der Oberseite des Deckels ist ein die kreisförmige Öffnung
des Deckelblechs verdeckender, längs der Achse halbseitig aufgeschnitte-
ner Hohlzylinder (Sprechrohr) mit einem Durchmesser von 37 mm aufge-
lötet, der in seinem den Deckelrand überragenden Teil unten abgeschrägt
zu einer Sprechmuschel hin erweitert ist, die im oberen Teil konisch ge-
formt und im unteren Teil an die Schrägung des hohlzylindrischen Sprechrohres angepaßt ist. Dadurch ist die Sprechmuschel mit einem Durchmesser von 69 mm unten auf 59 mm abgeschnitten. Das Sprechrohr hat eine
Gesamtlänge von 132 mm und ist an der auf das Deckelblech aufgelöteten
Seite verschlossen.

Das Gerät hat mit Untergestell G und Deckel D eine Gesamthöhe von 116
mm.

Thompson stufte in seiner Klassifikation der Geräte von Reis die beiden
vorangehend als Ausführungsformen Va und VIa dargestellten Geräte als
zweite und dritte Entwicklungsform des Reisschen Gebers nach dem „Ohr"
ein[5].

Einerseits hatte er das Ohrmodell (Ausführungsform I) entdeckt und als
früheste Ausführungsform erkannt. Dies stimmt mit zeitgenössischen
Berichten überein[6]. Anderseits hatte Schenk vermerkt[7], bei diesen beiden
Geräten handele es sich um   "...die ersten Apparate, welche noch
vorhanden sind...". Darauf fußend klassifizierte Thompson diese beiden
Geräte (Ausführungsform Va und VIa) als zweite und dritte Entwicklungsform des Reisschen Gebers. Da Thompsons Klassifikation in der bisherigen Forschung stets kritiklos übernommen wurde, blieb auch diese entwicklungsgeschichtliche Einstufung maßgeblich.

5. *Vgl. Thompson 1883) S. 18-20.*
6. *Vgl. Brief Ernst Horkheimers an Thompson vom 2.12.1882, abgedruckt bei*
    Thompson (1883) S. 116-120, hier 117: " I recollect the instrument in the
    shape of the human ear very well: it was Reis' earliest form of transmitter."
7. *Vgl. Schenk (1878) S. 8f.*

Im Gegensatz zu Thompson haben wir die hier besprochenen Geräte als
Varianten der V. und VI. Ausführungsform eingeordnet. Wir gehen hierbei auf eine Mitteilung zurück, die Thompson selbst angibt. Er vermerkt,
Reis' Schüler Ernst Horkheimer habe diese Geräte nicht gekannt und vermutet, daß diese somit nach Juni 1862 entstanden seien[8]. Er schreibt:

„This is not improbable, as the design with horizontal membrane more nearly
approaches that of ... the 'Square-box' pattern [= Ausführungsform VII-RB]."[9]

Da Horkheimer als Assistent von Reis alle Ausführungsvarianten des
Reisschen Gebers von der I. bis zur III. Ausführungsform kannte, diese
beiden Ausführungsformen jedoch nicht mehr, liegt es nahe, sie entwicklungsgeschichtlich erst nach dem Hochstiftgerät (=Ausführungsform III
des Senders) einzuordnen.

Gehen wir aber nochmals auf die Darstellung von Schenk zurück:
Schenk erwähnt die Ausführungsform I, die sich ebenfalls im physikali-
schen Kabinett des „Institut Garnier" befand, ebensowenig wie die von
Reis öffentlich vorgeführten Geräte (=Ausführungsformen II und III des
Senders). Auch der von Wilhelm von Legat publizierte Sender (= Ausführungsform IV) wird bei Schenk nicht berücksichtigt. Dies macht die
Annahme, daß es Schenk grundsätzlich um eine entwicklungsgeschichtliche Darstellung des Reisschen Senders gegangen sei, unwahrscheinlich.
Schenk selber stellte diesen Anspruch jedoch auch gar nicht. Er stellte
vielmehr von der endgültigen Ausführungsform (Ausführungsform VII)
ausgehend orientiert am Kriterium der „Aehnlichkeit" unmittelbar vor-
ausgehende Vorläufer vor.

Unter Einbeziehung der hier dargestellten Varianten Vb und VIb fällt
auf, daß Schenk - von der Ausführungsform VII als endgültigem Resultat
ausgehend - diejenigen Varianten anführt, die letztlich in Reis spätere
Konstruktion Eingang gefunden haben:

8. Vgl. Thompson (1883) S. 19.
9. Thompson (1883) S. 20

Bei Ausführungsform Va ist es die Konstruktion des Einspracherohres, das bei der VII. Ausführungsform des Senders gerade ist und nicht gekrümmt wie bei Variante Vb. Die Absicht Schenks wird gerade durch seine Idealisierung des Gerätes in seiner Abbildung, die wir im Vergleich der Abbildung mit dem Foto des Gerätes feststellen konnten, deutlich.

Bei der Ausführungsform VIa sind es zum einen die Einsprachemöglichkeit von unten und zum anderen erstmals die waagrechte Anordnung der Membrane mit wahrscheinlich oben darauf angebrachtem Platinkontakt, die Eingang in die VII. Ausführungsform gefunden haben. Die genaue Anordnung der Kontaktteile ist nicht bekannt, darf aber ähnlich wie bei der späteren Ausführungsform VII vermutet werden. Im Gegensatz zu der von Schenk veröffentlichten Variante VIa verfügt die hier beschriebene Variante VIb zwar ebenfalls über eine waagrechte Membrananordnung, durch die Einsprachemöglichkeit von oben müssen jedoch die Kontaktteile innerhalb des hohlzylindrischen Gerätekorpus angebracht gewesen sein. Wie die Anordnung der Kontaktteile genau gewesen sein mag, ist unbekannt.

Einem Brief von Dr. Rudolph Messel, ebenfalls einem Schüler von Reis, vom 30.4.1883 an Thompson[10] können wir einen Hinweis entnehmen, der den Übergang von den Trichtervarianten der Hochstiftgruppe (= Ausführungsformen III und IV) mit senkrechter Membrananordnung zu der Gruppe der Geräte mit waagrechter Membrananordnung (VIa, VIb, VII) anschaulich illustriert. In dem bei Messel beschriebenen Gerät dürfen wir einen konstruktionsgeschichtlichen Vorläufer der Ausführungsvariante VIb sehen [Abbildung 25]:

„One form of transmitter was at that time constructed which I miss amongst the various woodcuts you were good enough to send me, and one which Reis based great hopes upon. The instrument was very rough, however, consisting of a wooden bung of a beer-barrel (which I had hollowed out for an earlier telephone - it was not turned inside like others), and this was closed with a membrane. The favourite 'Hämmerchen' was replaced by a straight wire, fixed in the usual way with sealing-wax, and the apparatus stood within a sort of tripod, membrane downwards, the pin just touching the surface of a drop of mercury contained in a small

---

10. Abgedruckt bei Thompson (1883) S 121-125.

cup forming one of the terminals of the circuit. The apparatus started off with splendid results, but may probably have been abandoned on account of its great uncertainty, thus sharing the fate of other of his earlier instruments."[11]

Abbildung 25

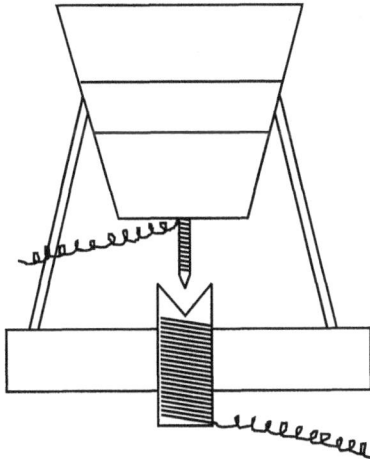

Auch bei der von R. Messel beschriebenen Zwischenform [Abbildung 25], über die sonst nichts weiter bekannt ist, hatte Reis bereits den Schritt zu einer waagrechten Membrananordnung mit Einsprachemöglichkeit von oben vollzogen. Der Übergang von der hier als Variante VIb beschriebenen Variante der VI. Ausführungsform des Senders zu der von Schenk beschriebenen VIa muß innerhalb der konstruktiven Lösungen, die Reis fand, um eine völlige Stromunterbrechung, die bei früheren Geräten durch Stellschrauben verhindert werden sollte, zu vermeiden, als entscheidender Schritt gesehen werden: Denn erst die waagrechte Anordnung der Membrane mit gleichzeitiger Einsprache von unten war die entscheidende

---

11. *Brief Messel an Thompson vom 30.4.1883, abgedruckt bei Thompson, hier S. 122 (mit Fig 41).*

konstruktive Voraussetzung für die Erzeugung eines ausreichenden Ru-
hekontaktdrucks, den Reis bei der VII. Ausführungsform seines Senders
dann durch einen in seinen Enden frei gelagerten Winkel mit Kontaktstift,
der mit seinem Eigengewicht auf dem Platinplättchen auflag, realisierte.

Die hier dargestellte Ausführungsform VIb stellt also einen entwicklungsgeschichtlich bedeutsamen Zusammenhang her, der den Übergang von den
Trichterkonstruktionen der Hochstiftgruppe zu der endgültigen Ausführungsform von 1863 verdeutlicht.

2.7 Ausführungsform VII des Senders

Diese letzte von Reis entwickelte - in der Folgezeit zwar in einigen Details noch variierte, im konstruktiven Aufbau jedoch endgültige - Ausführungsform seines Senders, den er seit Juni/Juli 1863 durch die Mechanikerfirma J.W. Albert in Frankfurt serienmäßig herstellen ließ und im Handel vertrieb [Vgl. Abbildung 3], wurde in zahlreichen öffentlichen Experimentalvorträgen und Publikationen bekannt gemacht. Die Institutionen und Publikationsorgane, die den organisatorischen Rahmen für diese Veröffentlichungen boten, sind dabei vielfältigen Interessengruppen zuzuordnen, auch auf internationaler Ebene.

Wir wollen bei der Erörterung dieser Ausführungsform zunächst deren öffentliche Präsentationen darstellen, und zwar:

1. durch Ph. Reis in   Frankfurt / M.

2. durch Prof. Dr. Rudolph Boettger in   Stettin

3. durch William Ladd in   Newcastle

4. durch Stephen Mitchell Yeates in   Dublin

5. durch Prof. Dr. Heinrich Buff in   Gießen

6. durch Ph. Reis in   Gießen

7. durch Dr. Hermann Pick in   Wien

8. durch Prof. Dr. David Edward Hughes in   St. Petersburg

9. durch Prof. Dr. Peter Henri van der Weyde in den   USA

10. durch J.W. Albert in   London

Anschließend sollen die wichtigsten Druckveröffentlichungen dieser Ausführungsform des Senders besprochen werden.

Auf diese Weise sollen das weit verzweigte Spektrum wissenschaftlicher Veröffentlichungen und das Ausmaß der internationalen Bekanntheit der Experimente von Reis und speziell dieser Ausführungsform des Senders dokumentiert werden.

2.71 Veröffentlichungen (Präsentationen)

2.711 Frankfurt

Das erste Mal stellte Reis selbst diesen Apparat am 4.7.1863 dem „Physikalischen Verein" in Frankfurt vor[1] [App. 1.011]. Dieser Experimentalvortrag von Reis zu dem Thema „Über die Fortpflanzung der Töne auf beliebig weite Entfernungen, mit Hülfe der Electricität, unter Vorzeigung eines verbesserten Telephons und Anstellung von Versuchen damit" war in der Tagespresse angekündigt worden[2]. Das „Polytechnische Notizblatt" berichtete anschließend über diese Veranstaltung:

„Ueber das verbesserte Telephon.

In der am 4. Juli abgehaltenen Sitzung des physikalischen Vereins in Frankfurt a. M. zeigte das Mitglied dieses Vereins, Herr Ph. Reis, aus Friedrichsdorf bei Homburg vor der Höhe, einige seiner verbesserten Telephone (Vorrichtungen zur Reproduction von Tönen auf beliebige Entfernungen durch den galvanischen Strom) vor. Es sind jetzt 2 Jahre, seitdem Herr Reis seine Apparate zuerst der Oeffentlichkeit übergab ... ; und waren auch damals schon die Leistungen derselben in ihrer einfachen, kunstlosen Form staunenerregend, so hatten sie doch noch den großen Mangel, daß das Experimentiren mit denselben nur dem Erfinder selbst möglich war. Die in der oben erwähnten Sitzung vorgezeigten Instrumente erinnerten kaum noch an die früheren. Herr Reis hat sich bemüht, denselben eine auch dem Auge gefällige Form zu geben, so daß sie jetzt in jedem physikalischen Kabinet einen Platz würdig ausfüllen werden. Diese neuen Apparate können nun auch von Jedermann mit Leichtigkeit gehandhabt werden und gehen mit großer Sicherheit. Die in einer Entfernung von circa 300 Fuß ziemlich leise gesungenen Melodien wurden durch das aufgestellte Instrument viel deutlicher als früher wiedergegeben. Besonders scharf reproducirte sich die Tonleiter. Selbst Worte konnten sich die Experimentatoren mittheilen, freilich allerdings nur solche, die schon oft von denselben gehört worden waren. Damit nun auch Andere, weniger Geübte, sich durch den Apparat selbst verständigen können, hat der Erfinder an der Seite desselben eine kleine, nach seiner Erläuterung völlig ausreichende Vorrichtung angebracht, deren Mittheilungs-Geschwindigkeit

---

1. *Vgl. Vermerk im "Jahresbericht des Physikalischen Vereins für das Jahr 1862-1863", S. 35.*
2. *Siehe z.B. Frankfurter Intelligenzblatt Nr. 156, 3. Beilage vom 4.7.1863.*

zwar nicht so groß als die der neueren Telegraphen, welche aber ganz sicher wirkt und keine besondere Fertigkeit des damit Experimentirenden voraussetzt. Die Herrn Physiker von Fach wollen wir darauf aufmerksam machen, daß der Erfinder diese interessanten Apparate jetzt unter seiner Aufsicht zum Verkauf anfertigen läßt (die wichtigen Theile macht er selbst) und daß dieselben von ihm direkt oder durch Vermittelung des Herrn Mechanikus Wilh. Albert in Frankfurt a. M. in zwei, nur in der äußeren Ausstattung von einander verschiedenen Qualitäten zu 14 und 21 fl. zu beziehen sind."[3]

Im August 1863 gab Reis einen gedruckten Verkaufsprospekt heraus, in dem die von ihm vertriebenen Geräte abgebildet und beschrieben sind. Gleichzeitig werden hier die Verkaufsmodalitäten erläutert.[4] Reis behielt sich die persönliche Endkontrolle der durch die Firma Albert in Frankfurt gefertigten Geräte ausdrücklich vor und versah die Geräte vor ihrem Versand nicht nur mit seinem Namen, einer Gerätenummer und dem Herstellungsjahr, sondern offenbar auch noch mit persönlichen Anschreiben, wie das zu [App. 1.020], das sich heute im Besitz des „Deutschen Museums" befindet.[5]

„Friedrichsdorf 14/12 63.

Hochgeehrter Herr Professor!

Beifolgend empfangen Sie das beste Exemplar von 6 soeben fertig gewordenen Telephonen und glaube ich, daß die Leistungen der selben zu Ihrer vollkomme-

---

3. *Polytechnisches Notizblatt für Gewerbetreibende, Fabrikanten und Künstler. Hrsg. und redig. v. Prof. Dr. R. Böttger in Frankfurt am Main XVIII Jg. (1863) Nr. 15, S. 225f. Abgedruckt in Dingler's Polytechnischem Journal Bd. 169 (1863) S. 399. Besprochen auch in: "Die Fortschritte der Physik im Jahre 1863. Dargestellt von der physikalischen Gesellschaft zu Berlin, XIX. Jg, Berlin 1865, S. 96.*
4. *Siehe Anhang 1 der vorliegenden Darstellung. Die Apparate-Abbildung des Prospectes entspricht hier Abbildung 27.*
5. *Deutsches Museum: Urkunden und Handschriftensammlung Stand-Nr. 1233. Die Unterlagen des Museums enthalten keinen Hinweis auf den Empfänger. Der Brief kam 1905 gemeinsam mit anderen Geräten von Reis aus dem Besitz der „Industrieschule Augsburg" in das „Deutsche Museum". Der im Brief erwähnte Dr. Dingler ist Dr. Emil Maximilian Dingler, der Herausgeber des „Polytechnischen Journals".*

nen Zufriedenheit sein werden..

Wollen Sie mir dafür den Betrag von F 21,- gefl. in der für Sie bequemsten Weise zukommenlassen.-

Ich habe Ihnen die gedruckte Erklärung des Apparates beigelegt, und erlaube mir nun noch hinzu zu fügen:

1) Den Glasdeckel von Station A legt man während des Experimentes bei Seite.-

2) Zur Reinheit der Töne trägt es bei, wenn man die 2 Verschlußhäkchen an A öffnet.

3) Stärkere Batterien als angegeben, sind nutzlos und können sogar der Unterbrechungsstelle gefährlich werden.-

4) Am besten gelingen die Experimente, wenn man nicht zu laut; aber mit wohl geöffnetem Munde in den Apparat singt. /Melodie, Tonleiter etc.

5) Versuche mit gut ansprechenden, offenen, weiten Orgelpfeifen gelangen recht und sicher. Sogar 3 auf einmal angeblasene Töne werden reproducirt, jedoch erfordern dieses Experiment, so wie diejenigen mit dem Claviere eine besondere Vertrautheit mit dem Apparate.

6) Sehr interessant sind Versuche bei nächtlicher Stille und von wenigen Personen angestellt. Besonders das Lesen und Sprechen in den Apparat.- (Gleichlautende Bücher an beiden Stationen zu lesen um die Reproduction der einzelnen Wörter zu prüfen ist sehr anziehend.)

Zu weiterer Auskunft bin ich immer gerne bereit und bitte Sie, darüber zu verfügen. Darf ich wohl die Bitte an Sie wagen, Herrn Dr. Dingler dorten, für seine Theilnahme, besonders für die Aufnahme der verschiedenen Artikel in sein schätzbares Werk, meinen aufrichtigen Dank und die Versicherung meiner Hochachtung gefl. mittheilen zu wollen.-

Hochachtungsvoll zeichnet

Ph. Reis"

Ort und Zeitpunkt für den Einstieg in die gewerbliche Produktion, vor allem die gezielte Werbung dafür, waren geschickt gewählt, denn in der Freien Stadt Frankfurt a. Main fand in der Zeit vom 16.8. bis zum 1.9.1863 auf Einladung des Kaisers von Österreich der „Frankfurter Fürstentag" statt. Das heißt Frankfurt wurde in diesen Tagen glanzvoller

Abbildung 26

VII. Ausführungsform des Senders
Hersteller J. W. Albert, Frankfurt

Gerät Nr. 14
Museum für Post und Kommunikation Frankfurt

Mittelpunkt Deutschlands. Entscheidende politische Weichenstellungen standen bei diesem Gipfeltreffen (fast) aller Herrscher deutschsprachiger Staaten (und ihrer Experten- und Beraterstäbe) zur Debatte, und große Hoffnungen waren an diesen großangelegten politischen Versuch einer Reorganisation des Deutschen Bundes unter Beteiligung Österreichs geknüpft worden. Daß dieser Versuch der Wiederherstellung eines geeinten Deutschen Reiches letztlich dann am Widerstand Bismarcks scheitern sollte, der seinen allzu bereitwilligen König Wilhelm von Preußen von einer Teilnahme abhielt und bereits damals völlig andere Wege zur deutschen Einigung plante, war nicht vorherzusehen und tat der gesellschaftlichen Bedeutung dieses einzigartigen Treffens auch keinen Abbruch: Frankfurt war in der Zeit, in der Reis ebendort seinen gedruckten „Prospect" auf den Markt brachte, Mittelpunkt nicht nur der gesamten deutschsprachigen Welt, denn auch das Ausland registrierte die Frankfurter Ereignisse und alle Informationen darüber mit gespanntem Interesse.

Es ist in der Literatur immer wieder kontrovers erörtert worden, welchen Umfang die Apparateproduktion durch die Firma Albert hatte. Die Vermutungen schwanken hier zwischen Einzelstückanfertigung und Massenproduktion, ohne daß jedoch jemals Belege für die eine oder andere Position angeführt werden konnten. Eine Lösung dieses Problems kann nur über eine Betrachtung der Apparate dieser VII. Ausführungsform des Senders gefunden werden. Reis selbst lieferte hierfür ausreichende Anhaltspunkte, denn - wie bereits erwähnt - erklärte er in seinem „Prospect", daß jeder Sender mit einem Signum versehen werden soll, das Jahreszahl und Gerätenummer enthält. Aufgrund unserer bisherigen Untersuchungen können wir aufgrund dessen hierzu zumindest für die erste Jahreshälfte 1863 recht genaue Angaben machen:

1). Die Herstellung erfolgte - wie anhand konkreter Gerätevermessungen noch gezeigt werden wird - in diesem Zeitraum bestenfalls in kleinen Serien, was sich u. a. aus den Schwankungen der Maße der erhaltenen Geräte und den Veränderungen, die z.B. am Sprechrohr und an der Rufvorrichtung vorgenommen wurden, ergibt. Alles deutet hier auf eine mehr oder weniger nachfrageorientierte Produktion hin.

2) Der Produktionsumfang läßt sich aufgrund der bisher geprüften Gerätenummern der erhaltenen und im Rahmen unserer Untersuchungen ermittelten Geräte für das erste halbe Verkaufsjahr auf mehr als fünfzig und weniger als sechzig Gerätepaare eingrenzen[6]. Für ein physikalisches Gerät, das zu Experimentierzwecken verkauft wurde, ist dieser Produktionsumfang überraschend hoch.

Leider erlauben die bisher ermittelten Originalgeräte, die alle aus dem Zeitraum 1863/64 stammen, keine Angaben über die Produktion späterer Jahre. Sicher ist jedoch, daß die Geräte zumindest bis 1867 in Deutschland im Handel waren[7], wahrscheinlich jedoch - wie auch im internationalen Vertrieb - noch wesentlich länger.

Der Verkauf der Geräte lief offenbar rascher an, als Reis erwartet hatte, denn während sein gedruckter „Prospect" erst im August 1863 erschien, wurden die ersten Geräte bereits in der ersten Julihälfte selbst ins Ausland verkauft. Bekannt geworden ist der Kauf durch William Ladd (1815-1885), einen bekannten Londoner Instrumentenbauer.

2.712 Stettin

Die zweite wichtige öffentliche Vorführung dieser VII. Ausführungsform des Senders [App. 1.016] erfolgte durch Prof. Dr. Rudolph Boettger auf der 30. Versammlung der „Gesellschaft Deutscher Naturforscher und Ärzte", die in der Zeit vom 17.-24. September 1863 in Stettin stattfand[8].

---

6. *Das Gerät mit der Gerätenummer 50 im Besitz des Deutschen Museums in München (Invt. Nr. 2561a) hat als Herstellungsjahr die Angabe "1863", während das Gerät mit der Gerätenummer 52, im Besitz des Museums für Post und Kommunikation in Frankfurt [1.022] bereits die Jahresangabe "1864" hat. Vgl. S. 287f.*

7. *Vgl. den Bericht über die Gewerbeausstellung in Homburg 1867 in "Der Taunusbote" 6 (1867) Nr. 29 v. 21.7.1867.*

8. *Vgl. Amtlicher Bericht über die acht und dreissigste Versammlung Deutscher Naturforscher und Ärzte im Sept. 1863. Hrsg von den Geschäftsführern derselben Dr. A. A. Dohrn und Dr. Behm. Stettin 1864, S. 149.*

Ähnlich wie bei der Vorführung der II. Ausführungsform des Senders
(siehe dort) war auch hier das Engagement und Ansehen Boettgers von
größter Bedeutung für das Interesse der Öffentlichkeit: Diesmal griff sogar die „Gartenlaube", eine Zeitschrift mit einer Auflage von damals ca.
150 000 Exemplaren[9], die Sache auf:
Nach einer ausführlichen Darstellung der Überlegungen, die Reis in seinem Aufsatz „Über Telephonie durch den galvanischen Strom" niederge-
legt hatte, heißt es dort:

„Die Möglichkeit der Lösung dieser Aufgabe hat nun Hr. Reis zuerst durch Experimente nachgewiesen. Es ist ihm gelungen, einen Apparat zu construiren,
welchem er den Namen Telephon giebt und mittels dessen man im Stande ist,
Töne mit Hülfe der Elektricität in jeder beliebigen Entfernung zu reproduciren.
Nachdem er schon im October 1861 mit einem ganz einfachen, kunstlosen Apparate in Frankfurt a. M. vor einer zahlreichen Zuhörerschaft einen mit ziemli-
chen Erfolg gekrönten Versuch angestellt, legte er am 4. Juli d. J. ebendaselbst
in der Sitzung des physikalischen Vereins seinen seitdem wesentlich verbesserten Apparat vor, der bei verschlossenen Fenstern und Thüren mäßig laut gesun-
gene Melodien in einer Entfernung von circa 300 Fuß deutlich hörbar übertrug.
Um nun auch einem noch größern Kreise, besonders Fachmännern, Gelegenheit
zu geben, sich von der Wirksamkeit dieses in der That gegenwärtig wesentlich
verbesserten Apparates durch den Augenschein zu überzeugen, stellte Prof.
Böttger in Frankfurt a. M. auf der vor Kurzem in Stettin abgehaltenen Versammlung deutscher Naturforscher und Aerzte in einer der Sectionssitzungen für Physik gleichfalls mehrere Versuche damit an, die sicherlich von einem noch weit
größeren Erfolge gekrönt worden wären, wenn das Sitzungslocal in einer ge-
räuschloseren Gegend und von einer etwas weniger zahlreichen Zuhörerschaft
erfüllt gewesen wäre."[10]
Im Anschluß hieran wird in der „Gartenlaube" eine ausführliche Gerätebeschreibung einschließlich der Abbildung von Sender und Empfänger
aus dem „Prospectus" [vgl. Abbildung 27] veröffentlicht[11]. Durch diesen
Bericht wird das Reissche Telephon über den Kreis von im engeren

---

9. *Angabe aus: "Allgemeine Zeitung" (Augsburg), Beilage zu Nr. 275 vom 1.
    Okt. 1864, S. 4472.*

10. *Der Musiktelegraph. In: Die Gartenlaube. Jg. (1863) Heft No. 51, S. 808
    mit einer Abbildung.*

11. *Der Musiktelegraph. In: Die Gartenlaube. Jg. (1863) Heft No. 51, S. 808f.*

Abbildung 27

Telephon von Philipp Reis

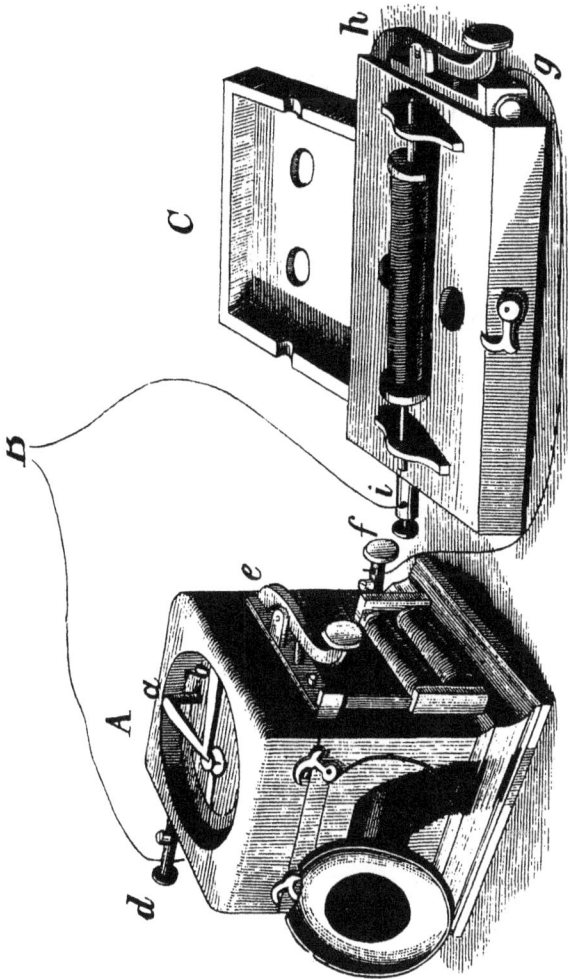

Abbildung nach dem Prospect von Ph. Reis (1863)

Sinne fachlich interessierten Wissenschaftlern und Technikern hinaus einer breiten Öffentlichkeit bekannt.

2.713 Newcastle-upon-Tyne

Etwa gleichzeitig mit dem Experimentalvortrag Boettgers in Stettin stellte der Londoner Instrumentenbauer William Ladd (1815?-1885) den Reis Apparat auf der 33. Sitzung der „British Association for the Advancement of Science" in Newcastle-upon-Tyne (August/ September 1863) der britischen Fachwelt vor. Ladd hatte das Reis Telephon [App. 1.012] im Juli 1863 bei einem Aufenthalt in Frankfurt kennengelernt und bei der Firma Albert erworben. Da der gedruckte „Prospect" von Reis zu diesem Zeitpunkt noch nicht vorlag, hatte Reis sich brieflich mit Ladd in Verbindung gesetzt:

„I am very sorry", schrieb Reis, „not to have been in Francfort when you were there at Mr. Albert's, by whom I have been informed that you have purchased one of my newly-invented instruments (Telephons). Though I will do all in my power to give you the most ample explanations on the subject, I am sure that personal comunication would have been preferable; specially as I was told, that you will show the apparatus at your next scientifical meeting and thus introduce the apparatus in your country." [12].

Reis hatte sodann eine detaillierte Beschreibung und Experimentieranweisung geliefert.
Ein Bericht über den Vortrag Ladds mit einer ausführlich Beschreibung der Geräte von Reis und deren Funktionsweise wurde im Report der „British Association" [13] veröffentlich und nochmals (ausführlicher) im

---

12. *Abgedruckt im Journal of the Society of Telegraph Engineers Vol. 12 (1883) S. 70 - 72; ferner bei Thompson (1883) S. 81-85. Das Original des in englischer Sprache verfaßten Briefes gab Ladd 1883 der Society of Telegraph Engineers in London. Seit 1953 befindet er sich als Leihgabe im Science Museum in London und ist Teil der "Telecommunications Collection".*
13. *William Ladd: On an Acoustic Telegraph. In: Report of the Thirty-third Meeting of the British Association for the Advancement of Science held at*

Oktober 1863 in der Zeitschrift „The Civil Engineer and Architects Journal"[14] abgedruckt. Bei aller Nüchternheit der auf Detailgenauigkeit bedachten Beschreibung von Apparat und Experiment, stellte Ladd der Fachwelt die Geräte als „an ingenious telegraph instrument" und „novelty" vor, die er als „step to improvement" bewertete.

Apparategeschichtlich interessant ist die Frage, ob das von Ladd erworbene Gerät, das schon vor der Erstellung des „Prospectus" verkauft worden ist, bereits ein Signum enthält. Dies muß insbesondere deshalb offen bleiben, weil das Gerät, das Reis Wochen später dem Freien Deutschen Hochstift schenkte [App. 1.013], die Gerätenummer „2" hatte.

2.714 Dublin

Ob Ladd einen regelrechten Vertrieb des Reis Telephons übernahm oder gar die Geräte selbst nachbaute, konnte hier nicht geklärt werden. Sicher ist, daß ein Telephon von Reis (also entweder ein Nachbau von Ladd [App. 2.401] oder das von Ladd bei Albert erworbene [App. 1.012]), im Herbst 1865 von Ladd in London an den irischen Instrumentenbauer Stephen Mitchel Yeates nach Dublin überging und dort in öffentlichen Experimentalvorträgen vorgeführt wurde. Diese Tatsache ist vor allem deshalb von besonderer Bedeutung, weil hier, wie bereits im Falle des französischen Instrumentenbauers Koenig, ein professioneller Mechaniker sich des Gerätes annahm. Yeates erkannte sehr schnell die Optimierungsmöglichkeiten der Reisschen Geräte.
Er ersetzte den magnetostriktiven Empfänger durch einen elektromagnetischen [App. 4.101] mit einem durch eine Schraube regelbaren Anker [Abbildung 28]. Ferner brachte er beim Sender angesäuertes Wasser (d.h. Speichel) zwischen den Platinkontaktstift und das auf der Membrane befestigte Platinplättchen und erreichte damit, daß Strom

Newcastle-upon-Tyne in August and September 1863. Notices and Abstracts of miscellaneous Communications to the Sections, London 1864, S. 19. Weiterhin zitiert als Ladd (1864).
14. William Ladd: An Acoustic Telegraph. In: The Civil Engineer and Architect's Journal. Vol. 26 (1863) S. 307f. Weiterhin zitiert als Ladd (1863).

Abbildung 28

Reis-Yeates-Telephon 1865

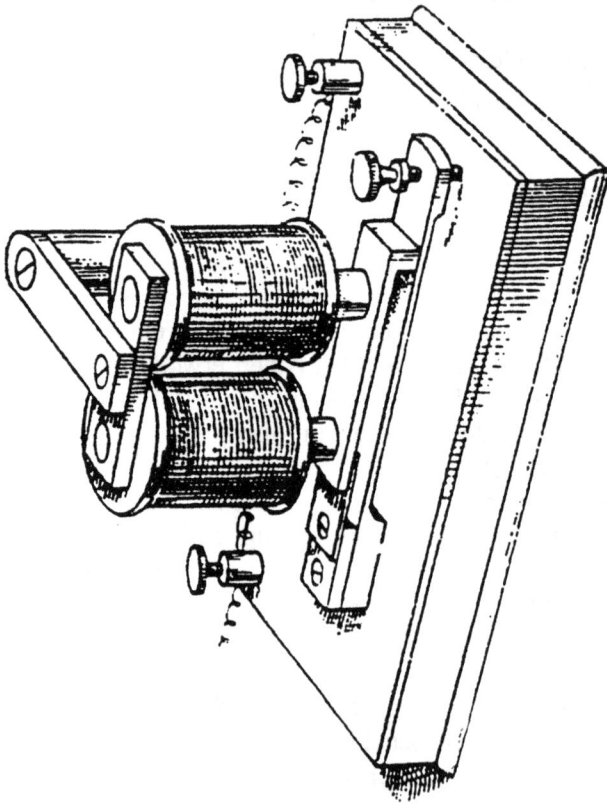

Empfänger von Stephen Mitchel Yeates
Abbildung nach Hartmann (1899) S. 21

unterbrechungen zuverlässig vermieden wurden. In einem Brief S.M.
Yeates an W.F. Barrett berichtete dieser über seine Versuche:

„Grafton Street, Dublin
January 23rd, 1878

Dear Sir,
In reply to your enquiry I may mention that in the autumn of 1865, I purchased a
model of Reiss' Telephone from Mr. Ladd, of London, the receiver was made of
an ordinary knitting needle surrounded with a long coil of insolated [isolated?
RB] wire. Upon making a few experiments with this instrument, I was induced
to reject the knitting needle arrangement altogether and to construct a receiver
with an electro-magnet, having a vibrating armature furnished with an adjusting
screw to regulate the extent of its motion to and from the poles of the magnet.
This arrangement worked very well, but gave only the pitch of a note sung into
the transmitter, it would not give either the quality or amplitude so long as the
armature was allowed to vibrate; but with a very careful adjustment of the armature it was quite easy to get all the quality of the note sung into the transmitter
and to distinguish the difference between any two voices. When these results
were obtained I observed that the armature was in absolute contact with the poles of the magnet, and had no apparent motion; it was also observed that the magnet did not at any time lose its magnetism, but that the effects were due to an
alteration of intensity in the magnetism of the iron core.
Having got thus far, I considered the receiver perfect, and turned my attention to
the transmitter, when I soon discovered that the chief defect in it was the tossing
of the little contact pin to too great a hight from the platina plate on which it rested. The first plan that occurred to me was to make the platina point dip into a
little cup of acidulated water, and I made the experiment by simply wetting the
contact points with my tongue. This made a great improvement in the sound
transmitter, but as the battery I was using was a 10-cell Smee (the best I knew of
in those days), the electrolytic action forced me to abandon that plan.
At this stage, I was induced to sell the entire apparatus to the late Rev. Mr.
Kernan, then Professor of Physics in Clongowes Wood College, and from that
date, December, 1865, I did not make a second instrument to experiment with.
I may mention, however, that, before disposing of the apparatus, I showed it at
the November meeting (1865) of the Dublin Philosophical Society, when both
singing and the distinct articulation of several words were heard through it, and
the difference between the speakers' voices clearly recognised [recognized RB].

Of those present at that meeting and who took part in the experiments, I can only now remember Dr. Frazer and Messrs. W. Rigby and A.M. Vereker.

Yours very truly

S.M. Yeates"[15]

Thompson griff im Rahmen seiner Untersuchungen diese Versuche von Yeates und anderen auf, wandte sich brieflich an Yeates und erhielt von diesem einen Holzschnitt des von ihm gebauten elektromagnetischen Empfängers[16].

Der heutige Verbleib sowohl des von Ladd gebauten Empfängers als auch des von Ladd übernommenen Senders konnte nicht ermittelt werden. Eine von Yeates 1888 gefertigte originalgetreue Kopie befindet sich heute als Leihgabe des „Science Museums" in London im „Royal Museum of Scotland" in Edinburgh.

Obwohl es Stephen Mitchel Yeates damit gelungen war, die von Reis an die Wissenschaft und Technik seiner Zeit zurückgegebene Aufgabe einer technisch-konstruktiven Weiterführung und Vollendung seiner Konstruktionen befriedigend zu lösen, ist die wissenschaftsgeschichtliche Bedeutung dieser Leistung von Yeates bis heute noch weniger als die von Reis gewürdigt worden.

2.715 Gießen

In Gießen gab es zwei verschiedene Präsentationen des Reis Telephons.

2.7151: Am 13.2.1864 hielt der Professor für Physik an der Universität Gießen, Dr. Heinrich Buff (1805-1878), vor der Versammlung der „Oberhessischen Gesellschaft für Natur- und Heilkunde" in Gießen einen

---

15. *Brief Yeates abgedruckt und übersetzt bei Horstmann (1952) Beilage 6, S. 53f.*
16. *Thompson (1883) S.128, Fig 42.*

Vortrag über das Thema „Über das Tönen der Magnete mit Anwendung auf das Telephon"[17]. Dem bei dieser Gelegenheit vorgestellten Sender wollen wir die Nummer [App. 1.017] geben. Die 1833 gegründete und 1846 neu organisierte Gesellschaft[18] hatte zum Zeitpunkt des Buff-Vortrages über das Reis Telephon immerhin 220 ordentliche Mitglieder, 62 korrespondierende und 39 Ehrenmitglieder. Überdies stand sie in Korrespondenz und Schriftenaustausch mit 148 Akademien, Instituten und Gesellschaften in aller Welt[19]. Sie versammelte sich, wie es 1865 im 11. Berichte der Gesellschaft heißt, „..mit Ausfall der Universitätsferien - April, Sept, Oktober - jeden Monat in je einer Sitzung." An die Vorträge schlossen sich häufig sehr anregende Besprechungen an. In Gießen gab es zu diesem Zeitpunkt zwar keine regelmäßig erscheinende Tageszeitung, aber ein „Anzeigeblatt für die Stadt und den Kreis Gießen". Hierin war für Samstag, den 13. Februar 1864, 18 Uhr der Vortrag 'Ueber das Tönen der Magnete mit Anwendung auf das Telephon', mit Experimenten von Professor Buff."[20]. angekündigt [21]. Wenngleich uns der Text des Buff-Vortrages vor der „Oberhessischen Gesellschaft" nicht überliefert ist, sind wir in der Lage, uns ein Bild von seinen Ausführungen zu machen, denn wenig später veröffentlichte Buff in den „Annalen der Chemie und Pharmacie" einen Aufsatz mit dem Titel: „Ueber die durch den electrischen Strom in Eisenstäben erzeugten Töne"[22]. Dort vermerkt er zum Reis-Telephon:

---

17. *Erwähnt im „Bericht über die Thätigkeit und den Stand der Gesellschaft vom 1. Juli 1863 bis zum 1. Juli 1865" von W. Diehl im: Elften Bericht der Oberhessischen Gesellschaft für Natur- und Heilkunde", Gießen 1865, S. 155-159.*
18. *Vgl. 1. Bericht der Gesellschaft, Gießen, Dezember 1847*
19. *Eine Aufstellung findet sich in dem bereits zitierten Tätigkeitsbericht der Gesellschaft aus dem Jahre 1865, S. 169 - 178.*
20. *Ebenfalls im Bericht über die Thätigkeit und den Stand der Gesellschaft vom 1. Juli 1863 bis zum 1. Juli 1865" von W. Diehl im: Elften Bericht der Oberhessischen Gesellschaft für Natur- und Heilkunde", Gießen 1865, S. 155.*
21. *Anzeigeblatt für die Stadt und den Kreis Gießen vom Samstag, den 13.2.1864*
22. *Annalen der Chemie und Pharmacie (hrsg. von F. Wöhler, J. Liebig und H. Kopp), III. Supplement Band, Leipzig/Heidelberg 1864/1865, S. 129-153.*

„Diesen nur secundär auftretenden Ton hat Dr. Reis in Friedrichsdorf bei dem von ihm erfundenen und Telephon genannten Instrumente mit Erfolg benutzt, um Töne mittelst der periodischen Stöße, welche ihre Schallwellen gegen eine gespannte elastische Haut bewirken, telegraphisch fortzuleiten. Die Anordnung ist nämlich so getroffen, daß die mit einer gegen sie wirkenden Tonquelle in gleichen Perioden schwingende Haut als Unterbrechungsmittel eines elektrischen Stromes dient, welcher in der Ferne um einen Eisendraht circulirt, der an beiden Enden auf einem Resonanzboden festgeklemmt ist. Leider kann durch diese übrigens sinnreiche Einrichtung bis jetzt, innerhalb des Spielraums von einigen Oktaven, nur die Höhe musikalischer Töne, nicht aber deren Wohllaut durch Drahtleitungen fortgepflanzt werden."[23]

Buff beschäftigte sich auch weiterhin mit dem Telephon und stellte wahrscheinlich die Verbindung von Reis zu Johannes Conrad Bohn (1831-1897) her, der damals Sekretär der „Gesellschaft Deutscher Naturforscher und Ärzte" und auch der Untergruppe „Physik" war. In einem Brief vom 10.9.1882 an Thompson teilte Bohn mit, daß er

„...mit Buff in dessen Gießener Haus mit dem Reis-Telephon Versuche angestellt habe. Mindestens zweimal führte ich in Gegenwart von Reis die Versuche als Sprecher und Hörer durch."[24]

2.7152: Ebenfalls in Gießen fand die bedeutendste Präsentation durch Reis selbst statt: Die Kontakte zu Buff und Bohn dürften neben dem Einfluß Boettgers entscheidend dafür gewesen sein, daß Reis sein Telephon [App. 1.021] auf der 39. in Gießen tagenden Versammlung der „Gesellschaft Deutscher Naturforscher und Ärzte", d.h. vor den versammelten Fachwissenschaftlern aus allen deutschen Staaten (einschließlich Österreichs) vorführen konnte. Die „Gesellschaft Deutscher Naturforscher und Ärzte", die Reis neben dem „Physikalischen Verein" in Frankfurt als institutionelles Forum für die Veröffentlichung dieser Ausführungsform seines Telephons nutzen konnte, war im 19. Jahrhundert und darüber hinaus, die bedeutendste naturwissenschaftliche Organisation im gesam-

---

23. *Buff (1864/65) S. 134.*
24. *Dieser Brief ist veröffentlicht bei Thompson (1883) S.113-115. Der Verbleib des Originals ist unbekannt.*

ten deutschsprachigen Raum, das entscheidende Forum der deutschen Physik, vor dem noch Einstein und Planck ihre wichtigsten Bewährungsproben zu bestehen haben sollten[25].

Die Nachmittagssitzung des 21. September 1864 weist folgendes Programm auf:

„Prof. Buff spricht über das Tönen von Eisen- und Stahlstäben bei ihrer Magnetisirung und stellt die zugehörigen Versuche an.
Dr. Reis demonstrirt sein Telephon und giebt dabei eine Erklärung und Geschichte dieses Instrumentes.
Prof. Poggendorff erzeugt Töne in einem Metallcylinder, dessen aufgeschnittene Ränder sich fest berühren, und welcher lose um eine Inductionsrolle, durch welche ein unterbrochener Strom geht, gestellt ist."[26]

Dieser Experimentalvortrag war für Reis subjektiv fraglos der Höhepunkt seiner Karriere. Rückblickend schrieb er 1868:

„Die mir in der Folge wegen dieser Erfindung gewordene vielseitige Anerkennung, besonders auf der Naturforscherversammlung zu Gießen hat dazu beigetragen meinen Eifer für das Studium immer rege zu erhalten, um mich des mir gewordenen Glückes würdig zu erweisen."[27]

Thompson, der die Bedeutung dieses Vortrags vor dem entscheidenden Forum der deutschen Physik erkannte, trug sorgsam alle (fast zwanzig Jahre nach den Geschehnissen) noch ermittelbaren Informationen hierzu zusammen. Er berichtet:

---

25. *Armin Hermann und Ulrich Benz: Quanten- und Relativitätstheorie im Spiegel der Naturforscherversammlungen 1906-1920. In: Wege der Naturforschung 1822-1972 (Hrsg. H. Querner und H. Schipperges), Berlin 1972, S. 125.*
26. *Amtlicher Bericht über die neun und dreissigste Versammlung Deutscher Naturforscher und Ärzte in Gießen im September 1864. Hrsg. von den Geschäftsführern Werher und Leuckart. Giessen 1865, S. 84.*
27. *Philipp Reis: Curriculum vitae, Friedrichsdorf 29.6.1868, Blatt 9 (Handschriften-Sammlung des Deutschen Museums in München (Stand Nr. 3341).*

„The meetings of this Section were held in the Laboratory of Professor Buff. Reis came over from Friedrichsdorf accompanied by his young brother-in-law, Philipp Schmidt. A preliminary trial on the morning of that day was not very successful, but at the afternoon sitting, when communications were made to the Section by Prof. Buff, by Reis himself and by Prof. Poggendorff, the instrument was shown in action with great success. Reis expounded the story how he came to think of combining with the electric current interrupter a tympanum in imitation of that of the human ear, narrating his researches in an unassuming manner that won his audience completely to him; and the performance of the instrument was received with great applause. ... (This occasion was the crowning point of Philipp Reis's career, and might have proved of even greater importance but for two causes: the inventor's precarious health, and the indifference with which the commercial world of Germany viewed this great invention. ...)"[28]

Da Thompson diesen Vortrag von Reis für den von Reis erreichbaren Höhepunkt der öffentlichen Präsentationen des Telephons hielt, bedachte er die weitere Entwicklung nur mit wenigen Hinweisen. Der weitgehende Verzicht der späteren (auch wissenschaftlichen) Beschäftigung mit dem Telephon von Reis auf eigenständige historische Forschung, läßt die weitere Entwicklung im unklaren. Dennoch wäre es falsch, wie auch Thompson andeutete, nach diesem 21. September 1864 einfach von einem sang- und klanglosen „In-Vergessenheit-geraten" gerade dieser Ausführungsform des Reis Telephons auszugehen. Das inzwischen erreichte Ausmaß an Öffentlichkeit war zu groß, wenn auch noch für längere Zeit die praktische Bedeutung der mit der Reisschen Erfindung verbundenen Konsequenzen verkannt wurde.

2.716 Wien

Etwa zwei Monate später, am 28. November 1864, hielt Dr. Hermann Pick (1824-1894) vor dem „Verein zur Verbreitung naturwissenschaftlicher Kenntnisse" in Wien einen öffentlichen Experimentalvortrag, den er unter dem Titel: „Ueber das Telephon"[29] im Jahre 1866 veröffentlichte.

---

28. *Thompson (1883) S. 93f.*
29. *Hermann Pick: Ueber das Telephon. Vortrag gehalten am 28.11.1864. In:*
    Schriften des Vereins zur Verbreitung naturwissenschaftlicher Kenntnisse

Pick, der zu schlechteren Resultaten als Reis selbst gelangte, gab eine sehr präzise Darstellung der von ihm benutzten Geräte [App. 1.018 und App. 3.211]. Abschließend stellt er fest:

„Aber jedenfalls ist der erste Schritt glücklich geschehen und der Mechanik fällt nun die Aufgabe zu, den Apparat weiter zu vervollkommnen und damit seine Leistungsfähigkeit zu erhöhen.."[30]

2.717 St. Petersburg

Im Sommer 1865 führte der in Amerika lebende Engländer David Edward Hughes (1831-1900) dem Zaren von Rußland in dessen Sommersitz Zarskoje wenige Kilometer südlich von St. Petersburg das Reis-Telephon vor [App. 1.019 mit App. 3.212]. Er berichtete hierüber später:

„It is now exactly 30 years since my first experiments with a working telephone, for in 1865 being at St. Petersburg in order to fulfil my contract with the Russian Government for the establishment of my printing telegraph instrument upon all their important lines, I was invited by His Majesty, The Emperor Alexander II to give a lecture before His Majesty, The Empress and the Court of Czarskoi Zelo, which I did; but as I wished to present to His Majesty not only my telegraph instrument but all the latest novelties Professor Reis of Friedricksdorf, Frankfurt-upon-Main sent to Russia his new telephone, with which I was enabled to transmit and recieve perfectly all musical sounds and also a few spoken words - though these were rather uncertain, for at moments a word could be clearly heard, and then, from some unexplained cause, no words were possible. This wonderful instrument was based upon a true theory of thelephony [telephony RB] and it contained all the necessary organs to make it a practical success."[31]

---

in Wien, 5. Bd, Jg. 1864/65, Wien 1866 (= Populäre Vorträge aus allen Fächern der Naturwissenschaft. Hrsg. v. Verein zur Verbreitung naturwissenschaftlicher Kenntnisse in Wien, 5. Cyclus) S. 57-71

30. Pick (1866) S. 71.

31. Vortrag von Prof. Dr. David Edward Hughes vor leitenden Angestellten der "National Telephone Company" in London. Zitiert aus Horstmann (1952) Beilage 4.

2.718 USA (1868-1870)

Wann genau die Rezeption der Reisschen Versuche in Amerika einsetzte, ist kaum untersucht. In der Zeit, in der Reis (in Deutschland) seine entscheidenden Experimentalvorträge hielt, herrschte in Amerika Bürgerkrieg (1861-1865). Nach einer ersten Phase der politischen, gesellschaftlichen und wirtschaftlichen Konsolidierung lassen sich jedoch auch hier die ersten Auseinandersetzungen mit den Geräten und Versuchen von Reis feststellen.

Lange, bevor die Auseinandersetzungen um die kommerzielle Nutzung der elektrischen Übertragbarkeit von Sprache sichtbar waren, und noch vor der Erteilung des rechtlich entscheidenden Patentes an Alexander Graham Bell meldete sich (ausgelöst durch einen Vortrag von Elisha Gray (1835-1901) vor der „American Electrical Society"[32]) der amerikanische Physiker Peter Henri van der Weyde (1813-1895) im „Scientific American" zu Worte und berichtete über seine Experimente und Ergebnisse mit Nachbauten des Reis-Telephons aus den Jahren 1869/70 [App. 2.402, App. 4.241 und App. 4.102][33]:

„Professor Heisler [= Hessler-RB], in his 'Lehrbuch der technischen Physik' (3d edition, Vienna, 1866), says, in regard to this instrument: 'The telephone is still in its infancy; however, by the use of batteries of proper strength, it already transmits not only single musical tones, but even the most intricate melodies, sung at one end of the line, to the other, situated at a great distance, and makes them perceptible there with all the desirable distinctness.' After reading this account in 1868, I had two such telephones constructed, and exhibited them at the meeting of the Polytechnic Club of the American Institute. The original sounds were produced at the further extremity of the large building (the Cooper Institute), totally out of hearing of the Association, and the receiving instrument, standing on the table in the lecture room, produced (with a peculiar and rather nasal twang) the different tunes sung into the box, K, at the other end of the line; not powerfully it is true, but very distinctly and correctly. In the succeeding summer I improved the form of the box, K, so as to produce a more powerful vibration of the membrane, by means of reflections effected by curving the sides;

---

32. *Abgedruckt im Scientific American vom 5.2.1876 (Supplement S. 92).*
33. *Scientific American vom 4.3.1876, S. 145.*

Abbildung 29

Reis - van der Weyde Telephon

Abbildung aus dem „Scientific American"
Vol. LIV, No. 22 vom 29.5.1886, S. 335f

Abbildung 30

Reis-van der Weyde-Telephon 1869

Empfänger von Peter Henri van der Weyde
Abbildung nach „Scientific American"Vol. LIV,
No. 22 vom 29.5.1886, S. 335f, Fig. 5

Abbildung 31

Reis-van der Weyde-Telephon 1870

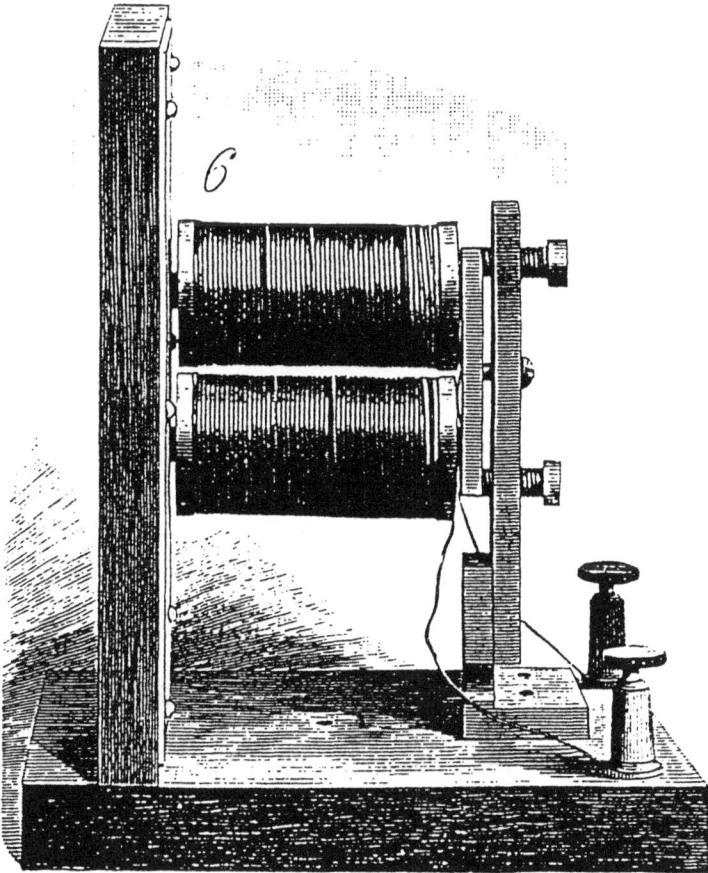

Empfänger von Peter Henri van der Weyde
Abbildung nach „Scientific American"Vol. LIV,
No. 22 vom 29.5.1886, S. 335f, Fig. 6

I also improved the receiving instrument by introducing several iron wires in the coil, so as to produce a stronger vibration. I submitted these, with some other improvements, to the meeting of the American Association for the Advancement of Science, and on that occasion (now seven years ago) expressed the opinion that the instrument contained the germ of a new method of working the electric telegraph, and would undoubtedly lead to further improvements in this branch of Science, needing only that a competent person give it his undivided attention, so as to develope out of it, all that it is evidently capable of producing."

Zehn Jahre später wurden die alten Geräte P. H. van der Weydes im „Scientific American" einer breiten Öffentlichkeit bekannt gemacht [Abbildungen 29, 30, 31][34].

2.719 London

Seit Anfang 1875 liefen in London Vorbereitungen für eine in ihrer Art bis dahin einzigartige Ausstellung, die im Museum in South Kensington stattfinden sollte. Im Zusammenhang mit Plänen, das Museum nach Art des „Conservatoire des Arts et Métiers" in Paris zu erweitern, wurde eine groß angelegte internationale Ausstellung wissenschaftlicher Apparate geplant. Die Eröffnung dieser Ausstellung, die ursprünglich im Juni 1875 erfolgen sollte, wurde aus organisatorischen Gründen zunächst auf März 1876 dann auf Mai 1876 verschoben. Art und Ausrichtung dieser Ausstellung wurden bereits in der zeitgenössischen Rezeption als etwas Besonderes empfunden:

„Die Ausstellung wissenschaftlicher Apparate in London unterschied sich wesentlich von allen früheren Ausstellungen. Dieselbe war nicht nach Ländern, sondern nach wissenschaftlichen Prinzipien geordnet; es war nicht die Absicht der Regierung, den Handel mit wissenschaftlichen Instrumenten zu fördern, einen Markt zu veranstalten - die Aufgabe, die sie sich gestellt hatte, war eine höhere, edlere. Die Ausstellung sollte die Kenntnis der wissenschaftlichen Methoden bei der Forschung und dem Unterricht verbreiten. Der Verkehr in der Gelehrtenwelt ist nicht derart, dass eine neue Entdeckung, die Erfindung oder die Verbesserung eines Apparates sogleich in den betheiligten Kreisen bekannt

---

34. *Scientific American Vol. LIV, No. 22 v. 29. Mai 1886, S. 335f.*

würde; häufig veröffentlicht derjenige, welcher eine wissenschaftliche Thatsache in einer neuen Weise oder zu einem neuen Zwecke anwendet, seine Idee garnicht; häufiger ist seine Mittheilung nur einem kleinen Kreise seiner Landsleute zugänglich; nur selten wird es dem Fachgenossen möglich, die neue Erfindung wirklich in Augenschein zu nehmen. Die Ausstellung sollte ferner den heutigen Standpunkt der Kunst, genaue wissenschaftliche Instrumente zu verfertigen illustriren. ... Dass der Nutzen der Austellung in diesen Beziehungen ein sehr grosser sein konnte, liegt auf der Hand. Dem Geiste des Forschers mussten sich eine Menge neuer Ideen aufdrängen, der Lehrer fand viele für ihn neue Mittel für den wissenschaftlichen Unterricht, und wurde zur Construction neuer Apparate angeregt; ebenso der Mechaniker, der für seine Werkstatt einen unvergleichlichen Schatz von Erfahrungen und neuen Anschauungen sammeln konnte. Die Ausstellung sollte aber nicht allein den heutigen Zustand der wissenschaftlichen Methoden und der wissenschaftlichen Technik schildern, sondern sie sollte auch darstellen, wie dieser Standpunkt erreicht worden ist. Deshalb wurde ein besonderer Werth darauf gelegt, Gegenstände von historischem Interesse in den Räumen des South Kensington Museums zu versammeln."[35]

Die Ausstellungskonzeption bot somit gleich mehrere triftige Anlässe für die Firma Albert in Frankfurt, das nunmehr 12 Jahre alte Telephon von Reis zur Ausstellung zu bringen [App. 1.024 mit 3.217]. Die Entscheidung über die als Ausstellungsobjekte vorgeschlagenen Apparate lag bei nationalen Entscheidungs- Komitees, die dieser Aufgabe noch in der ersten Jahreshälfte 1875 nachgingen. Bemerkenswert ist, daß das Reis-Telephon die durchgeführte Einzelfallprüfung bestand und zu den ausstellungswürdigen Apparaten gezählt wurde. Dies gilt um so mehr als erstaunlich, als sich gerade das deutsche Komitee als besonders sorgfältig erwies und die angebotenen Exponate erst nach „reiflicher Prüfung zur Ausstellung gelangen"[36] ließ.

---

35. *Bericht über die Ausstellung wissenschaftlicher Apparate im South Kensington Museum zu London 1876 zugleich vollständiger und beschreibender Katalog der Ausstellung. Im Auftrage des Königlich Grossbritannischen Erziehungsrathes zusammengestellt von Dr. Rudolf Biedermann. Berlin (A. Asher & Co.) 1877, S. XVIIf. (Weiterhin zitiert als: Biedermann (1877))*
36. *Biedermann (1877) S. XVIII*

Das Reis Telephon wurde der Gruppe 6 (Schall) zugeordnet und wird im Katalog der Ausstellung als Objekt 922 wie folgt beschrieben:

„922. Telephon, nach J. [!-R.B.] Reis, zur Reproduction der Töne durch Galvanismus. J. W. Albert, Frankfurt a. M.

Das Telephon stützt sich auf die Versuche von Wertheim und andere über galvanisches Tönen. Philipp Reis aus Friedrichsdorf benutzte dieses, um vermittelst einer elastischen Membrane und eines von ihm construirten Unterbrechungs-Apparates, die durch Singen (oder angeblasenen Pfeifen etc.) erzeugten musikalischen Töne auf galvanischem Wege zu reproduciren..

(Siehe Jahresbericht des Physikalischen Vereins zu Frankfurt a. M., Jahrgang 1860-61, auch Müller`s Lehrbuch der Physik, VII. Auflage, 2. Band, § 135)."[37]

Hervorzuheben ist, daß die Vorbereitungen dieser Ausstellung und die Auswahl der Exponate 1875 durchgeführt wurden und daß sich erst durch die zweimalige Verschiebung des Eröffnungstermins auf März/Mai 1876 eine zeitliche Überschneidung mit den Patententwicklungen in Amerika ergab.

2.72 Veröffentlichungen (Bücher und Zeitschriften)

Im Verlauf der bisherigen Darstellung wurden bereits folgende Veröffentlichungen dieser VII. Ausführungsform des Reisschen Senders erwähnt:

• im „Polytechnischen Journal"[38],
• in der „Gartenlaube" [39],

---

37. *Biedermann (1877) S. 188.*
38. *Polytechnisches Notizblatt für Gewerbetreibende, Fabrikanten und Künstler. Hrsg. und redig. v. Prof. Dr. R. Böttger in Frankfurt am Main XVIII Jg. (1863) Nr. 15, S. 225f. Abgedruckt in Dingler's Polytechnischem Journal Bd. 169 (1863) S. 399. Besprochen auch in: "Die Fortschritte der Physik im Jahre 1863. Dargestellt von der physikalischen Gesellschaft zu Berlin, XIX. Jg, Berlin 1865, S. 96.*
39. *Der Musiktelegraph. In: Die Gartenlaube Jg. (1863) Heft No. 51, S. 808 mit einer Abbildung.*

- in den „Reports of the Britsh Association for the Advancement of Science"[40],
- in der Zeitschrift „The Civil Engineer and Architect's Journal"[41],
- in den „Annalen der Chemie und Pharmazie"[42],
- in den „Schriften des Vereins zur Verbreitung naturwissenschaftlicher Kenntnisse in Wien"[43]

Reis Experimentalbeweis und sein Telephon fanden mit dieser VII. Ausführungsform des Senders sowohl Eingang in die physikwissenschaftliche Literatur, deren wichtigste Publikationen hier im folgenden aufgeführt seien, als auch in das Katalogschrifttum des internationalen Instrumentenhandels.

2.721 Frankreich

1865 erschien in Paris der „Catalogue des Appareils d'Acoustique", der in der Folgezeit physikalischen Laboratorien auf der ganzen Welt als Grundlage für Bestellungen diente[44]. Die Firma Koenig avancierte innerhalb weniger Jahre zu einem der qualitativ weltweit führenden Hersteller von Präzisionsinstrumenten. Instrumente Koenigs sind noch heute in allen bedeutenden technischen Museen zu finden. Auf die Person Dr. Rudolph Koenigs und seine Beschäftigung mit dem Reis-Telephon sind wir bereits im Zusammenhang mit der II. Ausführungsform des Reis'schen Senders eingegangen. Koenig, der anfänglich das Reis-Telephon mit dem Sender der II. Ausführungsform nachgebaut, ausgestellt und vertrieben hatte, baute auch die hier besprochene VII. Ausführungsform nach und vertrieb die Geräte zumindest bis Mitte der 70er Jahre. Koenig bot das

---

40. *William Ladd: On an Acoustic Telegraph ... London (1864), S. 19.*
41. *William Ladd: An Acoustic Telegraph...(1863) S. 307f.*
42. *Heinrich Buff: Ueber die durch den electrischen Strom in Eisenstäben erzeugten Töne...(1864/1865), S. 129-153.*
43. *Hermann Pick (1866)*
44. *Catalogue des Appareils d'Acoustique construits par Rudolph Koenig. Paris (30, Rue Hautefeuille, 30) 1865.*

Abbildung 32

VII. Ausführungsform des Senders
Hersteller R. Koenig, Paris

Abbildung 33

VII. Ausführungsform des Senders
Hersteller R. Koenig, Paris

Smithsonian Institution, Washington

Reis-Telephon als Position 29 seines Katalogs als „Telephone de M. Reiss" zum Preise von 60 fr. an.[45]

1874 erwarb beispielsweise - wie Houston mitteilte[46]- die „Smithsonian Institution" in Washington Geräte dieser Ausführungsform von Koenig [App. 2.202 und 4.222]. Diese befinden sich auch heute noch dort. Bernhard Finn, Curator der Division of Electricity and Modern Physics, teilte mir hierzu mit:

„We have a transmitter-receiver pair (catalog number 180, 179) that, according to division files, was purchased from Koenig in 1874. There is also a notation that these were listed in Koenig's catalog # 29 as costing 62 Fr. (Note that the transmitter has „29" scratched on the front; I do not know why or when this was done.)".

Mit diesen Geräten [Abbildungen 32 und 33] wurden übrigens, wie Mr. Finn mir weiterhin mitteilte, erst in jüngster Zeit nochmals Versuche unternommen:

„As a matter of information, we performed experiments with these instruments a few years ago and were able to get voice transmission using the transmitter (speaking softly so as not to break contact) and a Bell receiver of 1877. The Reis receiver was not effective as a receiver with the Reis transmitter in our limited experiments; however, we were able to use it as a transmitter. We also observed the voltage patterns on an oscilloscope but did not take photographs of them."[47]

2.722 Deutschland

1866 erschien in Leipzig Carl Kuhns „Handbuch der angewandten Electricitäts-Lehre", mit besonderer Berücksichtigung der theoretischen Grundlagen" als XX. Band („Angewandte Electricitäts-Lehre") in der berühmten „Allgemeinen Encyklopädie der Physik", die von Gustav Kar-

---

45. *Das hier benutzte Exemplar stammt aus der ehemaligen Großherzöglichen Hofbibliothek in Darmstadt und enthält leider keine Abbildungen.*
46. *Vgl. Edwin J. Houston: Glimpses of the International Electrical Exhibition: The Telephone. The Franklin Institute, Philadelphia 1886 S. 12o. Houston gibt auf Plate I eine Fotografie dieses Gerätes.*
47. *Brief von Bernard S. Finn an den Verfasser vom 13. August 1991.*

sten herausgegeben wurde und rasch internationale Anerkennung genoß. Kuhn räumt dem Telephon von Reis in seiner Darstellung breiten Raum ein (S. 1017-1021 und S. 1081) und beschrieb sowohl die II. als auch die VII. Ausführungsform des Senders und beide Ausführungsformen des Empfängers. In Fig 506, S. 1020 gab er eine Abbildung der VII. Ausführungsform des Senders von 1863 und der II. Ausführungsform des Empfängers (magnetostriktiver Empfänger)[48].

1868, also zwei Jahre später, erschien in Braunschweig die siebente Auflage eines damals bereits als Standardwerk geltenden physikalischen Handbuches, das traditionell als „Müller-Pouillet's Lehrbuch der Physik" bekannt war und ist[49]. Im zweiten Band seiner Darstellung (S.386-388) stellt Müller die VII. Ausführungsform des Senders mit magnetostriktivem Empfänger dar und gibt in den Figuren 348, 349 Abbildungen des Senders, wobei Fig. 349 eine Schnittskizze des Gerätedeckels ist.

2.723 England

1836 begannen die Verleger William und Robert Chambers in London und Edinburgh[50] mit der Herausgabe einer im englischen Sprachraum über mehr als sechzig Jahre sehr erfolgreichen Reihe: Chambers's Educational Courses. In dieser um Allgemeinverständlichkeit und eine größtmögliche wissenschaftlich interessierte Öffentlichkeit bemühten Reihe veröffentlichte Robert M. Ferguson im Jahre 1866 den Band „Electricity" (London and Edinburgh 1866). Eine weitere Auflage folgte bereits 1868. 1882, 1883 und 1887 folgten weitere überarbeitete Auflagen. Für uns hier von Interesse sind die frühen Auflagen. In der Ausgabe von 1866 beschäftigt sich Ferguson in einem eigenen Kapitel überschrie-

---

48. *Kuhn (1866) S. 1020.*
49. *Genauer Titel: Lehrbuch der Physik und Meteorologie. Theilweise nach Pouillet's Lehrbuch der Physik selbständig bearbeitet von Dr. Joh. Müller. Siebente umgearbeitete und vermehrte Auflage in zwei Bänden. Braunschweig 1868.*
50. *Vgl. Ferguson [1866], Kapitel 158, S. 257 - 258)*

ben mit „The Telephone" mit dem Telephon von Reis und dessen physikalischen Grundlagen.

2.724 Österreich

1866 erschien in Wien die dritte Auflage von Ferdinand Hesslers „Lehrbuch der technischen Physik". Nach dem Tode Hesslers hatte Franz Joseph Pisko die Bearbeitung des Lehrbuches übernommen und fortgesetzt. Eine Darstellung des Reisschen Telephons findet sich in Band I, S. 648f. Leider hatte Pisko die Bearbeitung erst ab S. 721 übernommen, so daß die Darstellung des Reis- („Reuss") Telephons nicht auf ihn zurückging. Diese Darstellung Hesslers verdient aus rezeptionsgeschichtlichen Gründen besondere Beachtung, denn sie erlangte ebenfalls weite internationale Verbreitung und diente z. B. 1868 dem amerikanischen Physiker Peter Henri van der Weyde (1813-1895) als Grundlage für seine Gerätenachbauten und Experimente[51].

Bereits ein Jahr zuvor, 1865, war ebenfalls in Wien das bereits im Zusammenhang mit der Darstellung der II. Ausführungsform des Senders besprochene und in seiner Vorgeschichte dargestellte Buch „Die Neueren Apparate der Akustik" von Franz Joseph Pisko erschienen. Pisko der - wie erwähnt- seit 1861/1862 an einer Darstellung neuerer Apparate der Akustik arbeitete und sich dabei vor allem auf die Geräte(nachbauten) von Rudolph Koenig stützte, hatte in einem Vorabdruck seines Buches die Ausführungsform II des Reisschen Senders beschrieben und war von Reis selbst auf die verbesserte VII. Ausführungsform aufmerksam gemacht worden. Piskos Ausführungen zeigen, daß er sich - wenngleich ohne deutlich bessere Erfolge - auf Reis' Initiative hin eingehend weiter mit dem Reis Telephon beschäftigt hatte. Die Detailgenauigkeit seiner Ausführungen läßt keinen Zweifel daran, daß Pisko mit Originalgeräten von Reis gearbeitet hat [App. 1.025 mit 3.218]. Im 51. Kapitel des III. Teils seines Buches (S. 94-96) erläutert er das „Prinzip des 'Telephon' von Reis"[52]. Im 52. Kapitel des III. Teils (S. 96-98) gibt er eine sehr de-

---

51. *Vgl. Abschnitt 2.718.*
52. *Pisko (1865) Kapitel 51 des III. Teils.*

taillierte (und weit über Reis hinausgehende) Beschreibung des Reisschen Telephons von 1863 mit exakten Maßangaben der einzelnen Bestandteile und im folgenden Kapitel (S. 98-101) einen sehr präzisen Bericht über die verschiedenen Versuche, die er mit den Geräten angestellt hat und darüber, welche Ergebnisse er dabei erzielt hat. Weiterhin druckte Pisko in Anmerkung 26 (S. 241-243) den „Prospect" von Reis ab und brachte auf S. 94, Fig. 60 eine Abbildung des Gerätes [Vgl. Abbildung 34].

Obgleich Pisko den Berichten über die Erfolge der Reisschen Experimente, wie bereits in seinem Vorabdruck, ablehnend gegenübersteht und obwohl seine eigenen Experimentalerfolge weit schlechter sind als die bei Reis durch namhafte Wissenschaftler bestätigten, ist sein sehr bekannt gewordenes Buch doch von besonderem rezeptionsgeschichtlichen Interesse: Pisko lieferte als Wissenschaftler eine exakte wissenschaftliche Gerätebeschreibung, die Reis selbst niemals zu verfassen veranlaßt war, und gibt als Akustik-Experte einen präzisen Bericht über seine Experimente und Ergebnisse. Durch seinen Abdruck des Reisschen „Prospects" und seine Orientierung auf die Präzisionsinstrumente von Koenig leistet er zudem eine zusätzliche Verbindung zwischen Wissenschaft und aktuellem Stand der Geräte-Technik.

Im Zusammenhang mit der II. Ausführungsform haben wir bereits auf die Bedeutung Piskos als zeitgenössischem Gewährsmann verwiesen, der gerade deshalb von Bedeutung ist, weil er einerseits persönlich der Reisschen Erfindung mit großer Skepsis gegenüberstand, andererseits aber dennoch mit einer für die hier beschriebenen Geräte einzigartigen Präzision die von ihm erprobten Geräte beschrieb und über seine Beschäftigung mit dem Telephon von Reis berichtete.

Abbildung 34

VII. Ausführungsform des Senders

Fig. 33.

Abbildung nach Pisko (1865) S. 94

Piskos Beschreibung der VII. Ausführungsform des Reisschen Senders bezieht sich auf die von ihm gleichzeitig veröffentlichte Abbildung[53]: [hier Abbildung 34]

„Näheres über das Telephon.

a) Dasselbe (Fig. 60) besteht im Wesentlichen:
1. aus dem Zeichengeber A;
2. aus dem Zeichenbringer C;
3. aus der galvanischen Batterie B und endlich
4. aus den verbindenden Leitungsdrähten.

b) Der Zeichengeber A ist der Hauptsache nach ein parallel-epipedischer[54] Körper aus Holz. Der obere Theil ux desselben ist aus einem Stück geschnitten[55], mit quadratischem Querschnitt, dessen Seite zx...9 cm und dessen Höhe ux ...2,8 cm beträgt[56].

---

53. Der Verbleib des von Pisko benutzen Originalgerätes konnte nicht ermittelt werden. Die Physikalische Sammlung der ehemaligen Wiedener Communal Oberrealschule in Wien enthält - wie durch eine eigene wenngleich umständehalber flüchtige Sichtung der Bestände ermittelt werden konnte - weder ein solches Gerät noch einen Nachbau. Die hierzu kontaktierten Stellen (insbesondere die Schulleitung des Bundesrealgymnasiums in Wieden) versagten meinen Recherchen jedoch Ihre Unterstützung. Über das Pisko Gerät, das sich noch 1885 im Besitz der Schule befand und dessen historische Bedeutung zu diesem Zeitpunkt bereits allgemein bekannt war, lassen sich somit keine weiteren Angaben machen. Es ist nur keinesfalls identisch mit dem Gerät im "Technischen Museum" in Wien. Hierbei handelt es sich um einen zeitlich bislang nicht exakt datierbaren Nachbau der Wiener Instrumentenbauerfirma I. W. Hauck [App. 2.301 und App. 4.231]. Zum Vergleich für die nachfolgend aufgeführten Maßangaben sei auf die im Rahmen dieser Untersuchung durchgeführten Messungen verwiesen.
54. Von Griechisch: epi=auf und pedion=Ebene.
55. Dies trifft für alle bislang ermittelten Geräte dieser Ausführungsform zu.
56. Die hier von Pisko genannten Außenmaße des Gerätedeckels variierten bei allen vermessenen Geräten. Bei Kontrollmessungen an anderen Geräten im Deutschen Museum (Invt.Nrn.: 06/7611; 05/2561a; 13/39081) schwankten die Maße zwischen einer Kantenlänge von 90 mm und 116 mm, wobei die Form in allen Fällen nicht exakt quadratisch ist. Die Deckelhöhe schwankte hierbei zwischen 22,5 mm und 28 mm. Vgl. Abschnitt 6.2312 der vorliegenden Darstellung.

Dieser Theil ist mittelst Charnier am unteren Kästchen AA beweglich[57]. Legt man den Deckel xu zurück, so bemerkt man an demselben einen kleinen Kreis ausgeschnitten von 3,9 cm Durchmesser[58]. In dieses Loch passt ein messingener Reif mit 8 mm breiter [breitem-R.B.] Rand, der wie eine Rolle an der Seite mit einer Rinne versehen ist[59]. Über den Reif ist die Membrane mm mittelst eines in der Nut desselben liegenden Seidenfadens gespannt. Diese kreisförmige Membrane ist von einem weiteren, kreisförmigen Ausschnitte bb'= 8,5 cm umgeben[60]. Ein schaufelförmiges Platinstreifchen ns[61] liegt leitend an der messingenen Zuleitschraube d und fällt mit dem kreisförmigen Theile s in das Centrum der Membrane.

Mittelst etwas Klebwachs wird dieser kreisförmige Theil an der Membrane befestigt und ist dadurch gezwungen, die Vibrationen der Membrane mitzumachen. Die Weiterleitung des galvanischen Stromes vom Centrum der Membrane geschieht mitteltst des messingenen Winkels asb (D, Fig. 60)[62]. Derselbe liegt in s mittelst eines Platin- oder Stahlstiftes auf dem zuleitenden Platinstreifen ns, taucht bei b mit einer Platin- oder Stahlspitze in ein Näpfchen mit Quecksilber, welches in einer Schraube geschaffen wurde, die den Strom weiter leitet. Der Punct a dient nur als Unterlage für den Winkelhaken asb, der überhaupt wie ein Dreifuß gestützt wurde, damit der Berührungspunct s möglichst constant bleibe. Der Haken asb wird ganz einfach mit einer bei a befindlichen Öffnung über einen hervorstehenden Stift geschoben, bis er auf einem breiteren, unteren Theil liegen bleibt. Von b aus geht die galvanische Leitung mittelst eines gewundenen Drahtes zum Messingschlüssel e (A Fig. 60) und von da in der durch die Pfeile angedeuteten Richtung weiter.

Der untere Theil AA des Zeichengebers ist aus Holzbrettchen zusammengefügt und bildet im Lichten ein Parallelepiped, dessen Höhe = 6,8 cm und dessen

---

57. *Dies gilt für fast alle bisher ermittelten Geräte. Lediglich bei dem Gerät mit der Gerätenummer 2 [App. 1.013] gibt es keine Befestigung am Gehäusemittelteil. Der Gerätedeckel ist hier durch eine Abfräsung an das Gehäusemittelteil angepaßt. Vgl. Abschnitt 6.2314 der vorliegenden Darstellung*

58. *Auch hier schwanken die Maße bei anderen Geräten geringfügig. Vgl. Abschnitt 6.2315 der vorliegenden Darstellung.*

59. *Dies ist bei den verschiedenen Geräten unterschiedlich. Vgl. Abschnitt 6.232 der vorliegenden Darstellung.*

60. *Die Maße bei den anderen Geräten schwanken. Vgl. Abschnitt 6.2321 der vorliegenden Darstellung.*

61. *Vgl. Abschnitt 6.2331.*

62. *Vgl. Abschnitt 6.2332.*

Breite = 7,7 cm ist[63]. Zur Aufnahme der Töne dient der aus Blech verfertigte schiefe Ansatz S mit trichterförmiger Erweiterung. Die längere Seite dieses Ansatzes beträgt 6,7 cm, die kürzere 4,7 cm; der Höhendurchmesser der Erweiterung misst 7,15 cm, der Breitendurchmesser 7,5 cm, und endlich der Durchmesser der engeren Röhre 3,9 cm[64]."[65]

Diese Gerätebeschreibung Piskos erschien - wie erwähnt - 1865 im Druck und fand durch Piskos Buch eine weite Verbreitung. Pisko, der in engem Kontakt zu dem französischen Instrumentenbauer Koenig stand und dessen Geräte in seinem Buch eingehend würdigte, dürfte Koenig mit Sicherheit sein Buch zugeleitet haben, so daß wir spätestens ab 1865 bei Koenig die Veränderungen des Reisschen Telephons als bekannt voraussetzen dürfen. Da Koenig bereits das Reis-Gerät von 1861 (Ausführungsform II des Senders) nachgebaut hatte, darf 1865 als der späteste Zeitpunkt für den Nachbau der VII. Ausführungsform des Reisschen Senders durch Koenig gelten. In seinem Buch teilte Pisko gleichfalls mit, daß das Gerät in dieser Ausführungsform „gegenwärtig" (d.h. auch spätestens 1865) durch die Firma Hauck in Wien nachgebaut werde. Wilhelm Ignatz Hauck (später K.K. Hofmechaniker) hatte 1851 eine zunächst bescheidene mechanische Werkstatt in Wien eröffnet, die sich im Laufe der Jahre aber zu einem stattlichen mittelständischen Betrieb mit (1873) immerhin vierzig Angestellten entwickelte. Er vertrieb wissenschaftliche Instrumente nicht nur innerhalb Österreichs und Ungarns, sondern auch nach Deutschland, Rußland, Rumänien, Holland und Amerika. Hauck hatte bereits 1863 ein Originalgerät von Reis bezogen[66] [App. 1.026 und 3.219] und spätestens 1865 begonnen, dieses Gerät nachzubauen und zu vertreiben. Im Rahmen unserer Untersuchungen

---

63. *Hier weichen die Kontrollgeräte auffällig von Piskos Gerät ab. Vgl. Abschnitt 6.22 der vorliegenden Darstellung.*

64. *Selbst hier wiesen die Konrollgeräte Schwankungen auf. Vgl. Abschnitt 6.24.*

65. *Pisko (1865) S. 96f und Fig. 60 auf S. 94.*

66. *In seinem Brief vom 18.10.1863 [in deutscher Rückübersetzung aus dem Englischen abgedruckt bei Petrik (1992) S. 28] wies Reis Pisko auf diese Tatsache hin: „...und theile Ihnen mit, daß Herr Hauck, Mechaniker in Wien, ein Instrument bestellt hat und Ihnen sicher Auskunft geben kann." Vgl. Petrik (1892) S. 28. Vgl. auch Abschritt 2.2 der vorliegenden Darstellung, Anmerkung 33.*

Abbildung 35

VII. Ausführungsform des Senders
Hersteller W. I. Hauck, Wien

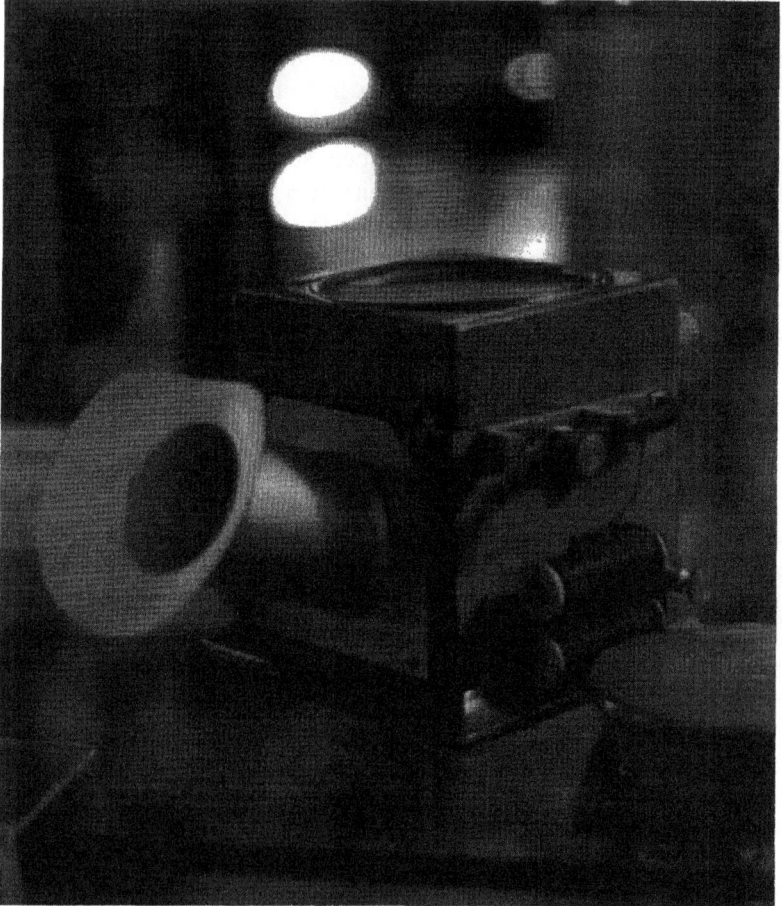

Gerät Nr. 10 (des Hauckschen Nachbaus)
Technisches Museum, Wien

konnten wir einen solchen Nachbau von Hauck ermitteln. Er befindet sich heute im Technischen Museum in Wien und ist dem Signum zufolge das 10. Exemplar, das die Firma Hauck herstellte. [Abbildung 35] Die niedrige Gerätenummer deutet auf einen sehr frühen Nachbau hin. Welche wissenschaftsgeschichtliche Bedeutung den Nachbauten Haucks zukommt, kann hier mangels weitergehender gesicherter Befunde nicht beantwortet werden. [67].

2.73 Varianten der VII. Ausführungsform des Senders

Trotz des Eindrucks weistestgehender Homogenität in der Gestaltung dieser VII. Ausführungsform des Reisschen Senders haben wir Vergleiche zwischen noch erhaltenen Exemplaren dieses Gerätes durchgeführt, die - wie bereits in der vorangehenden Darstellung angedeutet - zu überraschenden Ergebnissen geführt haben. Im Gegensatz zu dem ebenfalls im Handel vertriebenen Empfänger ist der Sender dieser Ausführungsform ein kompliziertes Gebilde mit vielen potentiellen Variationsmöglichkeiten. Die Untersuchung der bisher einwandfrei als Geräte aus der Herstellung der Firma Albert identifizierten Apparate und eindeutig auf sie zurückgehende Abbildungen zeigen, daß es deutlich meßbare Unterschiede gibt. Sie beziehen sich auf Gestaltung, Anordnung, Maße oder Verarbeitung einzelner Bauteile. Als Basis für eine vergleichende Betrachtung liegt es nahe, von der durch Reis in seinem „Prospect" abgebildeten Form als „Standardform" auszugehen [Abbildung 3]. Da die Geräte von Reis nachweislich bereits im Juli 1863 verkauft wurden, der „Prospect" jedoch erst im August gedruckt wurde, ist anzunehmen, daß die Prospect-Abbildung nach einem tatsächlich vorliegenden Gerät angefertigt wurde. Alle Abweichungen hiervon können also als Varianten betrachtet werden.

Hiervon ausgehend, lassen sich aufgrund unserer bisherigen Ergebnisse vier Bereiche feststellen, in denen ermittelte oder durch Abbildungen belegte Apparate sich von der Standardform unterscheiden:

---

67. *Trotz der freundlichen und sachkundigen Unterstützung des Wiener Stadt- und Landesarchivs und eigener Recherchen im Archiv und dessen Zentraldepot konnten keine hier weiterführenden Daten ermittelt werden.*

1. die Gestaltung des Sprechrohres mit Sprechmuschel und Befestigungsblech (6.21)
2. die Gestaltung der Signalgeberseite mit Rufvorrichtung (6.22)
3. die Anordnung der Kontaktteile im Gerätedeckel (6.23)
4. die Maße und Verarbeitung der Geräte. (6.24)

Die systematische Ermittlung entsprechender Vermessungsdaten in diesen Bereichen und ihr Vergleich auf einer deutlich erweiterten Gerätebasis allein wird möglicherweise eine Systematisierung der verschiedenen Sendervarianten erlauben. Hier sollen nur die Hauptvariablenbereiche aufgezeigt werden.

2.731 Gestaltung des Sprechrohres mit Sprechmuschel und Befestigungsblech

Im Hinblick auf die Gestaltung des Sprechrohres mit der Sprechmuschel und des Befestigungsblechs lassen sich markante Abweichungen von der Standardform feststellen.[68]

Bei der Standardform [Abbildung 3] erkennen wir deutlich ein kreisförmiges Befestigungsblech, das oben und unten gerade abgeschnitten ist. Eine solche Form des Befestigungsblechs weist z.B. ein Gerät aus dem ehemaligen Reichspostmuseum auf: das Gerät im „Museum für Post und Kommunikation Berlin" [App. 1.027][69].

---

68. *Vgl. im einzelnen die Daten in Abschnitt 6.24 der vorliegenden Darstellung.*
69. *Museum für Post und Kommunikation Berlin: Invt-Nr.: 3.111.4.000.1. Dieser Apparat hat kein Signum in der Ausbohrung des Gerätedeckels. Abweichend von allen anderen bekannt gewordenen Geräten befindet sich in der Sprechmuschel als Kennzeichnung eine „1". Die Herkunft des Apparates als Gerät aus der Herstellung der Firma Albert ist dokumentiert. Ob es sich dabei allerdings tatsächlich um das erste Gerät aus der Produktion von Reis handelt, ist fragwürdig. Entscheidend ist, daß das Signum fehlt, das Reis nach eigener Darstellung erst nach persönlicher Prüfung eines Gerätes selber anbrachte. Vieles spricht dafür, daß dieses Gerät ein erst nach dem Tode von Reis (also zwischen 1874 und 1877) für Präsentationszwecke*

Außerdem findet sich diese Form des Befestigungsblechs auch bei einem der drei Geräte im „Deutschen Museum" in München [App. 1.023][70]. Es trägt die höchste bisher ermittelte Gerätenummer und wurde 1864 von der Firma J. W. Albert in Frankfurt hergestellt. Es kam im Juni 1913 vom „Königlich Bayerischen Technikum" in Nürnberg ins „Deutsche Museum" nach München.

Abweichend davon hat das zweite Gerät im „Deutschen Museum" [App. 1.020][71] ein rechteckiges Befestigungsblech mit oben abgeschnittenen Ecken. Dieses Gerät wurde im Jahre 1863 von der Firma J. W. Albert in Frankfurt hergestellt [Vgl. Abbildung 36]. Der Apparat gelangte im Juni 1905 durch die „Königliche Industrieschule Augsburg" in den Besitz des „Deutschen Museums". Dieses Gerät lag der experimentellen Untersuchung von Claus Reinländer 1960/61 zugrunde. Diese Art der Gestaltung des Befestigungsbleches für das Sprechrohr finden wir auch bei anderen Geräten, z.B. dem im PTT-Museum in Den Haag [App. 1.015, hier Abbildung 39][72], dem im Museum für Post und Kommunikation in Frankfurt [App. 1.014, hier Abbildung 26] [73] und bei [App. 1.022, hier Abb. 58].

hergestelltes besonders aufwendiges Exemplar ist (möglicherweise identisch mit [App. 1.024]), das dann am 22.11.1877 von Heldberg im Auftrage Stephans bei Albert für das Reichspostmuseum gekauft wurde.
70. *Deutsches Museum: Invt-Nr.: 13/ 39081.*
71. *Deutsches Museum: Invt-Nr.: 05/ 2561a.*
72. *PTT-Museum Den Haag: Invt-Nr.: 17997 (Alte Invt-Nr.: E XIV/59). Das Gerät kam am 29.7.1949 aus dem Museum van der Arbeid aus Amsterdam ins PTT-Museum Den Haag ('s Gravenshage). Weitere Daten zur Herkunft dieses besonders schönen Gerätes sind mir nicht bekannt. Der Empfänger zu diesem Gerät (Invt.-Nr.: 16154) gehörte ursprünglich vermutlich nicht zu diesem Sender. Er kam am 24.11.1947 von der Technischen Hogeschool te Delft ins PTT-Museum. Auch dieses Gerät [App. 3.208] ist vorzüglich erhalten. Der Empfänger trägt als einziger uns bekannt gewordener im Deckel einen Herstellervermerk: "J. Wilh. Albert, Frankfurt a. M".*
73. *Museum für Post und Kommunikation Frankfurt: Invt-Nr.: EB-Nr. 5162. Das Gerät stammt aus dem Besitz des Dilthey-Gymnasiums in Wiesbaden und wurde 1952 in den Bestand des Museums überführt.*

Abbildung 36

VII. Ausführungsform des Senders
Hersteller J. W. Albert, Frankfurt

Gerät Nr. 50
Deutsches Museum, München

Abbildung 37

VII. Ausführungsform des Senders
Hersteller J. W. Albert, Frankfurt

Gerät Nr. 2
Deutsches Museum, München

Abbildung 39

VII. Ausführungsform des Senders
Hersteller J. W. Albert, Frankfurt

Gerät Nr. 43
PTT-Museum, Den Haag

Eine andere Variante des Befestigungsblechs finden wir beim dritten Gerät im „Deutschen Museum" [App. 1.013, hier Abbildung 37] [74]. Hier ist das Befestigungsblech oval[75]. Es handelt sich hierbei um das Gerät mit der niedrigsten bislang ermittelten Gerätenummer. Es wurde im Jahre 1863 von der Firma J. W. Albert in Frankfurt hergestellt. Dieses Gerät wurde von Reis 1863, wahrscheinlich am 15. August[76], dem „Freien Deutschen Hochstift" in Frankfurt geschenkt und von diesem dem „Deutschen Museum" in München am 1.11.1906 als Depositum überlassen.

Auch die Gestaltung der Sprechmuschel variiert bei den Geräten[77]. Während die Muschel bei der Standardform (vgl. auch [App. 1.023]) ähnlich wie bei der zuerst aufgeführten Variante [App. 1.020] rund und im oberen Teil abgeschnitten ist, weist Apparat 1.013 eine nicht begradigte Rundung der Muschel auf. Das Sprechrohr selbst variiert ebenfalls hinsichtlich Durchmesser und Länge erkennbar[78].

2.732 Gestaltung der Signalgeberseite

Das zweite Bauteil, an dem sich auffällige Varianten feststellen lassen, ist der Signalgeber.[79]
Gehen wir von den Ausführungen, die Reis in seinem „Prospect" gibt, aus, so haben wir es bei dieser Ausführungsform dieses Senders von Anfang an mit zwei beabsichtigten Varianten zu tun, die seit August 1863 zu verschiedenen Preisen vertrieben wurden. Leider gibt Reis keine exakte Kennzeichnung der Unterschiede und leider ist auch kein zeitgenössisches Zeugnis bekannt, das die Unterschiede zwischen diesen beiden Ausstattungsformen im einzelnen beschreibt. Die Überlegung, daß sich der Ausstattungsunterschied vor allem auf die Rufvorrichtung be-

---

74. *Deutsches Museum: Invt-Nr.: 06/7611*
75. *Vgl. Abschnitt 6.243*
76. *Vgl. Archiv des Freien Deutschen Hochstiftes: Gästebuch*
77. *Vgl Abschnitt 6.241*
78. *Vgl. Abschnitt 6.242*
79. *Vgl. Kapitel 6.2, insbesondere Abschnitt 6.25*

zog, wäre plausibel, wenn sich die Ausführungen des „Prospectes" von Reis nicht ausdrücklich auf beide Ausstattungsformen beziehen würden und die Rufvorrichtung, der Signalgeber, nicht Bestandteil seiner allgemeinen Gerätebeschreibung wäre: Reis spricht von „zwei nur in der äusseren Ausstattung verschiedenen Qualitäten, zu den Preisen von fl. 21. und fl. 14. (Thlr. 12. und Thlr. 8. pr. Crt.) inclusive Verpackung".

Die bisherigen Anhaltspunkte dafür, welche Unterschiede immerhin eine Preisdifferenz von einem Drittel rechtfertigen könnten, sind unzureichend. Dennoch ist sicher, daß Reis „später"[80] diese Rufvorrichtung weggelassen hat. Schenk erwähnt dies in seiner Schrift über Reis 1878. Eine Berücksichtigung des historischen Abbildungsmaterials zeigt allerdings, daß dieses Weglassen der Rufvorrichtung spätestens bereits 1864, also ein Jahr nach Verkaufsbeginn, nachweisbar ist [vgl. App. 1.018][81].

Aber auch bei den Geräten, die mit einem solchen Signalgeber, wie Reis ihn beschreibt, ausgestattet wurden, zeigen sich, was die Gestaltung dieses Signalgebers betrifft, einwandfrei Unterschiede.

Die Anordnung entsprechend der Standardform weisen z.B. die Geräte im PTT Museum in Den Haag [82] [App. 1.015, hier Abbildung 39], im „Museum für Post und Kommunikation - Frankfurt"[83] [App. 1.014], im „Museum für Post und Kommunikation Berlin"[84] [App. 1.027] und zwei Geräte im „Deutschen Museum"[85] [App. 1.020 und App. 1.023] auf.

Eine Abweichung stellen wir (was Größe und Plazierung des Signalgebers betrifft) bei einem der Geräte im „Deutschen Museum" [App. 1.013][86] fest, eine weitere (was die Ausrichtung des Signalgebers betrifft) wenn wir eine Abbildung, die F. J. Pisko 1885 im „Bericht über

80. Schenk (1878) S. 9
81. Vgl. Abb. Pick (1866) S. 65, Abb. A.
82. PTT-Museum Den Haag: Invt-Nr.: 17997 (Alte Invt-Nr.: E XIV/59).
83. Museum für Post und Kommunikation Frankfurt: Invt-Nr.: EB-Nr. 5162.
84. Museum für Post und Kommunikation Berlin: Invt-Nr.: 3.111.4.0001.
85. Deutsches Museum: Invtentarnummern 05/2561a und 13/39081
86. Deutsches Museum: Invt-Nr.: 06/7611.

Abbildung 38

VII. Ausführungsform des Senders

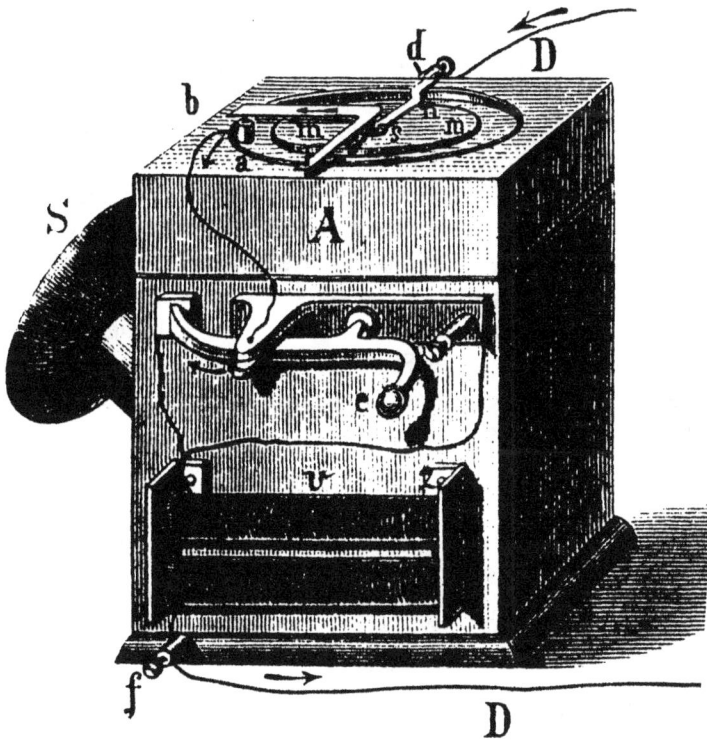

Abbildung nach Pisko (1885) S. 247, Fig. 147

die internationale Elektrische Ausstellung Wien 1883"[87] [Vgl. Abbildung
38] gab, einbeziehen. Pisko vermerkte zu der dort gegebenen Abbildung
ausdrücklich, daß das „Modell für diese Originalzeichnung ...
aus der ersten Zeit der Reisschen Telephone" stamme und ihm damals „bei
seinen Versuchen mit dem Reisschen Telephone gedient" habe, also
[App. 1.025].[88].

2.733 Die Anordnung der Kontaktvorrichtung

Auch die Anordnung der Kontaktvorrichtungen und der dazugehörigen
Zuleitungsschrauben läßt (ohne daß das grundsätzliche Konstruktions-
prinzip des Gerätes dadurch verändert würde) Unterschiede zwischen einigen Geräten erkennen[89]. Das Hochstiftgerät (also das Gerät mit der Gerätenummer 2) im „Deutschen Museum" zeigt auf Abbildungen vielfach
ebenfalls eine andere Anordnung der Kontaktvorrichtung. Das erklärt
sich allerdings daraus, daß bei diesen Abbildungen des Gerätes der Gerätedeckel, der bei diesem Gerät nicht fest mit dem Gerätemittelteil verbunden ist, falsch aufgesetzt ist. Die richtige Anbringung des Deckels
ergibt sich aus der Lage des Signums[90]. Der Gerätedeckel weist bei rich-
tiger Anbringung eine mit der Standardform übereinstimmende Anordnung der Kontaktteile auf.

---

87. *Bericht über die internationale Elektrische Ausstellung Wien 1883 unter*
    Mitwirkung hervorragender Fachmänner herausgegeben vom Niederöster-
    reichischen Gewerbe-Vereine. (Redacteur...Franz Klein), Wien 1885, S.
    247, Fig. 147.
88. *Pisko (1885) S. 247. Es ist auffällig, daß Pisko dieses Gerät so nachdrück-*
    lich als das hervorhebt, mit dem er 1863 experimentiert hatte, denn seine
    frühere Abbildung 1865 zeigt einwandfrei ein anderes Gerät. Bei dem 1885
    abgebildeten Gerät fehlt die übliche Federankerkonstruktion der Rufvor-
    richtung.
89. *Vgl. dazu im einzelnen Abschnitt 6.233*
90. *Leider habe ich erst nach Abschluß der Geräteuntersuchungen festgestellt,*
    daß sogar das Signum selbst von Gerät zu Gerät Unterschiede aufweist,
    was im Verlauf der vorangehenden Untersuchung nicht beachtet wurde.
    Die Unterschiede beziehen sich z.B. auf die Tiefe der Einkerbung und auf
    die Plazierung der Gerätenummer innerhalb des Signums.

Die Empfänger

3. Die Empfänger

Im Rahmen seiner elektroakustischen Versuche entwickelte Philipp Reis zwischen 1860 und 1863 zwei verschiedene Formen von Empfängern:

einen elektromagnetischen (= I. Form des Empfängers) und

einen magnetostriktiven (= II. Form des Empfängers)

Die Einordnung als I. bzw. II. Ausführungsform entspricht hier nicht der historischen Abfolge, sondern ergibt sich aus darstellungspraktischen Gründen.

3.1 Der Elektromagnetische Empfänger

Neben dem von Reis hauptsächlich benutzten Empfängertyp, der auf der Grundlage der Magnetostriktion arbeitete, experimentierte er (vor allem Anfang/Mitte 1862) auch mit verschiedenen elektromagnetischen Varianten, die er selbst jedoch weder bei Vortragsveranstaltungen vorstellte noch anderweitig veröffentlichte. Wir wissen wenig über diese Phase der Reisschen Arbeit. Sein Schüler Horkheimer bestätigte die Beschäftigung von Reis mit der Konstruktion elektromagnetischer Empfänger, kannte aber das Endergebnis dieser Entwicklungsarbeiten nicht mehr aus persönlicher Anschauung. Er teilte hierzu mit[1]:

„The electromagnet form was certainly strongly in his mind at the time we parted, and he drew many alternative suggestions on paper, which have probably been destroyed; but the electromagnets in all of them were placed upright, sometimes attached to the top of a hollow box, and sometimes to the bottom of a box arranged thus..."

---

1. *Brief Horkheimers an Thompson vom 2. 12. 1882, abgedruckt bei Thompson (1883) S. 116 - 120, hier 119. Die nachfolgenden Abbildungen der Skizzen Horkheimers entsprechen Fig. 39 und 40 bei Thompson.*

[Abbildung 40]

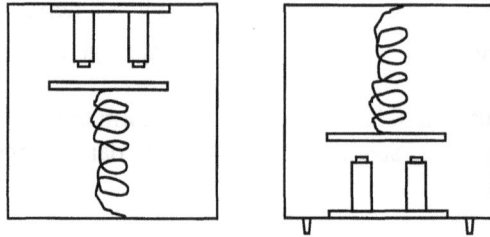

Ein solcher Empfängertyp von Reis wurde 1862 nicht durch Reis selbst, sondern durch Wilhelm von Legat (1822-1866) in der „Zeitschrift des Deutsch-Österreichischen Telegraphenvereins"[2] veröffentlicht. Hierzu sei auf unsere Ausführungen zur IV. Ausführungsform des Senders verwiesen[3], der ebenfalls in diesem Aufsatz durch v. Legat veröffentlicht wurde.

Über nähere Einzelheiten der Legatschen Initiative sind wir durch die Recherchen von Thompson informiert. Thompson setzte sich mit dem ehemaligen Herausgeber der Zeitschrift in Verbindung und berichtet in seinem Buch über die Ergebnisse seiner Nachforschungen:

---

2. *Wilhelm von Legat: Über die Reproduktion von Tönen auf elektrogalvanischem Wege. In: Zeitschrift des Deutsch-österreichischen Telegraphenvereins. Hrsg, in dessen Auftrag von der Königlich preußischen Telegraphen-Direction, Jahrgang IX (1862) Heft VI, VII, VIII S. 125 - 130. Wiederabdruck u.a. in Polytechnisches Journal. Hrsg. v. Dr. Emil Maximilian Dingler. 169. Bd. (IV. Reihe, 19. Bd.) Jg. 1863. V. Legats Aufsatz diente ferner als Grundlage für die Darstellung dieses Empfängers in: Carl Kuhn (1866), S. 1017 - 1020 (Fig. 505). Der Verbleib dieses Gerätes war schon Anfang der 80er Jahre des 19. Jahrhunderts nicht mehr festzustellen.*
3. *Vgl. Abschnitt 2.4*

„Dr. Brix, then editor of the 'Journal of the Telegraph Union', informs me that Inspector von Legat based his article upon information derived direct from Reis,
whom he knew, and that the article was submitted to Reis before being commit-
ted to the 'Journal'. The particular form of transmitter described in von Legat's
Report ... has also some important points in common with that believed to have
been used by Reis at the Hochstift. Neither of the specific forms described by Inspector von Legat are now known to be extant. Inquiries made in Frankfort and
in Cassel have failed to find any trace of them." [4]:

Die Forschung hat sich bei ihrer Spurensuche bisher leider kaum um gesicherte Daten zu von Legat bemüht, sondern durch ungeprüfte Über-
nahmen eher zu einer Mystifizierung beigetragen. Thompson war es, der
den Mythos („the mystery") des Wilhelm von Legat, den Mythos vom
tragisch gescheiterten (1866 im Deutsch-Österreichischen Krieg gefalle-
nen), unbekannten und möglicherweise einflußreichen Gönner von Reis
wesentlich gefördert hat. In seinem Kommentar zum Aufsatz von Legats
schrieb Thompson:

„A peculiar interest is attached to the foregoing article, partly on account of the
unique nature of the instruments therein described, partly because of the mistery
attaching to the author of the article. Wilhelm von Legat was Inspector of the
Royal Prussian Telegraphs at Cassel. How or when he became acquainted with
Philipp Reis is not known - possibly whilst the latter was performing his year of
military service at Cassel in 1855. None of Reis's intimate friends or colleagues
now surviving can give any information as to the nature of von Legat's relations
with Reis, as not even his name is known to them, save from this Report. Yet he
was for one year only (1862), the year in which this Report was made, a member
of the Physical Society of Frankfort-on-the-Main. It is possible that he may have
been present at Reis's discourse in the preceding October. It is probable that he
was present at Reis's subsequent discourse in May, 1862, to the Freies Deutsches Hochstift. ... He met with a tragic end during the Bavarian War in 1866, in
the battle near Aschaffenburg, having, according to some, been shot, or, according to others, fallen from his horse."[5]

Die Legendenbildung über die Person Legats wurde zweifellos durch die
Ereignisse des Jahres 1866, des Jahres in dem Legat als preußischer Of-

---

4. *Thompson (1883) S. 78f.*
5. *Thompson (1883) S. 78f.*

fizier fiel, begünstigt. Es war nicht nur das Jahr des deutsch-österreichischen Krieges. Es war auch ein Schicksalsjahr für die politisch souveräne
freie Reichsstadt Frankfurt, in der von Legat zuvor tätig war. Es war
ebenfalls ein Schicksalsjahr für das Kurfüstentum Hessen-Kassel, wo von
Legat ebenfalls zuvor tätig war. Beide, die Freie Reichstadt Frankfurt
und das Kurfürstentum Hessen-Kassel verschwanden in diesem Jahr als
selbständige politische Gebilde von der Landkarte. Sie wurden von Preußen annektiert, das Land für das von Legat gefallen ist.

Die Legendenbildung über die Person Legats wurde weiterhin durch die
schwierige Quellenlage begünstigt. Ein Familienarchiv der Familie von
Legat existiert - wie Frau Gerda von Legat, Bückeburg, mir mitteilte -
nicht. Weder das Geheime Staatsarchiv in Berlin noch das Hessische
Staatsarchiv in Marburg verfügen über Unterlagen über Wilhelm von Legat. Im Stadtarchiv der Stadt Kassel und auf dem Kirchenbuchamt waren
auch keine hier weiterführenden Fakten zu ermitteln. Da das ehemalige
Preußische Heeresarchiv infolge von Kriegsschäden nicht mehr zur Verfügung steht, war es tatsächlich schwer, Näheres über v. Legat herauszu-
finden.

Lediglich der Gotha[6] bot grundsätzliche Personaldaten. Danach wurde
Friedrich Wilhelm Karl August Ernst von Legat am 6.8.1822 in Berlin
geboren und starb im Alter von 43 Jahren im Deutsch-Österreichischen
Krieg 1866 infolge einer bei Würzburg erhaltenen Verwundung in Hett-
stadt in Bayern am 1.8.1866. Weitere Daten, wie seine Heirat 1851
sowie die Geburten seiner Kinder, sind hier nicht von Interesse.

Den Akten des Physikalischen Vereins konnten wir entnehmen, daß W.
v. Legat im Rechnungsjahr 1861/62 Mitglied des Physikalischen Vereins
in Frankfurt[7] wurde.

Erst durch die Öffnung der Archive der ehemaligen DDR konnten neue
Erkenntnisse gewonnen werden. Zwar verliefen auch hier die meisten

---

6. *Gothaisches Genealogisches Taschenbuch der Adeligen Häuser, Teil A, Jg.*
    1939, Gotha 1939, S. 258
7. *Archiv des Physikalischen Vereins, Mitgliederverzeichnis (Archiv-Invt.-Bd-*
    Nr. 63)

Spuren im Nichts: In den Beständen des Geheimen Staatsarchivs Abt. Merseburg konnten auch in den Aktenbeständen des Ministeriums für Handel und Gewerbe, des Finanzministeriums, der Gesandtschaft beim Bundestag und der Bevollmächtigten bei der Bundesmilitärkommission keine weiteren Unterlagen über von Legat gefunden werden. Auch Stichproben des dortigen Bestandes der Gesandtschaft Kassel verliefen negativ.

Diese tatsächlich schwierige Quellenlage hat wie gesagt die geschilderte Mystifizierung der Person und der Tätigkeit Legats begünstigt.

Im Bestand des Geheimen Zivilkabinetts des Geheimen Staatsarchivs in Merseburg jedoch wurden wir schließlich fündig und ermittelten eine Akte[8], in der die für unseren Kontext entscheidenden Dokumente über Wilhelm von Legat enthalten sind. Zusammenfassend und das bisherige Bild drastisch korrigierend ergibt sich daraus - leider - eher das Bild einer persönlichen Tragödie, als das Bild eines geheimnisvollen Helden, der geeignet gewesen wäre, die Vermutung einer technologischen Weitsichtigkeit des preußischen Militärs und zugeordneter Dienste zu bestätigen.

Aus der Akte ergeben sich folgende biographische Daten und für uns wichtige Zusammenhänge:

1. Seit Herbst 1849 war er, zuvor Leutnant im 7. Husarenregiment, auf königliche Order vom 12. Juli 1849 beim Telegraphen Corps angestellt. Am 2. September 1850 wurde er Assistent und am 2. Juni 1851 Telegraphen-Stationsvorsteher und Leiter der Telegraphenstation Breslau. Am 17. Mai 1854 übernahm er die Verwaltung der Telegraphenstation in Frankfurt und wurde am 10. April 1856 zum Telegraphen-Inspector befördert. Mit Frankfurt leitete er dadurch die nach Berlin und Hamburg ökonomisch wichtigste preußische Telegraphen-Station und nahm zuerst stellvertretend dann „commissarisch" die Funktion eines Ober-Telegraphen-Inspektors wahr.

---

8. *Signatur: 2.2.2. Nr. 29 812*

2. Die fachliche Kompetenz von Legats, zumindest was deren - hier ja entscheidende - öffentliche Anerkennung betrifft, war nicht so, daß sie Reis wesentlich hätte helfen können. Für eine Anstellung als preußischer Ober-Telegraphen-Inspector wurde mit Order vom 14. Mai 1859 allgemein eine berufsqualifizierende Prüfung vorgeschrieben, die von Legat nicht abgelegt hatte. Er meldete sich zu dieser Prüfung, bestand sie aber nicht. Dennoch wurde ihm die kommissarische Leitung der Ober-Inspectoren-Stelle in Frankfurt nicht entzogen, ihm aber im März 1861 eine Frist bis zum 1.Oktober 1861 gesetzt, um diese Prüfung abzulegen. Andernfalls wurde ihm eine Versetzung angedroht. Wilhelm von Legat legte daraufhin die schriftliche Prüfung ab und konnte dadurch seine Versetzung bis 1862 hinauszögern. Da er aber auch diesmal den mündlichen Teil der Prüfung nicht bestand, wurde er am 1. Juli 1862 nach Kassel versetzt.

3. Wilhelm von Legat, wenngleich Mitglied einer (ur)adeligen preußischen Familie, war nicht vermögend, ja selbst finanziell nicht einmal abgesichert, sondern als Familienvater mit zwei Kindern nicht in der Lage, die vorgeschriebene Kaution für seine Stelle in Frankfurt auf einen Schlag zu bezahlen. Laut königlicher Order vom 20. November 1854 wurde ihm ausnahmsweise gestattet, die vorgeschriebene Kaution in Raten abzuzahlen.

4. Einen weitreichenderen Einfluß in der preußischen Telegraphenverwaltung oder gar bei Hof hatte er nicht, war er doch nicht einmal in der Lage, seine eigene berufliche Situation auf diesem Wege abzusichern. Denn als Leiter der Telegraphen Station Kassel unternahm er nochmals ohne Erfolg einen Versuch, die vorgeschriebene Zulassungsprüfung abzulegen, und stellte daraufhin den Antrag, auch ohne Abschluß zur Anstellung als Ober-Inspector zugelassen zu werden.

5. Steuerte von Legat in der für Reis entscheidenden Phase zwischen 1861 und 1865 - wie die dargelegten Quellen zeigen - auf eine persönliche und berufliche Katastrophe zu, für die aus Sicht eines preußischen Offiziers vielleicht tatsächlich nur noch der Tod auf dem Schlachtfeld eine Lösung darstellte? Denn sein Antrag, auch ohne Abschluß zur Anstellung in der von ihm de facto ausgeübten Funktion als

Ober-Inspector zugelassen zu werden, wurde durch königliche Order vom 2. März 1864 abgelehnt.

Das heißt, der gesellschaftliche und fachliche Einfluß, den Wilhelm von Legat tatsächlich hatte, muß als gering eingestuft werden.

Dies mindert jedoch die wissenschaftsgeschichtliche Bedeutung seiner Veröffentlichung in der „Zeitschrift des Deutsch-Österreichischen Telegraphenvereins" nicht. Auf die Besonderheiten und die Bedeutung des „Deutsch-Österreichischen Telegraphenvereins" als einem eminent wichtigen politischen Zusammenschluß auf höchster staatlicher Ebene (ähnlich dem „Zollverein" und anderer staatsvertraglich geregelter Zusammenschlüsse) wurde bereits bei der Darstellung der IV. Ausführungsform des Senders eingegangen. Ebenso auf die internationale Bedeutung und die Ziele der von diesem Verein herausgegebenen Zeitschrift.

Die Veröffentlichung Wilhelm von Legats war also von Aufgaben- und Zielstellungen des „Deutsch-Österreichischen Telegraphenvereins" und seinem Mitteilungsorgan her auf die Perspektive einer praktischen Anwendung und der Würdigung des theoretischen Wertes der Reisschen Erfindung für eine solche praktische Verwertung angelegt und weniger auf das Ziel orientiert, einer wissenschaftlichen Anerkennung der Experimente und Ergebnisse von Reis Hilfestellung zu leisten.

Die Initiative Wilhelm von Legats ist um so bemerkenswerter, als er sich der konstruktiven Mängel der Reis Geräte durch eigene Experimente durchaus bewußt war:

„Es unterliegt keinem Zweifel, daß das hier zur Sprache Gebrachte, bevor eine praktische Verwertung mit Nutzen zu erwarten, noch eines erheblichen Fortbaues bedürfen wird, und namentlich die Mechanik den zu benutzenden Apparat vervollkommnen muß, doch bin ich nach den wiederholten praktischen Versuchen überzeugt, daß die Verfolgung dieser zur Sprache angebrachten Angelegenheit vom höchsten theoretischen Interesse und die praktische Verwerthung in unserem intelligenten Jahrhundert nicht ausbleiben wird !"[9]

---

9. *W. v. Legat (1862) S. 129f.*

Zunächst sei - an vorangehende Ausführungen zu der ebenfalls erstmals von W. v. Legat publizierten IV. Ausführungsform des Senders anknüpfend - festgestellt, daß es sich bei diesem Empfängertyp n i c h t um denjenigen handelt, den Reis bei seinem Vortrag vor dem Freien Deutschen Hochstift vorstellte[10]. Noch weniger handelt es sich um denjenigen, den Reis bei seinen Vorträgen vor dem Physikalischen Verein verwandte - obgleich auch dies feststehender Bestandteil der Literatur zu Reis und seinem Telephon ist[11]. Legat spricht in seinem Aufsatz lediglich davon, die „seiner Zeit dem Physikalischen Vereine und den Versammlungen des freien deutschen Hochstiftes zu Frankfurt a.M. mitgeteilten Ideen" darlegen zu wollen und zu berichten, „was zur Verwirklichung dieses Projektes bis jetzt geschehen" ist[12].

Der elektromagnetische Empfänger von Reis [App. 3.101] wird durch v. Legat (als Figur 4B) [hier Abbildung 41], wie folgt beschrieben:

„Der Tonempfänger Figur 4B besteht aus einem Elektromagneten mm, welcher auf einem Resonanzboden uw ruht und dessen Umwindungsdräthe mit der metallischen Leitung und der Erde resp. der metallischen Rückleitung in Verbindung stehen. Dem Elektromagneten mm steht ein Anker gegenüber, welcher mit einem möglichst langen, aber leichten und breiten Hebel i verbunden. Der Hebel i mit dem Anker ist an den Träger k pendelartig befestigt und werden seine Bewegungen durch die Schraube l und die Feder q [o ? - R.B.] regulirt."[13]

---

10. *Dieses häufig verbreitete Mißverständnis dürfte maßgeblich auf die Darstellungen von Hartmann (1899) S. 16ff und Th. Karras: Geschichte der Telegraphie (=Telegraphen- und Fernsprech-Technik in Einzeldarstellungen (Hrsg. v. Th. Karras) IV) Braunschweig 1909. S. 455 zurückgehen.*
11. *Auch hier geht das Mißverständis auf immer wieder kritiklos übernommene frühe Darstellungen zurück z.B. Die Geschichte und Entwicklung des elektrischen Fernsprechwesens. Herausgegeben von der Kaiserlichen Deutschen Reichspost. Zweite vermehrte und ergänzte Auflage Berlin 1880, S. 7, oder: Georg Schwarz,: Fünfzig Jahre elektrische Telephonie. Wissenschaftliche Beilage zum Jahresbericht des Großh. Gymnasiums Tauberbischofsheim für 1911/12. Tauberbischofsheim 1912. S. 13.*
12. *W. v. Legat (1862) S. 125*
13. *W. v. Legat (1862) S. 128f.*

Abbildung 41

I. Form des Empfängers

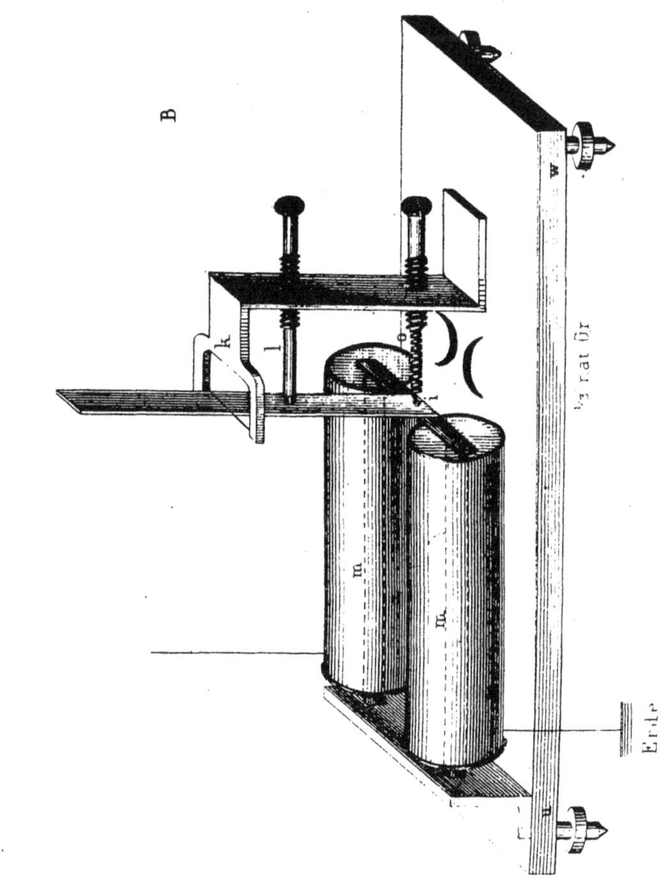

Abbildung nach Wilhelm von Legat (1862) Fig. 4 B

Die Figur 4B in v. Legats Aufsatz [hier Abbildung 41], [14] stellt die einzige mit Sicherheit auf das Originalgerät von Reis zurückgehende zeitgenössische Abbildung dar. Legat fügt diesem Stich des Gerätes einen Hinweis zum Abbildungsverhältnis bei ("1/3 nat. Gr."), wodurch sich ungefähre Rückschlüsse auf die Ausmaße des Originalgerätes ziehen lassen. Bei der Betrachtung des zu diesem Empfänger gehörigen und ebenfalls durch den Aufsatz Legats publizierten Senders (IV. Ausführungsform) wurde darauf hingewiesen, daß die von v. Legat gemachten Größenangaben des Trichters (bei diesem Sender) gringfügig von der Umrechnung der Maßverhältnisse in seiner Abbildung abwichen. In eben diesem Zusammenhang konnten wir feststellen, daß die auf v. Legat zurückgehende Darstellung in Kuhns Handbuch[15] bzw. die dort beigegebene Abbildung des Senders genauer mit den Maßangaben v. Legats übereinstimmen, als dessen eigene Darstellung. Von der Abbildung bei Kuhn [hier Abbildung 42] ausgehend, würden wir bei der Abmessung der vorderen Kante des Resonanzbodens (u - w) des Empfängers auf ca. 30 cm kommen. Von v. Legats Abbildung ausgehend kommen wir sogar auf knapp 35 cm.

Auffallend bei einem Vergleich der beiden Empfängerabbildungen bei v. Legat und Kuhn ist die unterschiedliche Form der Schallöcher im Resonanzboden. Während diese bei v. Legat eine sichelförmige Halbmondform haben, erinnern die bei Kuhn eher an die Schallöffnungen einer Geige. Ob die Abbildung des Empfängers bei Kuhn tatsächlich auf das oder ein Originalgerät von Reis zurückgeht, kann nicht mit Sicherheit ausgeschlossen werden, seine theoretischen Ausführungen lassen jedoch keinen Zweifel, daß er sich hierbei allein auf v. Legat stützt.

Im Vergleich zu den verschiedenen Varianten des magnetostriktiven Empfängers können wir hier aber in jedem Fall wesentlich größere Abmessungen feststellen.

Wenngleich dieser Empfängertyp für Reis eine untergeordnete Rolle spielte, so wurde ihm doch in der wissenschafts- und technikgeschichtlichen Betrachtung eine bedeutende Rolle im Hinblick auf spätere Ausein

---

14. *W. v. Legat (1862) ohne Paginierung zwischen S. 128 u. 129.*
15. *Kuhn (1866) S. 1019, Fig. 505.*

Abbildung 42

I. Form des Empfängers

Fig. 505.
(¹/₃ wirkl. Grösse.)

Abbildung nach Carl Kuhn (1866) S. 1019, Fig. 505

andersetzungen beigemessen. So hob z.b. Thompson nachdrücklich hervor:

„The electro-magnet form is, however, of great importance, because its principle is a complete and perfect anticipation of that of the later receivers of Yeates, of Gray, and of Bell, who each, like Reis, employed as receiver an electro-magnet the function of which was to draw an elastically mounted armature backwards and forwards, and to throw it into vibrations corresponding to those imparted to the transmitting apparatus."[16]

Festzuhalten bleibt, daß Reis seine Experimente mit dem elektromagnetischen Empfänger zugunsten seines magnetostriktiven wieder aufgab. Andere versierte Experimentatoren wie St. M. Yeates (1865) oder wenig später P. H. van der Weyde (1869/70) wechselten hingegen nach anfänglichen Experimenten mit dem magnetostriktiven Empfänger sehr schnell zu elektromagnetischen Eigenkonstruktionen [App. 4.101 = Abb. 28 und App. 4.102 = Abb. 31] und hatten hiermit weitaus bessere Erfolge.

Dies hat in der bisherigen Forschung zu der nicht näher begründeten Behauptung geführt, Reis habe mit dem elektromagnetischen Empfänger offenbar schlechtere Ergebnisse erzielt als mit seinem magnetostriktiven. Denn sonst wäre es, im Sinne einer möglichst effektiven, optimalen Lösung des Empfänger-Problems nicht verständlich, warum er seine Arbeiten in dieser Richtung eingestellt habe. Daß die Entscheidung von Reis für den magnetostriktiven Empfänger plausible Gründe hatte, die außerhalb des Bereich physikalisch-technischer Opitimierung lagen, werden wir noch darlegen.[17]

---

16. *Thompson (1883) S. 31. Vgl. dazu auch Thompson (1883) S. 156 - 164. Ohne hier auf diesen Aspekt weiter eingehen zu können, sei darauf verwiesen, daß auch die patentjuristische Beurteilung Reinländers (1961) S. 85ff hier zu einer ähnlichen Einschätzung kommt.*
17. *Siehe Kapitel 4.*

3.2 Der Magnetostriktive Empfänger

Dieser von Reis ab 1863 im Handel vertriebene Empfänger, der als „Stricknadelempfänger" bekannt geworden ist, wurde von Reis fast ausschließlich benutzt. In unserer Darstellung wollen wir vor allem:

1. auf die Entwicklung des magnetostriktiven Empfängers,

2. auf dessen zeitgenössische Präsentationen, Beschreibungen und Abbildungen und

3. auf die Unterscheidung verschiedener Formen des Empfängers eingehen.

3.21 Die Entwicklung

Dank der Berichte, die der bereits mehrfach zitierte Schüler von Reis, Ernst Horkheimer (1844-?), und ein Kollege von Reis am Institut Garnier, Friedrich Heinrich Peter (1828-1884), gaben, sind wir in der Lage, die Entwicklungsgeschichte dieses Empfängertyps recht gut zu rekonstruieren. Da die Zeugnisse Peters und Horkheimers gleichzeitig die einzigen Quellen sind, die überhaupt Auskunft zur Entwicklung dieses Sendertyps bei Reis geben, seien diese hier in der bei Thompson publizierten Form wiedergegeben: Peter vermerkt:

„I was teacher of music in Garnier's Institute at the time when Mr. Reis invented the telephone, in the year 1861. I was much interested in his experiments, and visited him daily, giving him help and making suggestions. His first idea was to imitate the construction of the human ear. He constructed a funnel-shaped instrument, the back of which was covered with a skin of isinglass, upon which was fastened a piece of platinum, against which rested a platinum point. As receiver of the electric current he used a common knitting-needle, surrounded by a coil of isolated green wire, which was at first merely laid on a table. At first the tones were very much interfered with by a buzzing noise. At my suggestion he placed the spiral upon my violin as a resonant-box; whereupon the tones were perfectly understood, though still accompanied by the buzzing noise. He continued experimenting, trying various kinds of membranes, and made continual improvements in the apparatus."[1]

Noch detaillierter informiert Ernst Horkheimer in einem Brief vom 2. 12. 1882 an S. Thompson:

„I remember very well indeed the receiver with a steel wire, surrounded by silk-covered copper wire. The first one was placed on an empty cigar-box, arranged thus:

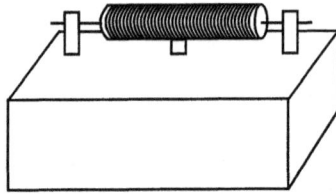

The wire was a knitting-needle and the copper wire was spooled on a paper case.

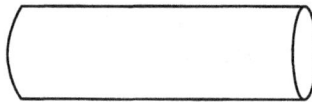

---

1. *Die Erklärung Peters, die von Ende 1882/ Anfang 1883 stammt, ist abgedruckt bei Thompson (1883) S. 126f. Der Verbleib des Originals konnte nicht ermittelt werden.*

The spiral was supported by a little block of wood, so as to allow the knitting-needle not to touch it anywhere. Later on a smaller cigar-box was invented as a cover - thus;...- having two holes cut into it like the f-holes in a violin.

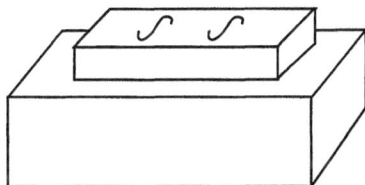

The practice was to place the ear close to the receiver, more particularly so when the transmission of words was attempted.
The spiral was, during the early experiments, placed on a violin - in fact, a violin which I now possess was sometimes used, as it was of a peculiar shape, which Reis thought would help the power of tone." [2]

Sowohl Peter als auch Horkheimer („during the early experiments") erwähnen einen Geigenkorpus als Vor- bzw. Zwischenlösung für den Resonanzkörper des Empfängers und geben so ein anschauliches Bild der praktischen Frühphase der Reisschen Experimente. [Vgl. Abbildung 43]. Thompson unterschied daher (neben dem elektromagnetischen Empfänger) drei weitere Formen des Empfängers. Da alle drei jedoch magnetostriktive Empfänger sind, von denen einer als der endgültige und zwei als Vorformen zu betrachten sind, wollen wir an unserer Unterscheidung von nur zwei (grundsätzlich) unterschiedlichen Empfängertypen (dem elektromagnetischen und dem magnetostriktiven) festhalten.

---

2. *Brief Ernst Horkheimers an Thompson vom 2. 12. 1882, abgedruckt bei Thompson (1883) S. 116 - 120, hier S. 118. Der Verbleib des Originals konnte nicht ermittelt werden.*

Abbildung 43

II. Form des Empfängers
Vorform (Rekonstruktion)

Aufgrund des Berichtes von Peter nahm Thompson an, daß der von ihm als 'Violin-Receiver' (Geigenempfänger) bezeichnete Empfängertyp von Reis bei seinem Vortrag vor dem 'Physikalischen Verein' am 26.10.1861 benutzt worden war[3]. Die bei Thompson tatsächlich abgedruckte Erklärung Peters[4] enthält jedoch keinen diesbezüglichen Hinweis. Da Thompson aber in einem bislang unveröffentlichten Brief an den Sohn von Reis vom 11.3.1883[5] vermerkte, daß er nur beabsichtige „to print parts of it in the book", ist es durchaus denkbar, daß ungedruckte Teile dieser Stellungnahme Peters eine solche Aussage enthalten haben. (Dieser Hinweis bezieht sich auch auf den von Thompson abgedruckten Brief eines anderen Schülers von Reis, Heinrich Hold.)

In seinem Manuskript vom Dezember 1861 sprach Reis selber davon, daß die Spirale seines Empfängers „auf zwei Stegen eines Resonanzbodens" ruhe.

Mit Sicherheit belegen läßt sich nur, daß Reis anläßlich seines ersten Vortrages vor dem physikalischen Verein einen magnetostriktiven Empfänger benutzte [App. 3.201] - ob in seiner endgültigen Form oder in Gestalt einer der hier aufgeführten Vorformen muß angesichts der gegebenen Quellenlage offenbleiben.

---

3. *Vgl. Thompson (1883) S. 30: " It was this form that the instrument was shown by Reis in October 1861 to the Physical Society of Frankfurt."*

4. *Thompson (1883) S. 126.*

5. *Das Original dieses bereits mehrfach zitierten wichtigen Briefes von Thompson befindet sich im Museum der Stadt Gelnhausen.*

3.22 Abbildungen, Darstellungen, Präsentationen

Magnetostriktive Ausführungsformen des Empfängers (vor allem dessen endgültige Ausführungsform) sind von Reis bei allen seinen öffentlichen Experimentalvorträgen benutzt worden. Er präsentierte diesen Empfängertyp gemeinsam mit der II. Ausführungsform des Senders bei seinen Vorträgen vor dem „Physikalischen Verein" in Frankfurt [App. 3.201]. In Verbindung mit der III. Ausführungsform seines Senders stellte er dieses Gerät am 11.5.1862 im Rahmen seines Vortrages vor dem „Freien Deutschen Hochstift" in Frankfurt der Öffentlichkeit vor [App. 3.221], dann benutzte Reis ihn bei seinem Vortrag vom 4.7.1863 vor dem „Physikalischen Verein" [App. 3.204] und schließlich am 21.9.1864 auf der Versammlung „Deutscher Naturforscher und Ärzte" in Gießen [App. 3.214]. Reis ließ diesen Empfänger zusammen mit der VII. Ausführungsform des Senders in größerem Umfang herstellen und vertrieb ihn kommerziell. Auch bei dem Experimentalvortrag Boettgers in Stettin im September 1863 und bei anderen öffentlichen Präsentationen der VII. Ausführungsform des Senders gelangte immer gleichzeitig dieser Empfänger zur Darstellung, auch in der wissenschaftlichen Berichterstattung und Erörterung.

Zusammenfassend läßt sich sagen: Für alle öffentlichen Präsentationen und wissenschaftlichen Darstellungen, wie wir sie für die Senderausführungsformen II, III und VII nachgewiesen haben, wurde ein magnetostriktiver Empfänger als der dem Reisschen Telephon zugehörige Nehmer eingesetzt.

3.23 Formen des magnetostriktiven Empfängers

Macht der Sender (Geber) bei Reis eine vielgestaltige Entwicklung durch, so ist die Variationsbreite bei dem von Reis hauptsächlich benutzten magnetostriktiven Empfänger - vernachlässigen wir hier die besprochenen Vorformen - erheblich geringer. Erst genauere Betrachtungen der noch erhaltenen Geräte und der von historischen Geräten überlieferten Abbildungen zeigen, daß auch hier eine Reihe von Unterschieden und

Abweichungen festzustellen sind.Wir werden hier zwei Formen vorstellen, die wir als „Grundform" und als „Standardform" bezeichnen wollen.

3.231 Die Grundform

Die elementarste Konstruktionsform, die sich als unmittelbare konstruktive Konsequenz aus der bisher dargelegten Entwicklung des magnetostriktiven Empfängers ergibt, wurde in Form und Funktion im Zusammenhang mit der II. Ausführungsform des Reisschen Gebers beschrieben. [Abbildung 45][6]

Abbildung 45

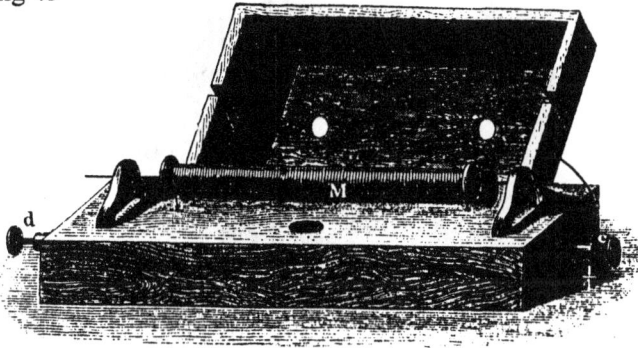

Ein Empfänger dieser Konstruktionsform gehörte, den Abbildungen im „Scientific American"[7] zufolge, auch zu dem Sender der II. Ausführungsform von 1861, den Dr. Sigmund Theodor Stein 1882 auf der „Internationalen Electricitätsausstellung" im Glaspalast in München ausstellte[8], der dann über Silvanus Ph. Thompson nach Amerika gelangte

---

6. *Diese Abbildung entspricht Fig. 327 in Joh. Müller: Lehrbuch der Physik und Meteorologie. 6. Aufl., 2. Bd., Braunschweig 1864, S. 352.*
7. *Scientific American 53 (1885) Nr. 22 vom 28. 11. 1885, S. 341f.*
8. *Vgl. Catalog für die internationale Electricitäts-Ausstellung verbunden mit Versuchen im K. Glaspalaste zu München. München 1882, S. 59.*

Abbildung 44

II. Form des Empfängers
Grundform

Abbildung aus dem „Scientific American"
Vol. LIII, No. 22 vom 28.11.1885, Fig. 3

und von J. R. Paddock zu Experimenten benutzt wurde[9], also das Gerät mit der Apparatenummer [App. 3.202] [10]. Auf Wunsch Paddocks wurde „an exact drawing of this interesting instrument" hergestellt und als Abbildung in Originalgröße („Full Size") veröffentlicht. [Abbildung 44] Ein zeitgenössischer Stich dieser Konstruktionsform des magnetostriktiven Empfängers findet sich auch in: Johannes Müllers Lehrbuch der Physik und Meteorologie aus dem Jahre 1864 [Abbildung 45].

3.232 Die Standardform

Erstmalig eine größere Öffentlichkeit suchte Reis 1863 mit einer erweiterten Form seines magnetostriktiven Empfängers, den er in seinem „Prospect" aus dem gleichen Jahre beschrieb und abbildete [Abbildung 46] [11].

Abbildung 46

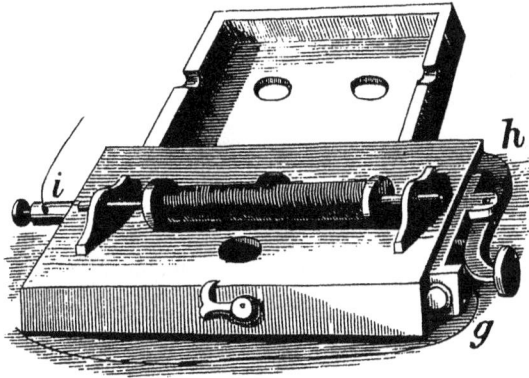

---

9. Vgl. *Scientific American 53 (1885) Nr. 22 vom 28. 11. 1885, S. 341.*
10. *Auf die überaus schwierige Zuordnungssituation der Apparate [1.003] [1.004] und [2.101] wurde bereits im Zusammenhang mit der II. Ausführungsform des Senders ausführlich eingegangen. Entsprechend muß hier offengelassen werden, ob der hier aufgeführte Apparat [3.202] mit Apparat [3.203] und/oder Apparat [4.211] identisch ist.*
11. *Vgl. Anhang 1 (= Kapitel 6.1).*

Die Grundform ist bei dieser Form, die wir als „Standardform" bezeichnen wollen, entsprechend dem im Prospect dargestellten Geber um eine
Rufvorrichtung erweitert. Karl Schenk[12], der als Kollege von Reis mit
dessen Arbeit nah vertraut war, vermerkte, daß diese anfänglich vorhandene Rufvorrichtung bei späteren Apparaten nicht mehr angebracht wurde. Dies legt die Vermutung nahe, daß die eingangs beschriebene Grundform entweder in Verbindung mit älteren Ausführungsformen des Senders oder aber in Verbindung mit Geräten der VII. Ausführungsform des
Senders ohne Rufvorrichtung auch in späterer Zeit noch bzw. wieder ge-
baut wurde.

Reis selbst jedoch wandte - zumindest zu Beginn des kommerziellen Ver-
triebs seiner Apparate - dieser Rufvorrichtung große Aufmerksamkeit zu,
ermöglichte sie doch eine zusätzliche quasi-telegraphische Verständi-
gung und eine Signalgabe. In seinem Brief an den Londoner Instrumentenbauer William Ladd vom 13.7.1863 vermerkte Reis hierzu:

„The little telegraph which you find on the side of the apparatus is very useful
and agreeable for to give signals between both of the correspondents. At every
opening of the stream, and next following shutting, the station A will hear a little
clap, produced by the attraction of the steel spring. Another little clap will be
heard at station B in the wire spiral. By multiplying the claps and producing them
in different measures, you will be able, as well as I am, to get understood by
your correspondent."[13]
(Hierbei bezeichnet A den Sender und B den Empfänger.)

Noch ausführlicher ging Reis in seinem Prospect vom August 1863 auf
diese Rufvorrichtung ein. Er schrieb hier:
(Hierbei ist A = Geber/Sender, B = Batterie, C = Nehmer/Empfänger)

---

12. *Vgl. Karl Schenk (1878) S. 9.*
13. *Den Originalbrief schenkte Ladd - wie bereits erwähnt - 1883 der 'Society
    of Telegraph Engineers' in London. Seit 1953 befindet er sich als Leihgabe
    im Science Museum in London und ist derzeit Teil der Telecommunications
    Collection (1953 - 118 / B.F30C.CU.4A5.A).*

„Was den seitlich angebrachten Telegraphirapparat anbelangt, so ist derselbe zur Reproduction der Töne offenbar unnöthig; aber er bildet eine zum bequemen Experimentiren sehr angenehme Zugabe. Durch denselben ist es möglich, sich mit dem vis-à-vis recht gut und sicher zu verständigen.

Es geschieht dies etwa auf folgende einfache Weise:

Nachdem der Apparat vollständig aufgestellt ist, überzeugt man sich von der Continuität der Leitung und der Stärke der Batterie durch Oeffnen und Schliessen der Kette, wobei auf A Anschlagen des Ankers und auf C ein sehr vernehmliches Ticken der Spirale gehört wird.

Durch rasch abwechselndes Oeffnen und Schließen auf A wird nun bei C angefragt, ob man zum Experimentiren bereit, worauf C in derselben Weise antwortet.

Einfache Zeichen können nun nach Uebereinkunft von beiden Stationen durch 1,2,3,4maliges Oeffnen und Schließen der Kette gegeben werden, z.B. 1 Schlag = Singen,

2 Schläge = Sprechen u.s.w.

Wörter telegraphire ich dadurch, dass ich die Buchstaben des Alphabetes nummerire und ihre Nummern dann mittheile.

1 Schlag = a,

2 Schläge = b,

3   "   = c,

4   "   = d,

5   "   = e u.s.w.

z würde demnach durch 25 Schläge angezeigt.

Diese Zahl der Schläge würde aber zeitraubend darzustellen und unsicher zu zählen sein, wesshalb ich für je 5 Schläge einen Dactylusschlag setze, dann ergibt sich:

– ∪ ∪ für e.

– ∪ ∪ und 1 Schlag für f u.s.w.

z = – ∪ ∪, – ∪ ∪, – ∪ ∪, – ∪ ∪, – ∪ ∪ , was schneller und leichter auszuführen und besser zu verstehen ist.

Noch besser ist es, wenn man die Buchstaben durch Zahlen bezeichnet, welche sich umgekehrt verhalten, wie die Häufigkeit ihres Vorkommens ."[14]

Die im Prospect von Reis angegebene und hier vorangehend abgebildete „Standardform" seines Empfängers unterscheidet sich von allen bislang ermittelten Originalgeräten insofern, als die Konstruktion des Gerätedek-

---

14. *Prospect von Reis (1863) ohne Seitenzählung. Siehe S. 239 - 244*

kels bei dem Prospect-Gerät vorsieht, daß durch Schließen des Deckels Druck auf die über den eigentlichen Spulenkörper hinausragenden Teile der Nadel ausgeübt wird. Reis hob in seinem Prospect ausdrücklich her-vor:

„Durch festes Auflegen des Oberkästchens auf die Spiralenachse werden die Töne ... sehr verstärkt."[15]

Thompson[16] teilte eine auf diesen Sachverhalt bezogene Stellungnahme J. W. Alberts mit, in der dieser berichtet, daß diese ursprüngliche („origi-nally") Konstruktionsform auf seinen Vorschlag hin derart geändert wor-den sei, daß der Deckel bei geschlossenem Zustand keinen Druck mehr auf die Nadel ausübte. Streng genommen müßten daher alle noch existie-renden Empfänger der Standardform, die bisher ermittelt werden konn-ten, als Varianten der Prospect-Form betrachtet werden, was jedoch we-nig sinnvoll erscheint, wenn man bedenkt, daß sämtliche heute noch nachweisbar existierenden Geräte insofern nicht mit der Prospect-Form übereinstimmen, als ihre Gerätedeckel sämtlich nicht auf der Nadel auf-liegen.

Doch auch vorausgesetzt, die Konstruktionsform des im Prospect von Reis abgebildeten Empfängers mit vergrößerten Kerben im Gerätedeckel, die das Aufliegen des Deckels auf der Nadel verhindern, wird als Standard-Form betrachtet, ergeben sich - wie wir aufzeigen werden - eine Reihe von Empfänger-Varianten, die sich auf verschiedene Weise von dieser Standardform unterscheiden. Besondere Bedeutung als Unterschei-dungskriterium kommt hierbei der Anzahl und der Anordnung der Schallöcher im Gerätedeckel zu. Ein Empfänger der Standardform mit einer der Abbildung in Reis' Prospect entsprechenden Anordnung der Schallöcher [Vgl. Abbidung 46] befindet sich heute im Deutschen Mu-seum in München [App. 3.206, hier Abbildung 47][17]:

---

15. *Prospect von Reis (1863) ohne Seitenzählung.*
16. *Thompson (1883) S. 34.*
17. *Deutsches Museum Invt. Nr. 06/ 7612. Den Archivunterlagen des Deut-schen Museums zufolge stammt dieses Gerät aus dem Besitz des Freien Deutschen Hochstiftes in Frankfurt und gelangte am 8. 11.1906 ins Deut-sche Museum.*

Abbildung 47

II. Form des Empfängers
Standardform

Deutsches Museum München
(Inventarnummer 06/7612)

Philipp Reis: Magnetostriktiver Empfänger (Standardform)

Der hier beschriebene Empfänger [App. 3.206, hier Abbildung 47][18] besteht
aus A einem Geräteunterteil, B Halterungen für die Spule, C der Spule, D dem
Gerätedeckel und E einer Rufvorrichtung am Geräteunterteil.

A Geräteunterteil: Das Geräteunterteil dieses Empfängers hat eine Länge von
210 mm, eine Breite von 96 mm und eine Höhe von 16,5 mm. Es ist hohl und
unten offen. Der Holzrahmen ist aus Buchenholz (Rahmenstärke 7,8 mm) und
die darauf geleimte Deckelplatte besteht aus 2 mm dickem Fichtenholz. In der
Deckelplatte des Unterteils befinden sich fast mittig (Abstand des Kreismittel-
punktes von der linken Breitseite des Gerätes 105,25 mm und von der rechten
104,75 mm) zwei kreisförmige Schallöcher mit einem Durchmesser von 14,5
mm. Die Mittelpunkte der Schallochkreise haben voneinander einen Abstand von
51 mm und von den jeweiligen Gerätelängsseiten von jeweils 22,5 mm

B Halterungen für den Spulenkörper: Die beiden Halterungen für die Spule,
die am Gehäuseunterteil aufgeleimt sind, sind jeweils 57 mm lang, 6,2 mm dick
und 17 mm hoch. In der aufgeleimten Längsseite der Halterungen ist zur Dek-
kelplatte des Gehäuseunterteils ein Schlitz von 25 mm x 2 mm ausgespart.

C Spule: Die Spule ist drehbar, locker auf einer Stahlnadel mit einem Durchmesser von 1,3 mm und einer Länge von 205 mm gelagert. Die Stahlnadel ist in den
Halterungspärchen fest verankert. Die Spule, die aus Holz ist, hat einen Außendurchmesser von 12,5 mm x 141 mm. Die Spulenwicklung hat einen Durchmesser von 11 mm x 135 mm. Der 0,3 mm dicke Draht ist mit grüner Seide umwikkelt.

D Gerätedeckel: Der Gerätedeckel ist mit 2 Messingscharnieren am Geräteunterteil befestigt und hat eine Länge von 160 mm, eine Breite von 95 mm und eine
Höhe von 15 mm. Er besteht aus einem Rahmen mit Deckel und ist wie das Geräteunterteil nach unten geöffnet. Der Rahmen ist aus Buchenholz (Rahmenstärke 7,8 mm), der Deckel aus 2 mm starkem Fichtenholz. Im hier in geöffnetem
Zustand beschriebenen Rahmendeckel befinden sich - diesmal längs zur Spule -
zwei kreisrunde Schallöcher mit einem Durchmesser von 14,5 mm. Der Mittelpunkt des linken Schalloches von der linken Seite des Deckelrandes beträgt 40,5

---

18. Deutsches Museum : Invt.Nr. 06/7612

mm und die Mittelpunkte der beiden Schallöcher haben einen Abstand von 78,5 mm.

E Rufvorrichtung: Die Rufvorrichtung, die an der rechten Breitseite des Geräteunterteils angebracht ist, besteht aus einem schwarz lackierten Kontaktgeber aus Messing mit einer Länge von 58 mm, einer Breite von 4 mm und einer Gesamthöhe von 16 mm.

Ein weiterer Empfänger mit dieser Anordnung der Schallöcher befindet sich heute im PTT - Museum in Den Haag [App. 3.208][19]. Im Gegensatz zu allen anderen bisher ermittelten Nehmern von Reis enthält dieses Gerät im Deckel einen Herstellervermerk: „J. Wilh. Albert Frankfurt a. M."

Gehen wir von dieser der Anordnung der Schallöcher in Reis' Prospect ensprechenden Form als Standardform aus, so können wir aufgrund unserer bisherigen Erkenntnisse folgende abweichende Anordnungen als Varianten I und II feststellen:

3.2322 Variante I

Abbildung 48

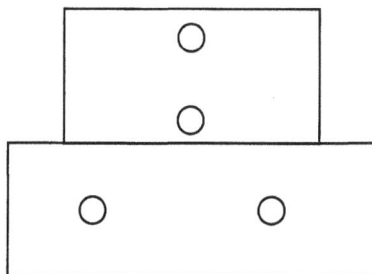

---

19. Invt. Nr 16 151

Ein Gerät mit dieser von der Standardform abweichenden Anordnung der Schallöcher befindet sich ebenfalls im Deutschen Museum in München [App. 3.213, hier Abbildung 49][20].

20. *Deutsches Museum Invt. Nr. 05/ 2561b. Dieses Gerät stammt aus dem Besitz der Industrieschule in Augsburg und kam am 18. 6. 1905 ins Deutsche Museum.*

Abbildung 49

II. Form des Empfängers
Standardform Variante I

Deutsches Museum München
(Inventarnummer 05/2561b)

Philipp Reis: Magnetostriktiver Empfänger (Standardform)

Der hier beschriebene Empfänger [App. 3.213, hier Abbildung 49][21] besteht aus A einem Geräteunterteil, B Halterungen für die Spule, C der Spule, D dem Gerätedeckel und E einer Rufvorrichtung am Geräteunterteil.

A Geräteunterteil: Das Geräteunterteil des Empfängers hat eine Länge von 236 mm, eine Breite von 93 mm und eine Höhe von 24 mm. Das Geräteunterteil ist hohl und unten offen. Der Rahmen des Gerätes ist aus Buchenholz auf Gehrung geschnitten und geklebt. Die Rahmenstärke ist unterschiedlich: bei der vorderen Längsseite 6,2 mm, bei der hinteren Längsseite 5 mm und bei den Seitenteilen jeweils 5 mm. Der Rahmen des Geräteunterteils ist außen leicht lackiert. Der Deckel auf dem Rahmen ist aus Fichtenholz und dreifach gesprungen. Im Rahmendeckel befinden sich parallel zu den Längsseiten unterhalb der Spule zwei kreisförmige Schallöcher mit einem Duchmesser von 13 mm. Die Schallöcher teilen eine parallel und in gleichem Abstand von den beiden Längsseiten des Gerätes gedachte, unterhalb der Spule verlaufende Strecke in drei verschieden lange Abschnitte. Vom linken Geräterand bis zum Mittelpunkt des linken Schalloches beträgt der Abstand 76,5 mm, die Mittelpunkte der beiden Schallöcher haben einen Abstand von 84 mm und der Abstand vom Mittelpunkt des rechten Schalloches bis zum rechten Geräterand beträgt 75,5 mm.

B Halterung für den Spulenkörper: Die beiden Halterungen für die Spule, die auf das Geräteunterteil aufgeklebt sind, sind jeweils 54 mm lang, 4 mm dick und haben eine Höhe von 22, 5 mm. In den aufgeklebten Längsseiten der Halterungen ist zur Deckelplatte des Geräteunterteils ein Schlitz von 34 x 2,5 mm ausgespart.

C Spule: Die Spule ist drehbar locker auf einer Stahlnadel mit einem Duchmesser von 1 mm und einer Länge von 218 mm gelagert. Die Spule ist in den Halterungspärchen nicht fest verankert. Die Spule, die aus Holz ist, hat einen Außendurchmesser von 19 mm x 144 mm. Die Spulenwickelung hat einen Durchmesser von 12 mm x 140 mm. Der 0,5 mm dicke Draht ist mit grüner Seide umwikkelt. Das Gerät weist deutliche Spuren einer unsachgemäßen Behandlung auf (z.B. Befestigung der Drahtenden).

---

21. *Deutsches Museum : Invt.Nr. 05/2561b*

D Gerätedeckel: Der Gerätedeckel ist mit zwei Messingscharnieren am Geräteunterteil befestigt und hat eine Länge von 164 mm, eine Breite von 92,5 mm und eine Höhe von 33 mm. Er ist wie das Geräteunterteil nach unten geöffnet. Der Rahmen ist aus Buchenholz und hat in den Längsteilen eine Stärke von 4 mm und in den Seitenteilen von 5 mm. Die auf dem Rahmen befestigte Deckelplatte aus Fichtenholz hat eine Stärke von 1 mm und ist dreifach gerissen. In diesem Rahmendeckel des Gerätedeckels befinden sich diesmal zwei quer zur Längsachse, also parallel zu den Seitenteilen angeordnete kreisförmige Schallöcher mit einem Durchmesser von 13 mm. Bei geschlossenem Deckel wird durch die Schallöcher eine parallel im gleichen Abstand von beiden Seitenkanten des Gerätedeckels gedachte Strecke in drei unterschiedliche Abschnitte geteilt. Der Abstand von der vorderen Längskante des Gerätes bis zum Mittelpunkt des ersten Schalloches beträgt 24,5 mm. Die Mittelpunkte der kreisförmigen Schallöcher haben einen Abstand von 42 mm und der Abstand des hinteren Schalloches zur hinteren Gerätelängskante beträgt 26 mm. Obgleich an den Seitenteilen des Rahmens des Gerätedeckels Kerben mit einer Länge von 17 mm und einer Breite von 3 mm ausgespart sind, liegt der Deckel in geschlossenem Zustand teilweise auf der Stahlnadel auf. Der Gerätedeckel ist durch einen Messinghaken am Geräteunterteil gesichert.

E Rufvorrichtung: Bei der Rufvorrichtung handelt es sich um einen aus Messing bestehenden, schwarz lackierten Kontaktgeber mit einer Länge von 56 mm, einer Breite von 4,5 bis 3,5 mm und einer Gesamthöhe von 25 mm. Die nicht lackierte Grundplatte ist im Abstand von 29 mm mit dem Kontaktgeber verstiftet. Die Grundplatte hat eine Länge von 63 mm, eine Breite von 9 mm und eine Höhe von 16 mm. Die Druckfeder hat 12 Windungen mit einem Durchmesser von 3 mm x 10 mm.

Ein Vergleich dieser Variante mit der zuvor beschriebenen Form zeigt, daß sich auch ohne Berücksichtigung der Schallochanordnungen durch die Abmessungsverhältnisse deutliche Unterschiede zwischen den Geräten geben. Dasselbe Phänomen findet man bei den Gebern, wie Messungen an verschiedenen Sendern der VII. Ausführungsform von 1863 bestätigen. Dies deutet darauf hin, daß die Geräteproduktion eher in Einzelstückanfertigung und nicht in großen Serien erfolgt ist, wie vielfach behauptet wird.

3.2323 Variante II

Abbildung 50

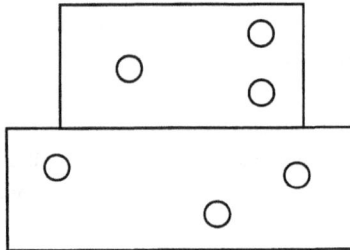

Diese Abweichung von der Standardform im Hinblick auf die Anordnung
der Schallöcher im Empfänger ist bislang nur durch Abbildungen überliefert. 1897/98 veröffentlichte Eugen Hartmann erstmals eine Abbildung
mit dieser bisher nur hier belegten Anordnungsweise der Schallöcher
[App. 3.222, hier Abbildung 51][22]

Hartmann vermerkt hierzu ausdrücklich, daß es sich bei diesem Gerät,
also [App. 3.222] um den damals noch im Freien Deutschen Hochstift in
Frankfurt befindlichen Empfänger handele, den Reis selbst dem Hochstift geschenkt habe. Hartmann beschreibt somit den zu Apparat [1.013]
gehörigen Empfänger. Hartmann mißt diesem Gerät besondere Aufmerksamkeit und Bedeutung bei, insofern als er Thompson folgend[23] annahm,
daß es eben dieser Empfänger war, der von Dr. Otto Volger am 6. Sept.
1863 dem Kaiser von Österreich und dem König von Bayern vorgeführt
wurde. Worauf Thompson seine Annahme genau gründete, ist nicht mehr
nachvollziehbar. Alle ermittelten Daten sprechen allerdings dagegen, daß
eine solche Vorführung jemals stattgefunden hat, insbesondere die Tatsa-

22. *Hartmann (1899) S. 18.*
23. *Vgl Thompson (1883) S. 12 und 69.*

Abbildung 51

II. Form des Empfängers
Standardform Variante II

Abbildung nach Hartmann (1899) S. 18

che, daß sich Kaiser Franz Joseph am 6. September 1863 nicht mehr in Frankfurt aufhielt und bereits wieder in Wien eingetroffen war[24]. Aber auch Dr. Otto Volger, immerhin einer der Hauptakteure dieser angeblichen Vorführung bzw. Vorführungen erwähnt in einem bislang unveröffentlichten Brief an Reis vom 18. Juli 1864 diese Vorführung(en) nicht. Er vermerkt vielmehr nur beiläufig: „Es befindet sich in unserer Obhut ein angeblich von Ihnen einem unserer Stiftsgenossen übergebenes 'Telephon'"und fragt an, was mit diesem Gerät geschehen soll[25].

Richtig ist immerhin, daß Kaiser Franz Joseph (mit dicht gedrängtem Programm) anläßlich des Fürstentages in Frankfurt das Hochstift kurz aufsuchte und zwar am 2. September 1863[26] um 12.30 Uhr[27]. Maximilian von Bayern besuchte das Hochstift auch an diesem Tag[28], aber eine

---

24. *Kaiser Franz Joseph verließ Frankfurt am Morgen des 3. September 1863 (Frankfurter Nachrichten Nr. 103 vom 4.9.1863, S. 818) und traf am 4. in Wien ein (Frankfurter Nachrichten Nr. 104 vom 6.9.1863, S. 831)*
25. *Originalbrief Volgers vom 18.7.1864 im Archiv des FDH.*
26. *Im „Frankfurter Journal" (Nr. 244 vom 3. September 1863) wird über einen Besuch des Kaisers im Goethehaus berichtet: „Wie der Kaiser den ersten Tag seiner Anwesenheit in Frankfurt durch eine dem freien deutschen Hochstifte für Wissenschaften, Künste und allgemeine Bildung für den Ankauf des Goethehauses gewidmete Schenkung zu bezeichnen wußte, so bezeugte derselbe am letzten Tage nach geschlossener Fürstenconferenz und erledigten Geschäften dem großen Dichter der deutschen Nation seine Verehrung durch einen Besuch des Goethehauses selbst. Herr Dr. Volger, der Obmann des freien deutschen Hochstiftes, welcher zu diesem Behufe in das Goethehaus beschieden war, hatte die Ehre den Kaiser durch alle von dem Hochstifte bereits in Besitz genommenen Räume des erinnerungsreichen Hauses zu begleiten. Der Kaiser ließ sich, dem Vernehmen nach, mit lebhaftester Theilnahme alle Beziehungen auf Goethe's Jugendzeit erklären, betrachtete auch mit Aufmerksamkeit und Beifall die von verschiedenen Mitgliedern dem Hochstifte eingereichten Kunstwerke und wissenschaftlichen Erfindungen und ließ den Betrebungen des Hochstiftes aufmunternde Anerkennung widerfahren."*
27. *Vgl Gästebuch des Freien Deutschen Hochstiftes am 2. September 1883 (Archiv des FDH)*
28. *Am 4. September 1863 meldete wiederum das „Frankfurter Journal" (Nr. 245) einen Nachtrag zu dieser Meldung des Vortages: „Im Anschlusse an*

Stunde nach dem Kaiser[29]. Somit wären es zwei Vorführungen gewesen, die Volger durchgeführt haben müßte.

Die Besonderheit dieses aus dem Besitz des Freien Deutschen Hochstiftes stammenden Gerätes, die asymmetrische Anordnung der Schallöcher und die Tatsache, daß es sich hier jeweils um drei handelt, bleibt dadurch natürlich unberührt. Ein Problem ergibt sich daraus, daß der Empfänger, der heute im Deutschen Museum dem Sender [App. 1.013] aus dem Besitz des Freien Deutschen Hochstiftes zugeordnet wird, nämlich App. 3.206 (= Invt. Nr. 06/ 7612), eine völlig andere Schallochanordnung aufweist und mit dem von Hartmann beschriebenen nicht übereinstimmt. Ob der von Hartmann beschriebene Empfänger aus dem Hochstift vor der Übergabe der Geräte an das Deutsche Museum ausgetauscht wurde, konnte nicht festgestellt werden. [30]

3.2324 Variante III

Diese Variante des magnetostriktiven Empfängers von Reis ist uns nur durch Abbildungen bekannt. Im Verlauf unserer bisherigen Ermittlungen

---

die gestrige Mittheilung über den hohen Besuch im Goethehause ist noch nachzuholen, daß kurz nach der Abfahrt des Kaisers von Oesterreich auch König Max von Bayern mit dem Hrn. Gesandten v. d. Pfordten sich einfand und längere Zeit in den Räumlichkeiten des denkwürdigen Hauses verweilte. Dem Vernehmen nach war der Monarch über alle Verhältnisse desselben sehr wohl unterrichtet und sprach seine Freude und Anerkennung über den Ankauf des Goethehauses für die wissenschaftlichen Zwecke des Hochstiftes zu wiederholten Malen aus. Derselbe hat auch bereits seinen Beifall durch ein Geschenk von 300 fl. zu dem Fond des Goethehauses bekundet."

29. *Vgl Gästebuch des Freien Deutschen Hochstiftes am 2. September 1883 (Archiv des FDH).*
30. *Auffällig ist allerdings, daß im heutigen Bestand des Deutschen Museums zu Apparat 1.023 (= Invt. Nr. 13/ 39081 und 62/ 75365) kein Empfänger geführt wird. Im Übergabebrief des Königlich Bayerischen Technikums Nürnberg vom 6. Juni 1913 wird jedoch ein Originaltelephon von Reis, das als Funktionssystem aus Sender und Empfänger besteht, angegeben.*

konnte noch kein Empfänger dieser Konstruktionsweise als noch existie-
rend gefunden werden. Bei dem Empfänger dieser Konstruktionsweise,
der sich im PPT-Museum in Prätoria (Südafrika) befindet, läßt sich bereits aufgrund der uns zugänglichen Fotos festhalten, daß es sich um einen vermutlich vorlageorientierten Nachbau handelt. Eine Vorlage hierfür lieferte allerdings bereits das „Lehrbuch der Technischen Physik" von
Hessler-Pisko aus dem Jahre 1866[31]. Also noch zu Lebzeiten von Reis
wurde zumindest ein Empfänger dieser Konstruktionsweise, mit dem
Signalgeber der Rufvorrichtung auf der linken Geräteseite und
Stellschrauben in den Halterungsstegen der Stahlnadel publiziert [App.
4.244].

Abbildung 52 [32]

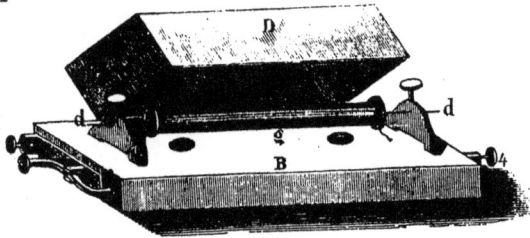

Ähnlich ist auch die Darstellung des Reis-Empfängers bei J. Sack[33] und
in der zwei Jahre später erschienenen Untersuchung der Deutschen
Reichspost [Abbildung 53][34].

Dies ist insofern von Interesse, als durch die Einführung der Arretierschrauben der Effekt, der bei der Standardform als vorteilhaft empfunden
wurde, nämlich, daß durch den Gerätedeckel kein Druck mehr auf die
Stahlnadel ausgeübt wurde, durch eine zusätzliche technische Vorrich-

31. J. F. Hessler / F. J. Pisko: Lehrbuch der Technischen Physik. 3. Aufl., I.
    Bd., Wien 1866, S. 648, Fig. 429 II.
32. Abbildung nach Hessler - Pisko (1866), I. Bd., S. 648, Fig. 429 II.
33. Sack (1878) S. 9, Fig. 2.
34. Geschichte und Entwicklung des Elektrischen Fernsprechwesens. Zweite
    vermehrte und ergänzte Auflage, Berlin 1880, S. 9, Fig 2. (Die erste Auf-
    lage konnte bibliographisch nicht ermittelt werden.)

tung insofern rückgängig gemacht wurde, als jetzt durch Schrauben auf die schwingende Nadel Druck ausgeübt wurde, der im Unterschied zu der allerersten Form jedoch präziser regulierbar war.

Abbildung 53

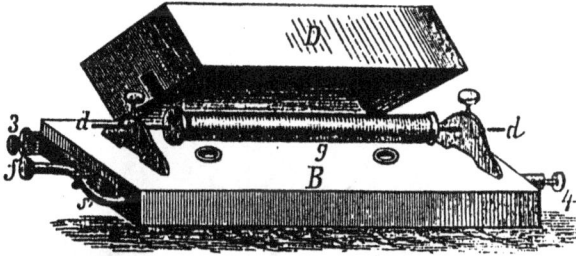

3.2325 Variante IV

Eine hochinteressante, allerdings nicht unmittelbar auf Reis zurückgehende und auch nicht durch die Firma Albert ausgeführte Variante befindet sich heute in Teylers Museum in Haarlem [35] [App. 4.243, hier mit App. 2.403 = Abbildung 54]. Der Empfänger ist hier mit drei parallelen Spulen ausgerüstet. Die Archivbestände des Museums erlauben leider keine exakten Angaben hinsichtlich des Herstellungszeitpunktes und des Herstellers. Auf das Gerät sei insbesondere deshalb hingewiesen, weil es durch die bekannte Darstellung von Gerard L`E. Turner: Nineteenth-Century Scientific Instruments [36] als Reis Telephon eine Darstellung in der internationalen wissenschaftsgeschichtlichen Literatur erfahren hat. Die hier konstruierte Variation des magnetostriktiven Empfängers von Reis verweist zumindest auf Experimente mit dem Ziel, die Effektivität des Empfängers zu steigern.

---

35. *Teylers Museum Haarlem: Invt. Nr. NM 289*
36. *Gerard L'E Turner: Nineteenth Century Scientific Instruments (Sotheby Publications, University of California Press) London 1983, S. 140, Abb. 17.*

Abbildung 54

VII. Ausführungsform des Senders

Teylers Museum, Haarlem
(Ohne Herstellerangabe)

Auch das Vorhandensein von Reis-Geräten im PTT Museum in Den Haag, die immerhin aus dem Jahre 1863 stammen, weist offensichtlich auf eine frühe Reis-Rezeption in den Niederlanden hin, deren genauere Untersuchung lohnend zu sein verspricht.

Zusammenfassend läßt sich feststellen, daß der Empfänger bei Reis kaum nennenswerte Entwicklungen mitmacht, abgesehen einmal von Reis Experimenten mit einem elektromagnetischen Empfänger. Dies fällt insbesondere im Vergleich zu der vielgestaltigen Entwicklung des Senders auf. Dies bedeutet jedoch nicht, daß auf der Empfängerseite keinerlei Unterschiede zwischen den verschiedenen ermittelten magnetostriktiven Originalempfängern feststellbar wären. Unter Einbeziehung des literarisch überlieferten Abbildungsmaterials ist eine deutliche Variantenbreite in der Gestaltung des magnetostriktiven Empfängers zu unterscheiden, die sich abschließend graphisch wie folgt [Abbildungen 55, 56 57] zusammenfassen läßt:

Abbildung 55

Magnetostriktiver Empfänger

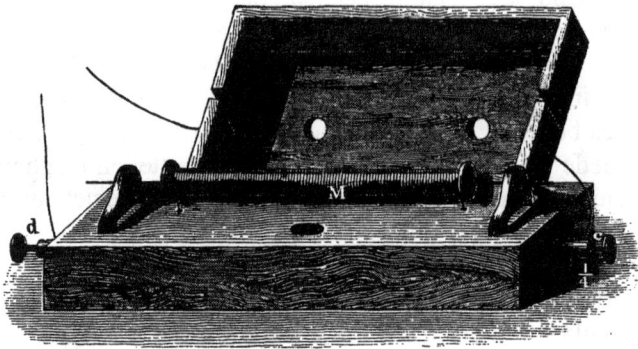

Grundform

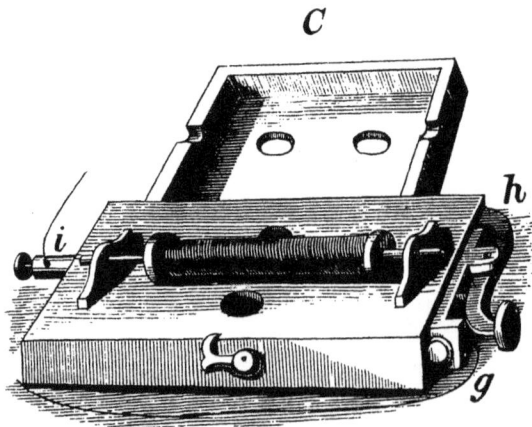

Standardform

Abbildung 56

Magnetostriktiver Empfänger

Standardform
Variante I

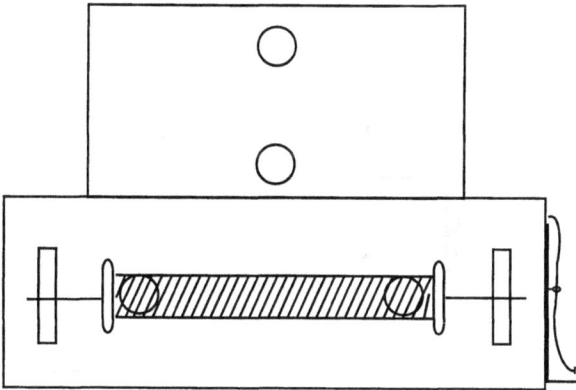

Standardform
Variante II

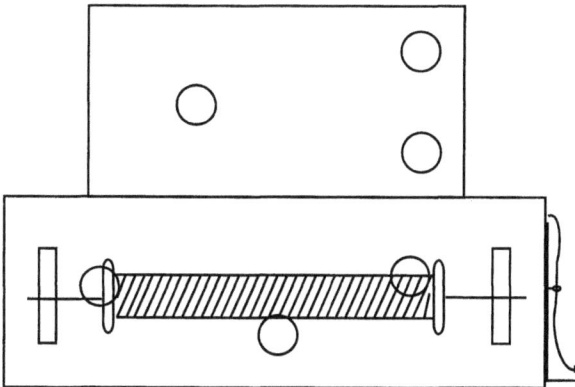

Abbildung 57

Magnetostriktiver Empfänger

Standardform
Variante III

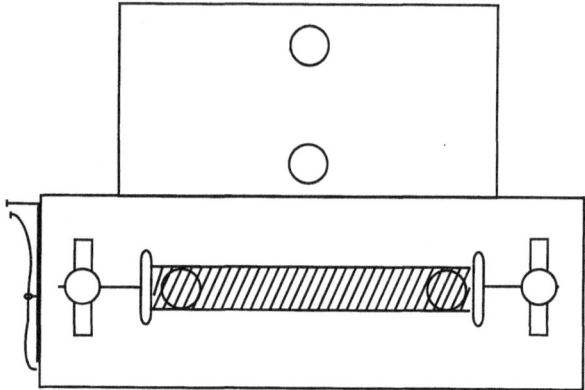

Standardform
Variante IV

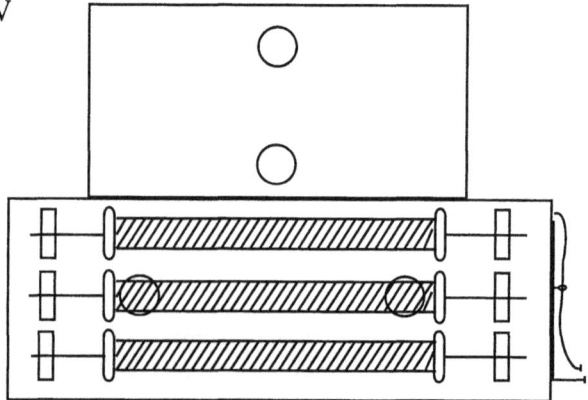

(bisher nur bei Nachbau nachgewiesen)

Schlussbetrachtung

Theoretische, methodologische und wissenschaftsgeschichtliche Zusammenhänge der Konstruktionsarbeit von Philipp Reis

Die hier vorgelegte Untersuchung der verschiedenen von Reis entwickelten Ausführungsformen von Sender und Empfänger seines Telephons und deren jeweiligen Entstehungs- und Veröffentlichungszusammenhänge hat eine Reihe von Problemen und unbeantworteten Fragen aufgeworfen oder Fragen neu gestellt, die die Forschung offengelassen hat.

Gleichzeitig liefert die hier vorgelegte Untersuchung zusammen mit den theoretischen Ausführungen von Reis eine Materialgrundlage, die es erlaubt, den Prozeß der Reisschen Arbeit über die bisher in der Forschung ausschließlich beachtete Perspektive der physikalisch-technischen Progression hinaus unter verschiedenen Blickwinkeln zu betrachten.

Unsere bisherige apparategeschichtliche Untersuchung verweist auf drei unterschiedliche und für die gesamte konstruktive und experimentelle Praxis von Reis grundlegende Zusammenhänge:

Der erste ist der physikalisch-technische Zusammenhang (die Arbeit mit Kontaktwiderstands-Änderungen), der beginnend mit Thompson im Zentrum der bisherigen Auseinandersetzung mit den Arbeiten von Philipp Reis stand[1] und hier nicht noch einmal näher betrachtet werden muß.

Der zweite Zusammenhang (4.1), auf den unsere bisherigen apparategeschichtlichen Untersuchungen verweisen, ist ein methodischer bzw. methodologischer. Dieser Zusammenhang betrifft das unmittelbare konstruktive Vorgehen von Reis, seine Ziele und Absichten ebenso wie die von ihm angewandte Methode

Der dritte Zusammenhang (4.2) ist der der für Reis gegebenen Problemsituation.

---

1. *Vgl. hierzu im einzelnen: Bernzen (1992)*

4.1 Der methodische und methodologische Zusammenhang

Reis gab mehrere Formulierungen seiner Aufgabenstellung, und für unsere Betrachtung ist es wichtig, diese verschiedenen Formulierungen seiner Aufgabenstellung nicht einfach gleichberechtigt nebeneinander stehenzulassen, sondern ihre methodologische Unterschiedlichkeit zu verdeutlichen. „Wie sollte", schrieb Reis, „ein einziges Instrument die Gesamtwirkungen aller bei der menschlichen Sprache bethätigten Organe zugleich reproduciren?"[2] Reis hob diese Formulierung besonders hervor, indem er hinzufügte: „Dieses war immer die Cardinalfrage", das heißt also sein übergeordnetes Anliegen. Beziehen wir nun seine thematische Vorgabe, die er als Gegenstand seiner verschiedenen Vorträge oder hier als Titel seines Aufsatzes nannte, ein („Ueber Telephonie durch den galvanischen Strom") so war damit die wesentliche Voraussetzung, auf der er die Problemlösung aufbauen wollte, nämlich die physikalischen Eigenschaften des galvanischen Stromes, benannt. Als übergeordnetes Anliegen, oder wie wir hier sagen wollen, als die Rahmenaufgabe, die Reis sich stellte, wurde damit die Konstruktion eines Instrumentes genannt, das in der Lage sein sollte, unter Einsatz des galvanischen Stromes „die Gesamtwirkungen aller bei der menschlichen Sprache bethätigten Organe zugleich" zu erzeugen, d.h. musikalische Töne und die menschliche Sprache zu reproduzieren.

Über konstruktive Einzelheiten eines hierfür geeigneten Instrumentes lagen Reis keinerlei Informationen vor, ja die theoretische Möglichkeit, eine solche Reproduktion von Sprache und Tönen unterschiedlicher Frequenzen mit Hilfe der Elektrizität zu realisieren, wurde zu diesem Zeitpunkt für zweifelhaft gehalten.

Die Überlegung, für die Reproduktion von Sprache Elektrizität zu benutzen, ergab sich für Reis aus den Erfolgen der Telegraphentechnologie („Die überraschenden Ergebnisse auf dem Gebiet der Telegraphie haben wohl schon oft die Frage angeregt, ob es nicht möglich sei, die Tonspra-

---

2. Reis (1861) S. 58

che direkt selbst in die Ferne mitzuteilen"[3].) Überlegungen in dieser Richtung waren einige Jahre zuvor von Charles Bourseul (1829-1912), einem französischen Telegraphenbeamten, vorgetragen worden[4]. Ob Reis diese Überlegungen Bourseuls kannte, ist nicht sicher. Möglicherweise könnte man die folgende Bemerkung von Reis auf Bourseul und den sehr zurückhaltenden Umgang der Wissenschaft mit dessen Idee beziehen:

„An eine Reproduction der Töne in gewissen Entfernungen durch Hülfe des galvanischen Stromes hat man vielleicht gedacht; aber an der praktischen Lösung dieses Problems haben jedenfalls grade diejenigen am meisten gezweifelt, welche durch ihre Kenntnisse und Hülfsmittel befähigt gewesen wären, die Aufgabe anzugreifen."[5]

Bourseul war - wie Reis nach ihm - davon überzeugt, daß eine Sprachübertragung mit Hilfe von Elektrizität möglich sei. Mehr noch: Er formulierte - ausgehend von der Telegraphentechnologie - gleichzeitig die entscheidende Möglichkeit ihrer tatsächlichen späteren Nutzung:

„Ich habe mich z.B. gefragt, ob nicht die Sprache selbst durch die Elektrizität übertragen werden könne; kurzum, ob man nicht in Wien sprechen und in Paris verstanden werden könnte. - Die Sache ist möglich ..."[6]

Bourseul hatte jedoch keinen experimentellen Beweis seiner Hypothese geliefert, und so wurde seine Idee in Verbindung mit seiner Nutzungsvision als Utopie im Sinne eines Jules Verne abgetan[7]. Kurzum: Die

---

3. *Reis (1861) S. 57.*
4. *Charles Bourseul: "Transmission electrique de la parole", in: L'Illustration, Paris 26.8.1854. Dieser Aufsatz wurde verschiedentlich wiederabgedruckt u.a. in der Zeitschrift "Didaskalia", Nr. 232 v. 28.9.1854). Ein Abdruck des Aufsatzes von Bourseul (mit deutscher Übersetzung) und der Veröffentlichung in der Zeitschrift "Didaskalia" findet sich bei Horstmann (1952) S. 20-23.*
5. *Reis (1861) S. 57*
6. *Charles Bourseul: Transmission de la parole. In: „L'Illustrattion", Paris 26. August 1854, zitiert nach und in der Übersetzung von Horstmann (1952) S. 20*
7. *Vgl. Horstmann (1951) S. 19*

praktische Durchführung einer solchen Sprachübertragung mit Hilfe der Elektrizität wurde weitestgehend als unmöglich betrachtet. Überlegungen und Experimente in dieser Richtung waren kein Gegenstand physikwissenschaftlicher Diskussionen und Forschungen.

Betrachten wir nun Reis weitere Ausführungen zu seiner Aufgabenstellung. Er schrieb: „Endlich kam ich auf den Einfall, diese Frage anders zu stellen: Wie nimmt u n s e r   O h r die Gesamtschwingungen aller zugleich thätigen Sprachorgane wahr? Oder allgemeiner genommen: Wie nehmen wir die Schwingungen mehrerer zugleich tönender Körper wahr?"[8]

Zwischen dieser Formulierung und der ersten in seiner „Cardinalfrage" liegen eine Reihe von bedeutsamen theoretischen und methodischen Zwischenschritten. Diese Zwischenschritte, so selbstverständlich, vertraut und naheliegend sie uns erscheinen mögen, waren entscheidend für Reis und den Erfolg seiner Arbeit.

1. Reis änderte den Ausgangspunkt seines Herangehens an das Problem grundsätzlich, indem er von der Untersuchung des Prozesses des Sprechens und den damals bekannten Formen der Übertragung des Sprechens auf größere Entfernungen (Schalltrichter etc.) zum Prozeß des Hörens überging. Insbesondere diese neue und völlig ungewöhnliche Überlegung war es, die eine Lösung des von ihm gestellten Problems möglich machte. Doch waren für seine Problemlösung noch zwei weitere entscheidende, aber darauf aufbauende theoretische Schritte notwendig. Sie kennzeichnen gleichzeitig den Übergang zu einem von der herkömmlichen Experimentalpraxis abweichenden methodischen Vorgehen.

2. Er erkannte im Prozeß des menschlichen Hörens methodisch entscheidende und grundlegende Analogieprozesse: Das Funktionssystem des menschlichen Ohres als entscheidendes Medium des Hörens löste das Problem der Übertragung komplexer Schallvorgänge, das er sich als Rahmenaufgabe gestellt hatte, vollkommen und zuverlässig. Für seine auf diesen theoretischen Zwischenschritten aufbauenden apparativen Konstruktionen war deshalb entscheidend, daß er

---

8. *Reis (1861) S. 58*

3. das Funktionssystem des menschlichen Hörens mit dem strukturellen
Aufbau des menschlichen Gehörs in Verbindung brachte. D.h. er stellte
einen Zusammenhang her zwischen der Möglichkeit des Hörens, dem or-
ganischen Aufbau des Ohres und dessen zunächst mechanischem Funkti-
onszusammenhang.

Dadurch wählte er ein (natürliches) Funktionssystem als unmittelbares
Objekt seiner Auseinandersetzungen aus, das ähnliche Wirkungen hervorbringt, wie die, die er mit Hilfe der Elektrizität zu erzielen beabsich-
tigte. Das heißt, Reis analysierte den strukturellen und funktionellen Aufbau des menschlichen Ohres und den Prozeß des menschlichen Hörens
als Modell für den Aufbau und die Konstruktion eines Instrumentes (dies
war in modelltheoretischer Sicht also das Original), das im Ergebnis ähnliche Funktionen realisieren bzw. Wirkungen hervorrufen sollte[9].

Reis konstruierte dabei sowohl funktionelle als auch strukturelle Ähnlichkeiten seines Modells, also des menschlichen Ohres, um ein wir-
kungsähnliches (Modell-)Original, sein Telephon, zu konstruieren. Er erkannte, daß das Trommelfell im menschlichen Ohr und das funktionelle
Zusammenspiel von Trommelfell und Gehörknöchelchen für die Weiterleitung akustischer Schwingungen als Modell für ein ähnlich zu konstru-
ierendes künstliches Gerät dienen konnte.

„Diese Schwingungen [des Trommelfells - R.B.] bedingen ein mit derselben Ge-
schwindigkeit erfolgendes Aufheben und Niederfallen des Hammers auf den Amboß (nach Anderen: Annäherung und Entfernung der Gehörknöchelatome) und
eine ebenso große Anzahl von Erschütterungen der Schneckenflüssigkeit, in welcher der Gehörnerv mit seinen Enden sich ausbreitet."[10]

---

9. *Eine zusammenfassende Überblicks-Darstellung zur Methodologie der Arbeit mit Modellen, die die hier angesprochenen strukturellen und funktionellen Zusammenhänge detaillierter (wenngleich ohne Bezug auf den konkreten Fall) erörtert, findet sich in "Europäische Enzyklopädie zu Philosophie und Wissenschaften" (Hrsg. v. H.J. Sandkühler, Istituto Italiano per gli
Studi Filosofici, A. Regenbogen), Bd. 3 (Felix Meiner Vlg.) Hamburg 1990;
S. 425-432.*
10. *Reis (1861) S. 58*

Das Trommelfell zum Auffangen der beim Sprechen entstehenden Schallwellen war die eine analoge Vorgabe des menschlichen Ohres, die er in
seiner apparativen Umsetzung durch eine schwingende Membrane zu
realisieren suchte. Die Gehörknöchelchen und ihre Wirkungsweise waren
die zweite entscheidende analoge Vorgabe des menschlichen Ohres, die
Reis versuchte durch eine Vorrichtung umzusetzen, die durch zwei in lo-
sem oder nur mangelhaften Kontakt stehenden Teile besteht. Diese Kontaktvorrichtung verband er so mit dem Trommelfell bzw. der Membrane,
daß deren Schwingungen die Festigkeit des Kontaktes und damit dessen
Widerstand änderten. Er versuchte also analog zum menschlichen Ohr
und seiner Wirkungsweise eine Membrane mit einem Stromregler auf der
Grundlage eines veränderlichen Kontaktes zu kombinieren.

Als analoges Erklärungskonzept für die Wirkungsweise des Trommelfells
im Modellbereich des menschlichen Ohres legt Reis damit für seine Konstruktionsarbeit den zweiten Erklärungsansatz zugrunde nämlich den,
daß das Trommelfell eine mehr oder weniger starke „Annäherung und
Entfernung der Gehörknöchelatome" und kein „Aufheben und Niederfallen des Hammers auf den Amboß" bewirke.

Die verschiedenen Ausführungsformen seines Gebers sind Ergebnisse einer ständigen Wiederholung dieses Konstruktionsprozesses mit dem Ziel
einer Optimierung der Funktion bzw. der Wirkung des von ihm entwik-
kelten Instrumentes.

Bei unserer Betrachtung der Entwicklung der verschiedenen Ausführ-
rungsformen seines Gebers konnten wir feststellen, daß bei den Ausführ-
rungsformen I und II die größten strukturellen Ähnlichkeiten zum Modell
vorhanden sind. Spätestens ab der Ausführungsform IV, vermutlich aber
schon bei Varianten der Ausführungsform II, gab Reis das zunächst offenbar für entscheidend gehaltene Prinzip der Abmessungsähnlichkeit der
wesentlichen strukturellen Elemente auf[11]. Im Verlauf der Entwicklung

---

11. *In seinem Brief an Ladd vom 13.7.1863 schrieb er dazu: „It was no hard
labour, either to imagine that any other membrane besides that of our ear,
could be brougtht to make similar oscillations, if spanned in a propper
manner and if taken in good proportions...It would be long to relate all the*

der VI Ausführungsform seines Gebers änderte Reis dann auch die Anordnung der wesentlichen konstruktiven Teile gegenüber dem Modell
entscheidend, z.b. die waagrechte und nicht mehr senkrecht analoge Anordnung der Membrane.

4.2 Der Problemzusammenhang

Zielte die bisherige Darstellung der für Reis' Arbeit bestimmenden physikalisch-technischen und methodischen Prinzipien vor allem auf die Gestaltung der Senderseite, so soll nun die Gestaltung der Empfängerseite
einer genaueren Betrachtung unterzogen werden. Es geht darum zu klären, warum Reis der Gestaltung seines Empfängers deutlich weniger
Aufmerksamkeit widmete als der seines Senders, warum er die Experimente mit dem elektromagnetischen Empfänger nicht weiterverfolgte,
sondern aufgab und sich auf den magnetostriktiven konzentrierte. Ferner
geht es um die Aufklärung von Widersprüchen zwischen seinen praktischen Konstruktionen und seinen theoretischen Ausführungen und in engem Zusammenhang damit um die Frage nach seinen übergeordneten
Zielen und den für Reis gegebenen (objektiven oder subjektiven) Schran-
ken.

Ausgehend von Reis' Schwerpunktsetzung bei der konstruktiven Entwicklung seines Senders wurde der von Reis hauptsächlich verwandte
Empfänger in der bisherigen Forschung vornehmlich unter dem Gesichtspunkt seiner physikalisch-technischen Leistungsfähigkeit als freistrahlen-
dem Empfänger diskutiert und untersucht[12]. Im Ergebnis wurde der Empfänger als Schwachstelle des Reis-Telephons betrachtet. Bereits Thompson vermerkte hierzu:

_could be brougtht to make similar oscillations, if spanned in a propper
manner and if taken in good proportions...It would be long to relate all the
fruitless attempts, I made, until I found out the proportions of the instrument..." (zitiert nach Thompson (1885) S. 81f._

_12. Die wohl nach Thompson fundierteste technische Untersuchung legte
Claus Reinländer vor: Die Entstehung des Telephons. Ing. Diss. TH München 1961, S. 43ff._

„It is strange that a man who had grappled in so masterly a way with the acoustical problem of the transmitter, and had solved it by constructing that transmitter on the lines of the human ear, should not have followed out to the same extent those very same principles in the construction of his receiver. An extended surface he did employ, in the shape of a sounding - board; but it was not applied in the very best manner in this instrument."[13]

Diese physikalisch-technische Sichtweise der wissenschaftsgeschichtlichen Bedeutung des Reis-Empfängers - die auch für die weitere Forschung prägend blieb - versteht das von Reis für die konstruktive Gestaltung der Empfängerseite nur bedingt (oder zumindest nicht in gleich zufriedenstellender Weise wie bei der Gestaltung des Senders) gelöste Problem als technisches Optimierungsproblem. Die reale Existenz eines technischen Optimierungsproblems wird somit mit demjenigen Problem identifiziert, das für Reis forschungspraktisches Vorgehen in der konkreten historischen Situation seiner Arbeit allein entscheidend und bestimmend war.

In wissenschaftsgeschichtlicher Hinsicht stellt sich jedoch grundsätzlich die Frage, ob eine solche Identifikation von systematisch-gegenstandsbezogener, physikalisch-technischer Problemsicht mit der tatsächlichen konkreten, historischen Problematik, dem für Reis gegebenen Problemlösungs- und Handlungszusammenhang sowie seinen tatsächlichen Handlungsabsichten gerecht wird.

Es gibt eine Reihe wichtiger Indizien, die gerade im Zusammenhang mit den hier dargelegten apparategeschichtlichen Befunden eine andere Sichtweise der Probleme von Reis bei der Gestaltung seines Empfängers nahelegen. Bei der konstruktiven Gestaltung der Senderseite seines Telephons waren für das Vorgehen von Reis andere Schwerpunktsetzungen bestimmend als bei der Gestaltung der Empfängerseite.

Alle bekannt gewordenen schriftlichen Äußerungen von Reis waren betont senderzentriert. Am deutlichsten wird dies daran, daß Reis seinen

---

13. *Thompson (1883) S. 156.*

Sender als „Telephon" im engeren Sinne bezeichnete. So schrieb er in seinem Prospekt aus dem Jahre 1863 :

„Jeder Apparat besteht ... aus zwei Theilen; dem eigentlichen Telephon ... und dem ...Reproductionsapparat."[14]

Auch sonst ist Reis sichtlich bemüht, seinen 'Nehmer' bzw. Empfänger nicht als etwas Eigenständiges und Neues einzuführen, sonders als einen Apparat, mit dem „man das bekannte 'Tönen durch Galvanismus' hervorbringt."[15]

Das 'Tönen durch Galvanismus' - 1837/38 erstmals von dem amerikanischen Physiker Charles Grafton Page (1812-1868) beschrieben - war in der Mitte des 19. Jahrhunderts ein physikwissenschaftlich bedeutsames Problem, mit dessen Erforschung und wissenschaftlicher Erklärung sich auf internationaler Ebene anerkannte Wissenschaftler wie Charles Edouard Joseph Delezenne (1776 - 1866), August Arthur de la Rive (1801 - 1873), Carlo Mateucci (1811 - 1868), John Peter Gassiot (1797 - 1877), Johann Christian Poggendorff (1796 - 1877) u. v. a. befaßt hatten. Das 'Tönen durch Galvanismus' war damit anerkannter Gegenstand physikwissenschaftlicher Forschung und Theorie bis hin zur Darstellung in physikalischen Hand- und Lehrbüchern. Die Erforschung weiterer Aspekte oder die Entwicklung einer praktischen Anwendungsmöglichkeit dieses Phänomens konnte somit mit dem Interesse der Fachwelt rechnen.

Eine Untersuchung des Vorgehens und der Erklärungen von Reis auf der Grundlage der bisherigen Überlegungen macht deutlich, wie starr, abhängig und ohne jeden eigeninitiativen Spielraum er die Theorie des Galvanischen Tönens in ihrer herrschenden Form als notwendige und verbindliche Grundlage seiner Arbeit akzeptierte. Dies wird besonders deutlich, wenn wir die Überlegungen und Konstruktionen einer genaueren Betrachtung unterziehen, mit denen Reis - wie wir durch sein konstruktives Vorgehen bei der apparativen Gestaltung der Senderseite wissen - in

---

14. Vgl. Reis Prospekt, [hier Abbildung 27]
15. Reis (1861/62) S. 61

Widerspruch zu dieser Theorie geriet oder wo er in seinen Ergebnissen über den Stand der herrschenden Lehre hinausgelangt war:

In seinen Experimenten war Reis einen für die Möglichkeit der Sprachübertragung entscheidenden Schritt über den Stand der Forschung und Lehre hinausgelangt: Ging es beim Galvanischen Tönen um die Anregung von Magnetstäben in ihrer jeweiligen Resonanzfrequenz, so hatte Reis als entscheidende Grundlage für sein Ziel, die elektrische Sprachübertragung, erkannt, daß dieses Phänomen des Galvanischen Tönens nicht nur zur Erregung der Resonanzfrequenz von Eisenstäben genutzt werden konnte, sondern auch zur Wiedergabe von Tönen verschiedener Frequenzen in Abhängigkeit von der Frequenz des anregenden Stromes. Wenn wir uns seine Darstellung unter diesem Gesichtspunkt näher ansehen, so stellen wir fest, daß Reis bei der Beschreibung des von ihm beobachteten Phänomens mit größter Zurückhaltung vorgeht und es vermeidet, die Theorie in ihrer herrschenden Form zu korrigieren und die Korrektur gar als sein wissenschaftliches Verdienst herauszustreichen. Reis unterstellt seine Ergebnisse einfach als bekannt. Daß dies von seinen Zeitgenossen auch genau so aufgenommen wurde, zeigt etwa der Bericht über den Reis-Vortrag im Polytechnischen Notizblatt [16], wo die Darstellung der von Reis herangezogenen Voraussetzung des Phänomens des Galvanischen Tönens im Zusammenhang mit seinem Telephon tatsächlich mit der Formulierung „Es ist bekannt..." eingeleitet wird. Bereits Thompson hat im Gegensatz dazu mit Nachdruck darauf verwiesen, daß das Verdienst dieser Entdeckung Reis gebührt:

„The so-called 'galvanic tone' heard on opening or closing the circuit w a s well-known, and Wertheim had shown that this tone was, for any given rod of iron, identical with its 'longitudinal tone', i. e. the tone produced by striking it on the end so as to produce longitudinal vibrations. But it was one of the most important discoveries in Reis's researches that such a rod could take up a n y tone

---

16. *Polytechnisches Notizblatt XVII (1863) Nr. 6, S. 83. Dieser Bericht wurde mit geringfügigen Änderungen im Frankfurter Konversationsblatt Nr. 154, vom 30. 6. 1863, S. 615 - 616 wiederabgedruckt.*

in obedience to the vibrations forced upon it by periodic interruptions in the mag-
netising current in the spiral of any degree of rapidity within very wide limits."[17]

Obwohl sich Reis selbst bei seinen Erläuterungen zu seiner Erfindung
ausdrücklich jede Abweichung von der Theorie in ihrer herrschenden
Form versagt, war er bei seinen Experimenten gleichwohl nachweislich
zu einem entscheidenden Widerspruch zur herrschenden Lehre gelangt:
Denn nach unwidersprochen herrschender Auffassung war dieses vieldis-
kutierte Phänomen allein eine Folge und damit eine Auswirkung von
Stromunterbrechungen, Reis arbeitete aber nachweislich mit Kontaktwi-
derstandsänderungen.

Wie wir bei der Untersuchung der verschiedenen Ausführungsformen des
Senders gesehen haben, gibt es kein vollständig überliefertes Gerät, das
nicht mit einer technischen Vorrichtung versehen gewesen wäre, die eine
vollständige Unterbrechung des Stromkreises zu verhindern hatte. Reis
brachte bei allen seinen verschiedenen Ausführungsformen Stellschrauben zur Regelung des Kontaktdrucks an. Eine solche Stellschraube findet
sich bereits bei der I. Ausführungsform seines Gebers. Bei seinen späteren Geräten erreichte er denselben Effekt über einen in seinen Enden frei
gelagerten Winkel, der mit seinem Eigengewicht vollständige Stromunterbrechungen am Kontaktpunkt des Senders im Regelfall verhinderte.
Das heißt, Reis sorgte bei den tatsächlichen Konstruktionen seines Senders dafür, daß der Effekt, auf dem das von ihm zugrunde gelegte physikalische Phänomen in der Sicht der herrschenden Lehre beruhte, nicht
eintrat. Gleichzeitig aber hielt er in seinen theoretischen Erläuterungen
an der Gültigkeit dieser Lehre fest. Daß dieser Widerspruch zwischen
seiner konstruktiven Umsetzung eigener experimenteller Befunde und
dem gleichzeitigen Festhalten an der herrschenden Theorie bei Reis
keineswegs unbewußter Zufall war, zeigt sein Vorgehen bei der
schriftlichen Darstellung der II. Ausführungsform seines Senders.

In seinem Aufsatz in den Jahresberichten des Physikalischen Vereins
fügte Reis seiner theoretischen Erklärung des zugrundeliegenden Phäno-

---

17. *Thompson (1883) S. 63, Anm..*

mens eine Skizze seines Empfängers bei, um die Funktionsweise seines Senders zu erklären. Bei dieser nun verzichtete Reis im Gegensatz zu allen bekannt gewordenen tatsächlichen Ausführungsformen seines Gebers - wie wir gesehen haben - bei gleichzeitiger Detailgenauigkeit in allen anderen Punkten auf die Angabe einer solchen Stellschraube oder einer anderen Vorrichtung, die die Notwendigkeit, totale Stromunterbrechungen zu vermeiden, hätte allzu deutlich werden lassen können. Denn diese Vorrichtungen hätten gezeigt, daß die im Sinne der herrschenden Theorie des galvanischen Tönens, der Reis in seiner Erklärung folgte, notwendigen Stromunterbrechungen bei den praktisch funktionstüchtigen Apparaten gar nicht gegeben waren. Aber wesentlicher ist noch, daß damit gleichzeitig die Theorie des „Galvanischen Tönens" nur sehr bedingt geeignet war, die theoretische Absicherung und Grundlage der von Reis konstruierten Geräte zu bilden.

Reis hielt also an der von ihm als nicht zutreffend erkannten Notwendigkeit von Stromunterbrechungen als Voraussetzung für das Auftreten des Phänomens „galvanisches Tönen", das er für die theoretische Absicherung seiner Forschungsergebnisse brauchte, fest. Sein entschiedenes Ziel war die Anerkennung des experimentellen Nachweises, daß es möglich ist, mit Hilfe der Elektrizität Sprache und allgemein komplexe Schallvorgänge zu übertragen. Das offene Äußern von Zweifeln an den übernommenen Grundlagen seiner Experimente vermied er. Einer der nur zwei Literaturhinweise in seinem Aufsatz bezog sich dagegen auf die herrschende Darstellung der Theorie des Galvanischen Tönens. Gleichzeitig formulierte er, daß die weitere Untersuchung der von ihm nachgewiesenen Tatsache eine Aufgabe der Physik als Wissenschaft sei. Damit aber gab er gleichzeitig die Entscheidung über die Richtigkeit der zugrundegelegten Voraussetzungen für das von ihm nachgewiesene Phänomen an die Wissenschaft zurück.

Dieser Widerspruch zwischen konstruktiver Gestaltung und damit verbundener operativer Theorie einerseits und herrschender Lehre andererseits und die besondere Form der Lösung dieses Widerspruchs durch Reis verweist auf kompliziertere wissenschaftsgeschichtliche Zusammenhänge. Es geht um die Überlagerung und Verknüpfung unterschiedlicher

Dimensionen von Wissenschaft. Denn Wissenschaft als objektbezogene Auseinandersetzung mit dem Gegenstand ihrer Betrachtung, Analyse, Beschreibung oder Erklärung vollzieht und vollzog sich stets gleichzeitig in konkret historischen Handlungszusammenhängen, d.h. innerhalb eines komplexen sozialen Interaktionssystems.

Versuchen wir diese Überlegung zu präzisieren. Alle sozialen Systeme, so auch das soziale System Wissenschaft, sind hierarchisch gegliedert. Jede soziale Hierarchie aber bedarf einer Rechtfertigungsgrundlage. In bezug auf Wissenschaft begründet sich die Hierarchie des sozialen Systems auf den unterstellten Anspruch unterschiedlicher Kompetenz im Bereich objektbezogener Auseinandersetzung mit dem Gegenstand von Wissenschaft. Oder um es anders zu sagen: Die unterschiedliche hierarchische Positionsinhabe im sozialen System Wissenschaft legitimiert sich durch die Zuordnung unterschiedlicher fachlicher Kompetenz. Je höher die Position im sozialen System der Wissenschaft ist, um so höher ist die (zumindest innerhalb dieses Systems im 19. Jahrhundert weitestgehend anerkannte Annahme) sachlicher Kompetenz. Dies bedeutet aber gleichzeitig, daß niedrigere Posititonsinhabe im sozialen System Wissenschaft gleichbedeutend ist mit geringerer fachlicher Qualifikation, mit geringerer Sachkenntnis.

Als Beispiel sei hierzu etwa auf den Umgang mit Wissenschaftlern geringerer Positionsinhabe hingewiesen, etwa auf Niels Hendrik Abel (1802 - 1829), der heute als einer der Begründer der allgemeinen Theorie der Integrale anerkannt ist. Er fand zu Lebzeiten keine Anerkennung. Der Umschlag mit seinem bahnbrechenden Aufsatz fand sich ungeöffnet im Nachlaß des berühmten Gaus, an den sich Abel vergeblich um Unterstützung gewandt hatte. Ähnlich fanden viele experimentelle Arbeiten des Physikers Georg Simon Ohm (1789 - 1854) wegen seiner untergeordneten wissenschaftshierarchischen Position als Lehrer an einem Kölner Jesuitengynasium keine Anerkennung. Als geradezu klassisch kann in diesem Zusammenhang der Fall des Brünner Augustinermönches Gregor Johann Mendel (1822 - 1884), des Begründers der modernen Vererbungslehre gelten. Sein Briefwechsel mit dem damals als führend anerkannten Botaniker Carl von Nägli in München liefert eindrucksvolle

Zeugnisse für den Zusammenhang von sozialer Positionsinhabe im System Wissenschaft und den Chancen auf Anerkennung und Würdigung von Ergebnissen in der Wissenschaft.[18.]

Die Beispiele verdeutlichen gleichzeitig die Relativität des in vielen Bereichen noch heute als gültig unterstellten Zusammenhangs von wissenschaftshierarchischer Positionsinhabe und fachlicher Kompetenz.

Reis Positionsinhabe in der Wissenschaftshierarchie seiner Zeit kann kaum gering genug eingeschätzt werden: Ohne akademische Abschlüsse, ohne jegliches Hochschulstudium und sogar ohne berufsqualifizierenden Abschluß als Lehrer, war er fachlich in keiner Form wissenschaftlich ausgewiesen. Die auf ihn bezogenen Kompetenzerwartungen der zeitgenössischen Wissenschaft waren - wie der Umgang mit seiner Erfindung letztlich beweist - gering.

Der von ihm, dem Nicht-Akademiker und Autodidakten, gestellte Anspruch der Eröffnung eines ganzen neuen physikwissenschaftlichen Arbeitsgebietes stand also in deutlichem Gegensatz zu dieser wissenschaftshierarchischen Positionsinhabe. Wenn er schrieb:

„Zur praktischen Verwerthung des Telephons dürfte vielleicht noch sehr viel zu thun übrig bleiben. Für die Physik hat es aber wohl schon dadurch hinreichend Interesse, daß es ein neues Arbeitsfeld eröffnet."[19]

sprach er nicht einschränkend von der Möglichkeit eines neuen Arbeitsfeldes, das sich aus seinen Erkenntnissen ergeben könnte, sondern er behauptet fest, daß sich durch seine Arbeiten tatsächlich ein neues Arbeitsfeld eröffnet. Damit formuliert er einen weitreichenden Anspruch und macht die Ergebnisse seiner Untersuchungen zur richtungweisenden Grundlage eines neu eröffneten Arbeitsgebietes der Physik. In diesem

---

18. *Vgl. hierzu ausführlich: Bernard Barber: Der Widerstand von Wissenschaftlern gegen wissenschaftliche Entdeckungen. In: Peter Weingart (Hrsg.) Wissenschaftssoziologie I. Wissenschaftliche Entwicklung als sozialer Prozeß. Frankfurt / Main 1972.*
19. *Reis (1861) S. 64*

Kontext wird verständlich, welch entscheidende Bedeutung für Reis die Bezugnahme auf die von der etablierten Wissenschaft anerkannte Theorie des Galvanischen Tönens hatte: Er brauchte sie als unverzichtbaren physikwissenschaftlichen Forschungs- und Theoriebereich, als anerkannte Grundlage für die Akzeptanz seiner Erkenntnisse.

Die Berechtigung der Vorsicht von Reis im Umgang mit der herrschenden Lehre und seine tatsächliche Abhängigkeit davon, daß er die Gültigkeit der herrschenden Theorie des galvanischen Tönens angeblich durch seine Ergebnisse bestätigt, läßt sich kaum eindrucksvoller dokumentieren als durch die unmittelbare öffentliche Reaktion auf Reis' erste Präsentation seines Telephons. Dieses zeitgenössische Zeugnis, das zeitlich v o r der endgültigen Abfassung seines eigenen Manuskriptes für die Jahresberichte liegt und in der Zeitschrift „Didaskalia" erschien, sei daher hier im vollen Wortlaut wiedergegeben:

„Frankfurt, 27. October.
Für die gestrige Versammlung der Mitglieder des physikalischen Vereins war angekündigt: „Vortrag des Vereinsmitgliedes, Herrn Ph. Reis aus Friedrichsdorf: Ueber Fortpflanzung musikalischer Töne auf beliebige Entfernungen durch Vermittlung des galvanischen Stroms".
Wir bekennen, daß diese Ankündigung uns vermuthen ließ, es müsse hier eine Selbsttäuschung unterlaufen, da der electrische Strom, als solcher, den Ton nicht fortzupflanzen vermag, wie es durch die Schallwellen in der Luft geschieht. Wir kamen also zu dem Vortrage mit einem für begründet erachteten Vorurtheil. Allein die Einleitung, von wissenschaftlichem Standpuncte ausgehend, schwächte unser Vorurtheil mehr und mehr ab, und als wir und alle Anwesenden im Hörsaale nun im Experiment, die Melodie eines in dem entfernt gelegenen Bürgerhospital gesungenen, bekannten Liedes ganz deutlich vernahmen, da entstand ein allgemeines Erstaunen und die freudigste Ueberraschung, die sich allseitig laut aussprach. Als Grundlage zu dieser neuen Erfindung benutzt Herr Reis die von Herrn Senator Keßler dahier gemachte Entdeckung, daß im Eisenkern der electromagnetischen Drahtspirale, wenn sie dem electrischen Strome als Leiter dient, im Augenblick der Unterbrechung des Stroms ein Ton entsteht, entsprechend der Stärke desselben. Diese Entdeckung erweiterte Wagner, indem er nachwieß, daß alle elastischen Metalle (folglich Blei und Quecksilber ausgeschlossen) auch dann tönen, wenn sie dem electrischen Strome direct als Leiter dienen und derselbe unterbrochen wird. Es wurde zu jener Zeit in der Versamm-

lung deutscher Naturforscher und Aerzte in Erlangen Mittheilung hiervon gemacht. Indessen versichert Herr Reis, diese nicht gekannt zu haben, sondern daß
ihm die viel späteren Versuche von Page in Amerika erst bekannt geworden
seyen. Eine weitere Grundlage fand Herr Reis in der von Wagner erfundenen
Selbstunterbrechung und Wiederherstellung des electrischen Stromes, welche
von dem verstorbenen Herrn Dr. Neeff für einen Apparat zu medicinischen
Zwecken in Anwendung kam. Dieser Apparat wurde seiner Zeit in der Versammlung deutscher Naturforscher und Aerzte in Freiburg im Breisgau vorge-
zeigt und hat seitdem allerwärts Verbreitung gefunden; außerdem wird von der
Selbsttrennung und Schließung der Kette auch in der Telegraphie Gebrauch gemacht. Da dieselbe mit so großer Schnelligkeit erfolgt, daß aus den Schwingungen ganz hohe Töne entstehen, so leitete diese Schnelligkeit Herrn Reis auf die
Idee, mittelst des electrischen Stroms ein Organ zu construiren zum Uebermitteln
des direct gesprochenen Worts in weiteste Entfernungen, und in der That hat er
in scharfsinnigster Weise, wie gezeigt, erreicht, Melodien ganz vernehmbar hören zu lassen, und da diese nicht eigentlich fortgepflanzt, sondern rhitmisch wieder erzeugt werden, so bietet die Entfernung kein größeres Hinderniß, als für die
in Ausübung befindliche Telegraphie. Sollte durch weitere Vervollkommnung es
Herrn Reis gelingen, das gesprochene Wort, direct, sicher und präcis, in den
electrischen Strom einzuführen und so den jetzigen Telegraphendraht zu einem
Sprechorgan zu gestalten, so würde diese Erfindung doch wohl den Gipfel aller
Erfindungen unsere erfindungsreichen Jahrhunderts bilden."[20]

Reis brauchte die Autorität der herrschenden Lehre. Obwohl er wußte,
daß das von ihm benutzte Phänomen bei seinen Versuchen k e i n e F o l -
g e von Stromunterbrechungen war, berief er sich auf die Theorie des
Galvanischen Tönens als Folge von Stromunterbrechungen. Der magnetostriktive Empfänger war für ihn Ausdruck und konstruktive Umsetzung
eben dieser Theorie. In letzter Konsequenz ordnete er die Gestaltung der
Empfängerseite seinem Ziel unter, Anerkennung für seinen Nachweis der
elektrischen Übertragbarkeit von Sprache zu bekommen. So erstaunt es
eigentlich nur noch wenig, wenn er schreibt, der von ihm entwickelte
Empfänger könne:

---

20. *Didaskalia Nr. 299 und 300 vom Dienstag, den 29. 10. 1861. Mit geringfü-*
   gigen Änderungen Abgedruckt auch in den Frankfurter Nachrichten Nr.
   127 vom Mittwoch, dem 30. 10. 1861, S. 1012.

„...natürlich durch jeden Apparat ersetzt werden, mittelst dessen man das bekannte 'Tönen durch Galvanismus' hervorbringt."[21]

So wird jeder Versuch, die Gestaltung der Empfängerseite und das damit verbundene Problem konstruktiver Entwicklungen unter dem Gesichtspunkt technischer Optimierung zu erklären nur den von Thompson bereits skizzierten Weg in die Verständnislosigkeit nehmen und der tatsächlichen Problemsituation von Reis nicht gerecht.

Reis bedeutsames wissenschaftsgeschichtliches Verdienst ist es, den Beweis für die Möglichkeit der Sprachübertragung auf elektrischem Wege geliefert zu haben. Er entwickelte ein Instrument, mit dem ihm die Lösung der Aufgabe „musikalische Töne und bis zu einem bestimmten Grade die Übertragung der menschlichen Sprache" mehr oder weniger gelang. Diesen Apparat nannte er „Telephon" und erklärte (1863) in seinem „Prospect", daß dessen letzte Ausführungsform (Ausführungsform VII des Senders und Ausführungsform II des Empfängers) für seine Zwecke zufriedenstellend sei.

„Jetzt bin ich im Stande einen Apparat zu bieten, welcher meinen Erwartungen entspricht, und mit welchem es jedem Physiker gelingen wird, die interessanten Experimente über Tonreproduction auf entfernten Stationen zu wiederholen."[22]

Die praktische Nutzanwendung für diesen Basisbeweis hatte bereits Bourseul in aller Klarheit genannt und nach den bahnbrechenden experimentellen Erfolgen von Reis hatte Boettger diese Vision aufgegriffen und eingeordnet:

„Man mag noch weit davon entfernt sein, daß man mit einem 100 Meilen entfernt wohnenden Freunde eine Conversation führen und seine Stimme erkennen kann, als ob er neben einem säße, die Unmöglichkeit kann nicht mehr behauptet werden, ja die Wahrscheinlichkeit, daß man dahin gelange, ist bereits so groß geworden, wie durch die merkwürdigen Versuche von Niepce die Reproduktion der natürlichen Farben durch Lichtbildnerei."[23]

---

21. *Reis (1861) S. 61.*
22. *Reis Prospect 1863, ohne Seitenzählung. Siehe 6.1.*
23. *Polytechnisches Notizblatt XVIII (1863) Nr. 6, S. 84*

Doch die praktische Verwertung seiner Apparate war, was angesichts der späteren Entwicklung der elektrischen Nachrichtentechnik vergessen worden ist, nicht das primäre Ziel von Reis.

Sein Ziel war - wie wir zu zeigen versucht haben - 1. die wissenschaftliche Anerkennung seines praktischen Nachweises der elektrischen Übertragbarkeit der verschiedensten Schallvorgänge und 2. die Anerkennung der Bedeutung dieses Nachweises für die Physikwissenschaft.

4.3 Apparategeschichtliches Resümee

In der vorliegenden Untersuchung wurde eine Darstellung der Entwicklung des ersten für eine Sprachübertragung geeigneten Telephons durch Philipp Reis (1834-1874) Anfang der 60er Jahre des 19. Jahrhunderts gegeben.

Wir haben versucht, das damals vorhandene Wissen über die elektrische Übertragbarkeit von Sprache und dessen internationale Verbreitung vor der Patenterteilung an Bell zu dokumentieren und die genaue technisch-konstruktive Entwicklung des Telephons von Reis zu rekonstruieren und historisch einzuordnen.

Die konstruktionsgeschichtliche Abfolge bisher bekannter und neuer Gerätevarianten von Reis haben wir anhand ermittelter Originalgeräte und zeitgenössischer Quellen rekonstruiert. Der historische Apparat selbst wurde dabei in seinen verschiedenen Entwicklungsstufen (unter Einbeziehung allen weiteren [Schrift- und Bild-] Quellenmaterials) in den Mittelpunkt der Betrachtung gestellt.

Das heißt, das Prinzip der hier vorliegenden Apparategeschichte besteht darin, von den nachweisbaren Apparaten auszugehen und sie und alle bekannten und vor allem neu ermittelten Fakten diesen verschiedenen konstruktionsgeschichtlichen Entwicklungsstufen zuzuordnen und so zu einer detaillierten Rekonstruktion der Konstruktionsarbeit von Reis zu gelangen.

Dabei sind wir der Grundüberlegung gefolgt, daß physikalisch-technische Apparate zielgerichtet geschaffene Konstruktionen sind. D.h. sie sind nicht isolierte oder problemlos isolierbare technische Objekte, sondern Ergebnisse von Konstruktionsarbeiten, die in komplexe erkenntnis- und interessengeleitete Handlungszusammenhänge integriert sind. Davon ausgehend wurde das Telephon von Philipp Reis in zweierlei Hinsicht als Resultat untersucht und dargestellt: einerseits als konstruktiver Ausdruck von Problem- und Lösungswissen und andererseits gleichzeitig als Ergebnis komplexen gesellschaftlich bestimmten Handelns unter konkreten historischen Bedingungen.

Durch Analyse und Vergleich verschiedener Entwicklungsstufen wurde dabei eine Rekonstruktion des Weges und der verschiedenen Stationen des Problemlösungsprozesses in dessen historischem Kontext möglich und damit der wissenschafts- und technikgeschichtliche Wert von Apparaten als historischen Quellen für Anfangs-, Zwischen- oder Endergebnisse physikalisch-technischer Problemlösungsprozesse hervorgehoben. Weiterhin konnten dabei erstmals genaue Daten und Fakten zur zeitgenössischen Rezeption und deren Trägern sowie über die Art und den (weit höher als bisher angenommenen) Umfang der Verbreitung der Geräte von Reis vorgelegt und eine Verortung des technischen Konstrukts im komplexen wissenschafts- und sozialgeschichtlichen Bedingungsgefüge seiner Entstehung dargestellt werden.

Die Einbeziehung zeitgenössischer wissenschafts- und sozialgeschichtlicher Kontexte ermöglichte eine neue Sicht der theoretischen Argumentationen von Reis: Durch die Analyse der komplexen auch außertechnischen Rahmenbedingungen für das Vorgehen von Reis wurden Hintergründe seiner theoretischen Ausführungen dargestellt und damit auch deren immanente Widersprüche verständlich gemacht.

Auf der Grundlage der detaillierten Rekonstruktion der Konstruktions- und Rezeptionsgeschichte konnte hier gleichzeitig erstmals eine methodentheoretisch wie empirisch begründete Darstellung des methodischen Vorgehens von Reis vorgelegt und dessen wissenschaftsgeschichtliche Bedeutung vor diesem Hintergrund kritisch gwürdigt werden.

Durch die hier angestrebte Art und Ausrichtung der Betrachtung sollte dem historischen Quellenwert physikalisch technischer Apparate Rechnung getragen werden. Gleichzeitig sollte die Aufmerksamkeit auf diese vernachlässigte Form gegenständlicher Überlieferung gelenkt, auf ihren Aussagewert aufmerksam gemacht und zu einem respektvolleren Umgang mit solchen wertvollen Zeugnissen früherer Jahrhunderte angeregt werden, wie er für andere historische Quellengattungen seit langem selbstverständlich ist.

Nachbemerkungen

5. Nachbemerkungen

Die hier beschriebenen und analysierten Vorgänge liegen nicht einmal 140 Jahre zurück. Dennoch trennt uns eine ganze Welt von den Pionieren der elektrischen Nachrichtentechnik. Rational ist uns das klar, denn die Entwicklung der Telekommunikation vermittelt uns gerade in den letzten Jahren ein Bild geradezu revolutionärer technischer Fortentwicklungen, die uns dazu nötigen, sogar unsere eigenen Erfahrungen bereits als „historisch" einzustufen.

In vollem Umfang klar geworden ist mir dieses Phänomen eigentlich erst, als sich meine Tochter Antje, die das Entstehen dieser Arbeit von ihrem achten bis zu ihrem elften Lebensjahr sehr intensiv miterlebt hat, sehr darüber wunderte, daß die Briefe von Reis ja in Deutsch geschrieben seien und gar nicht in Latein, wie all die anderen Texte „aus der Antike", mit denen ich sonst so zu tun hätte. Ich möchte ihr an dieser Stelle für ihr Verständnis dafür danken, daß ich einen so großen Teil meiner freien Zeit dieser „Antikenforschung" gewidmet habe.

Mehr noch danke ich ihr für ihre freiwillige Anteilnahme an dieser Arbeit. Ihre wütenden Kommentare „Denen schreib ich mal, was Sache ist" nach einer Schulfunksendung des „Hessischen Fernsehens" über Philipp Reis[1], die sich tatsächlich durch wenig Sachkenntnis auszeichnete, werde ich nie vergessen. Gleiches gilt für die verblüfften Gesichter der Aufseher eines der vielen Museen, die wir im Rahmen dieser Arbeit (als Familienausflug getarnt) gemeinsam besuchten. Hier korrigierte sie freundlich aber sehr bestimmt die Museumsführerin dahingehend, daß der Reis-Sender mit einem „Platin-Kontaktsystem" arbeite, was von dieser zuvor anders dargestellt worden war. Dies waren persönliche Höhepunkte in diesem mühseligen Arbeitsprozeß.

Die vorliegende Untersuchung war als wissenschaftliches Geschenk zum 100. Geburtstag eines (groß)väterlichen Freundes und Förderers meiner Arbeit gedacht, für **Erwin Horstmann**. Er weckte, damals schon 95jährig, mein Interesse an dem Themengebiet Postgeschichte, hat mich zu

---

1. *Hessischer Rundfunk, Sendereihe „Die Kleinen der Großen", hier die Sendung vom 1. 10. 1988: „Der Drahtzieher von Philipp Reis".*

dieser Arbeit ermutigt und tatkräftig dabei unterstützt. Als Verfasser eines der wichtigsten Standardwerke zur Geschichte der elektrischen Nachrichtentechnik[2], war er mir überdies stets ein Vorbild. Leider konnte ich ihm an seinem 100. Geburtstag nur das abgeschlossene Manuskript dieses Buches überreichen. Als der damals betraute Verlag das Manuskript bis zu seinem Tode nicht veröffentlicht hatte, habe ich mein Manuskript gänzlich zurückgezogen.

Die vorliegende Arbeit ist das Ergebnis von mehreren Jahren intensiver historischer Forschung. In unerwartetem Umfang konnte ich auf bisher unveröffentlichtes oder schwer zugängliches Sach- und Schriftquellenmaterial zurückgreifen, das in der vorliegenden Darstellung erstmals veröffentlicht wird. Dies verdanke ich der konstruktiven Mitarbeit vieler Bibliotheken, Archive, Museen und anderer wissenschaftlicher Einrichtungen und Gesellschaften. Vor allem verdanke ich es den vielen Menschen, die mich in meiner Arbeit uneigennützig unterstützt haben. Ohne ihre Hilfe wäre die vorliegende Arbeit nicht möglich gewesen. Und eben der Würdigung und Respektierung dieser vielen großzügigen und engagierten Hilfestellungen und Unterstützungen ist es zu danken, daß ich mich jetzt doch noch zu einer Veröffentlichung entschlossen habe.

Mein Dank gilt besonders

dem **Museum der Stadt Gelnhausen**, vor allem seiner Leiterin, Frau **Gerda Jost**, die es mir ermöglichte, die Archivbestände ihres Museums und die umfangreiche Sammlung des Gelnhäuser Geschichtsvereins, der über einen großen Teil des Nachlasses von Philipp Reis verfügt, zu benutzen und auszuwerten. Ohne ihre unkomplizierte, stets zuverlässige und uneigennützige Hilfe hätte ich dieses Buch nicht schreiben können,

---

2. „*75 Jahre Fernsprecher in Deutschland 1877-1952. Ein Rückblick auf die Entwicklung des Fernsprechers in Deustchland und auf seine Erfindungsgeschichte von Erwin Horstmann, Ministerialrat im Bundesministerium für das Post- und Fernmeldewesen ...Herausgegeben vom. Bundesministerium für das Post- und Fernmeldewesen, Bundesdruckerei 1952.*

dem **Deutschen Museum** in München, wo ich in meiner Arbeit immer sehr bereitwillig unterstützt worden bin. Hier sind namentlich hervorzuheben **Dr. Oskar Blumtritt** und **Manfred Spachtholz** von der Exponatverwaltung, ohne deren Erlaubnis und fachkundige Unterstützung ich meine zeitraubenden Geräte-Untersuchungen und -Vermessungen nicht hätte durchführen können,

dem **Physikalischen Verein** in Frankfurt dafür, daß er mir die Sichtung und wissenschaftliche Auswertung seines umfangreichen und wichtigen Archivs ermöglichte. Besonders danke ich dem damaligen Vorsitzenden des Vereins, Herrn **Hans-Ludwig Neumann**, der für meine Nachfragen und Anliegen stets großes Verständnis und Interesse aufbrachte, mir Wege ebnete und Zugang zur Auswertung der Archivbestände seines Vereins verschaffte,

dem Archiv des **Freien Deutschen Hochstiftes** in Frankfurt, vor allem Herrn **Hans Grüters**, der für meine Suche nach Quellen für die erste Phase der Hochstiftentwicklung, nach Protokollbüchern, Korrespondenzen aus dieser Anfangsphase u.ä. stets ein offenes Ohr und viel Geduld hatte und auch nicht davor zurückschreckte, in verstaubte Keller seines Hauses vorzudringen,

dem **Hessischen Staatsarchiv in Marburg**, vor allem Frau **Ulrike List**, die mir bei der Orientierung in der schwierigen Aktenlage und beim Auffinden von Sekundärquellen große Hilfe geleistet und sich stets mit Freundlichkeit und unerschütterlicher Geduld meiner Anliegen angenommen hat,

dem **Museum für Post und Kommunikation Berlin**, 1991 noch „Postmuseum der DDR", insbesondere Herrn **Willi Melz** und Frau **Wilma Rüters**, die mir großzügig Foto- und Archivmaterialien aus den Beständen des ehemaligen Reichspostmuseums zugänglich machten und mich bereitwillig und sachkundig unterstützt haben,

dem **Zentrum für interdisziplinäre Technikforschung** der Technischen Hochschule in Darmstadt, insbesondere Frau **Prof. Dr. Evelys Meyer** und Herrn **Dr. Gerhard Stärk** für vielfältige Unterstützungen.

Hier bin ich weiterhin **Prof. Dr. Bernhard Cramer**, ebenfalls von der Technischen Hochschule in Darmstadt, zu Dank verpflichtet,

dem **Stadtarchiv in Frankfurt**, vor allem dessen damaligem Leiter, **Prof. Dr. Wolfgang Klötzer**, und **Volker Harms-Ziegler** für vielseitige Hinweise auf die Bestände ihres Archivs und Hilfestellungen bei dessen Nutzung,

der **Stadt- und Universitätsbibliothek Frankfurt**, vor allem Herrn **Dr. Gerhard List**, der mir bei meinen Recherchen nach den Nachlässen verschiedener Mitglieder des Physikalischen Vereins, des Freien Deutschen Hochstiftes etc. stets bereitwillig und sachkundig Hilfe leistete,

dem **Deutschen Adelsarchiv** in Marburg, insbesondere **Dr. Walter von Hueg,** der mir geholfen hat, die Spur Wilhelm von Legats weiterzuverfolgen bis hin zu Frau **Gerda von Legat**, die mir bereitwillig Auskunft gab,

dem **Geheimen Staatsarchiv Preußischer Kulturbesitz**, Abt. Merseburg, insbesondere Herrn **Dr. Waldmann** für umfangreiche und zeitaufwendige Nachforschungen,

dem **Universitätsarchiv** und dem **Stadtarchiv Gießen**, namentlich Frau **Dr. Eva Maria Felschow** und Herrn **Prof. Dr. E. Knauß**,

dem Archiv der Firma **Hartmann & Braun AG** Frankfurt, vor allem Herrn **Rudolf Greß**.

Ferner bin ich zu Dank verpflichtet

der **Jüdischen Gemeinde in Frankfurt**, besonders Frau **Doris Adler**, die mir bei meinen Nachforschungen nach Ernst Horkheimer behilflich war,

der **Institution of Electrical Engineers** in London, namentlich Mr. **Michael Lynch**, der mir bei meinen Recherchen über die Reis-Rezeption in England behilflich war,

Het Nederlandse PTT-Museum, s'Gravenshage, namentlich Herrn **A. van Aanhout** und **Drs. R. A. Korving**, die sich sehr engagiert bemüht haben, die Provenienz der in Holland existierenden Originalgeräte von Reis aufzuklären,

Teyler's Museum in Haarlem, vor allem Herrn **Marijn van Hoorn**, der mir den Zugang zu Archivbeständen und Sammlungen seines Museums ermöglichte,

dem **Wiener Stadt- und Landesarchiv**, namentlich Herrn **Hofrat Prof. Dr. F. Czeike**, Herrn **Dr. Ferdinand Opll** und Herrn **Dr. Herbert Tschulk**,

dem **National Museum of American History, Science, Technology and Culture - Smithsonian Institution**, vor allem dem Curator der Division of Electricity and Modern Physics, Mr. **Berhard S. Finn**, für ausführliche persönliche Mitteilungen über die Bestände seines Museums, dort durchgeführte Experimente und das mir großzügig überlassene Fotomaterial,

dem **Science Center der Harvard University, Collection of Historical Scientific Instruments**, insbesondere Mr. **Will Andrewes**,

dem **MIT Museum** in Cambridge/Mass., namentlich Mr. **Warren Seamans**,

dem **Archiv der AT&T Bell Laboratories** in Warren N.Y., namentlich Frau **Linda Y. Straub**,

dem **National Museum of Science & Industry** in London, vor allem dem Curator of Communications **Dr. R. Bridgman**,

dem **Verein zur Verbreitung naturwissenschaftlicher Kenntnisse** in Wien, insbesondere Herrn **Dr. N. Vavra**,

dem **Museum für Post und Kommunikation Frankfurt**, vor allem Herrn **Dr. Helmut Gold** und den Herren **Rolf Barnekow, Manfred Bernhard, Frank Gnegel** und **Jürgen Küster**.

Weiterhin gilt mein besonderer Dank

Wolfgang Mache, der mir bereitwillig Unterlagen seiner eigenen Recherchen zu A.G. Bell zur Verfügung stellte und für mich wichtige wissenschaftliche Kontakte herstellte,

Heinz Sieber, ohne dessen ständige kompetente Computerhilfe ich meine Arbeit bestenfalls auf meiner bewährten Reiseschreibmaschine verfaßt, mit sehr provisorischen Skizzen und verwackelten Fotos versehen hätte vorlegen können. Ferner

Karl Ebighausen, dem inzwischen pensionierten Leiter des Stadtarchivs in Friedrichsdorf, für stetige Ermunterung, jederzeit bereitwillige Hilfe und persönliche Begleitung meiner Recherchen bis hin zum Rumklettern auf Dachböden mit völlig verwahrlosten Nachlässen und

Jörg Becker, derzeit Professor an der Technischen Hochschule in Wien und Geschäftsführer der KomTech GmbH Frankfurt. Ihm danke ich für wichtige Diskussionen und Anregungen, insbesondere dafür, daß er mich auf diesen Friedrichsdorfer Lehrer Philipp Reis und sein Telephon erstmalig aufmerksam gemacht hat.

Last not least danke ich **Erwin Horstmann**, dem dieses Buch gewidmet ist.

Marburg an der Lahn
Januar 1999

Rolf Bernzen

Anhänge

Prospect

von

PHILIPP REIS

1863

TELEPHON.

    Jeder Apparat besteht, wie aus obiger Abbildung ersichtlich, aus zwei Theilen; dem eigentlichen Telephon A und dem Reproductionsapparat C. Diese beiden Theile werden in solcher Entfernung von einander aufgestellt, dass das Singen oder das Tönen eines musikalischen Instrumentes auf keine andere Weise, als durch den Apparat von einer Station zur anderen gehört werden kann.

    Beide Theile werden unter sich und mit der Batterie B wie gewöhnliche Telegraphen verbunden. Die Batterie muss hinreichen, auf Station A die Anziehung des Ankers an dem seitlich angebrachten Elektromagneten zu bewirken. (3—4 sechszöllige Bunsen'sche Elemente genügen für mehrere Hundert Fuss Entfernung.)

    Der galvanische Strom geht alsdann von B nach der Klemme d, von hier durch das Kupferstreifchen an das Platinplättchen auf der Mitte der Membrane, alsdann durch den Fuss c des Winkels nach der Schraube b, in deren kleine Grube man ein Tröpfchen Quecksilber bringt. Von hier geht der Strom alsdann durch den kleinen Telegraphirapparat e—f, dann zum Schlüssel der Station C und durch die Spirale über i nach B zurück.

    Werden nun hinreichend starke Töne vor der Schallöffnung S erzeugt, so kommen durch die Schwingungen derselben die Membrane und das auf ihr liegende winkelförmige Hämmerchen in Bewegung; die Kette wird für jede volle Schwingung einmal geöffnet und wieder geschlossen und hierdurch werden auf Station C in dem Eisendraht der Spirale ebensoviele Schwingungen hervorgebracht, welche man dort als Ton oder Tonverbindung

(Accord) wahrnimmt. Durch festes Auflegen des Oberkästchens auf die Spiralenachse werden die Töne auf C sehr verstärkt.

Ausser der menschlichen Stimme können (nach meinen Erfahrungen) noch ebensogut die Töne guter Orgelpfeifen von F $-\overline{\overline{c}}$ und die des Claviers reproducirt werden. Zu letzterem Zweck stellt man A auf den Resonanzboden des Claviers. (Von 13 Dreiklängen konnte ein geübter Experimentator 10 ganz genau wiedererkennen.)

Was den seitlich angebrachten Telegraphirapparat anbelangt, so ist derselbe zur Reproduction der Töne offenbar unnöthig; aber er bildet eine zum bequemen Experimentiren sehr angenehme Zugabe. Durch denselben ist es möglich, sich mit dem vis-à-vis recht gut und sicher zu verständigen.

Es geschieht dies etwa auf folgende einfache Weise:

Nachdem der Apparat vollständig aufgestellt ist, überzeugt man sich von der Continuität der Leitung und der Stärke der Batterie durch Oeffnen und Schliessen der Kette, wobei auf A Anschlagen des Ankers und auf C ein sehr vornehmliches Ticken der Spirale gehört wird.

Durch rasch abwechselndes Oeffnen und Schliessen auf A wird nun bei C angefragt, ob man zum Experimentiren bereit, worauf C in derselben Weise antwortet.

Einfache Zeichen können nun nach Uebereinkunft von beiden Stationen durch 1, 2, 3, 4 maliges Oeffnen und Schliessen der Kette gegeben werden, z. B. 1 Schlag = Singen,

  2 Schläge = Sprechen u. s. w.

Wörter telegraphire ich dadurch, dass ich die Buchstaben des Alphabetes nummerire und ihre Nummern dann mittheile.

1 Schlag = a,
2 Schläge = b,
3   „   = c,
4   „   = d,
5   „   = e u. s. w.

z würde demnach durch 25 Schläge angezeigt.

Diese Zahl Schläge würde aber zeitraubend darzustellen und unsicher zu zählen sein, wesshalb ich für je 5 Schläge einen Dactylusschlag setze, dann ergibt sich:

—ᴜᴜ für e,
—ᴜᴜ und 1 Schlag für f, u. s w.

z = —ᴜᴜ, —ᴜᴜ, —ᴜᴜ, —ᴜᴜ, —ᴜᴜ, was schneller und leichter auszuführen und besser zu verstehen ist.

Noch besser ist es, wenn man die Buchstaben durch Zahlen bezeichnet, welche sich umgekehrt verhalten, wie die Häufigkeit ihres Vorkommens.

Friedrichsdorf, b. Homburg v. d. Höhe, im August 1863.

Phil. Reis,

Lehrer an dem L. F. Garnier'schen Knabeninstitute.

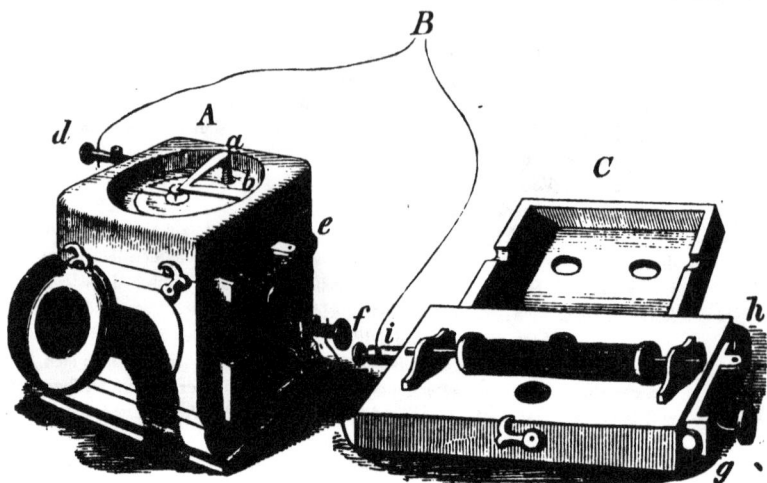

B

d   A
 a

C

e

f i   h

g

P. P.

Nachdem es mir vor zwei Jahren gelungen, die Möglichkeit der
Reproduction der Töne durch den galvanischen Strom darzuthun und einen
dazu passenden Apparat herzustellen, hat der Gegenstand von den gefeiertsten
Männern der Wissenschaft solche Anerkennung gefunden und sind mir so
viele Ermunterungen geworden, dass ich mich seither bestrebte, meine,
anfangs sehr unvollkommenen Apparate derart zu verbessern, dass die Versuche auch Anderen dadurch zugänglich würden.

Jetzt bin ich im Stande einen Apparat zu bieten, welcher meinen
Erwartungen entspricht, und mit welchem es jedem Physiker gelingen wird,
die interessanten Experimente über Tonreproduction auf entfernten Stationen
zu wiederholen.

Ich glaube dem Wunsche Vieler zu entsprechen, wenn ich es unter-
nehme, diese verbesserten Instrumente in den Besitz der Cabinette zu bringen.
Da jedoch die Anfertigung derselben eine vollständige Bekanntschaft mit
den leitenden Prinzipien und eine ziemliche Erfahrung über diesen Gegenstand
voraussetzt, so habe ich mich entschlossen, die wichtigsten Theile derselben
selbst anzufertigen, und nur die Beschaffung der Nebentheile, sowie die
äussere Ausstattung dem Mechaniker zu überlassen.

Die Verbreitung derselben habe ich dem Herrn **J. Wilh. Albert, Mechanikus in Frankfurt a. M.** übertragen und denselben in den Stand gesetzt, diese Instrumente in zwei, nur in der äusseren Ausstattung verschiedenen Qualitäten, zu den Preisen von fl. 21. und fl. 14. (Thlr. 12. und Thlr. 8. pr. Crt.) inclusive Verpackung zu erlassen. Ausserdem können die Instrumente auch von mir direkt zu denselben Preisen, gegen Baareinsendung des Betrags bezogen werden.

Jeder Apparat wird vor seiner Absendung von mir geprüft und alsdann mit *meinem Namen, einer Ordnungsnummer und der Jahreszahl* der Anfertigung versehen.

Friedrichsdorf, b. Homburg v. d. Höhe, im August 1863.

Phil. Reis,

Lehrer an dem L. F. Garnier'schen Knabeninstitut.

J. Wilh. Albert.

Mechanikus
in
FRANKFURT A. M.

𝔉𝔯𝔞𝔫𝔨𝔣𝔲𝔯𝔱 𝔞. 𝔐., im August 1863

P. P.

Hiermit bin ich so frei, Ihnen umstehenden Prospektus zu über-senden, mit der Bitte, demselben Ihre geneigte Aufmerksamkeit schenken zu wollen. Derselbe betrifft den sehr interessanten Apparat von Herrn Reis zur Reproduction der Töne durch Galvanismus,

das Telephon.

Diese Apparate, welche durch mich zu beziehen sind, habe stets in meinem Magazine zur geneigten Ansicht aufgestellt, und bin ich ausserdem gerne bereit, jede nähere Auskunft darüber zu ertheilen.

Mein Magazin physikalischer, optischer und chemischer Instrumente und Apparate befindet sich jetzt:

Neue Mainzerstrasse Nr. 34, am Taunusthor,

nur 3 Minuten von den verschiedenen Bahnhöfen entfernt, und gestattet daher jedem, auch nur kurze Zeit sich in Frankfurt a. M. Aufhaltenden, den Besuch desselben.

In Erwartung Ihrer geneigten Aufträge, verbleibe

Hochachtungsvoll

Ihr Ergebenster

J. Wilh. Albert.

6.2 Anhang 2

Ausführungsform VII des Senders: Vermessungsdaten

An dieser Stelle wollen wir auf Grundlagen zu diesem Buch zurückgreifen. Zur Klärung der Fragen

1. ob die Geräte von Reis professionell und unter den Bedingungen einer auf einen größeren Markt orientierten, standardisierten Produktion erfolgten oder mehr Einzelstückfertigungen mit sehr begrenzter Auflage waren;

2. ob eventuelle Differenzen relevant sind für die Vergleichbarkeit der mit den jeweiligen Geräten zu erzielenden und erzielten Ergebnisse;

3. ob sich bei gegebener Unterschiedlichkeit Variablen erkennen lassen, die Grundlage einer Systematisierung unterschiedlicher Gerätegruppen sein könnten,

wurden drei Apparate (Sender der VII. Ausführungsform) einer genaueren Untersuchung unterzogen. Es handelte sich hierbei unserem Katalog folgend um:

1. Apparat 3, d.h. das Gerät mit der niedrigsten bisher ermittelten Geräte nummer (= Nr. 2; Deutsches Museum Invt. Nr. 06/7611)

2. Apparat 5, d.h. das Gerät mit der höchsten bisher ermittelten Gerätenum mer (= Nr. 59; Deutsches Museum Invt. Nr. 13 / 39081)

3. Apparat 4, d.h. das Gerät, das der bislang differenziertesten quantifizie renden physikalisch-technischen Untersuchung zugrunde lag (= Nr. 50; Deutsches Museum Invt. Nr. 05/2561a)

Obgleich die Ergebnisse dieser Untersuchungen keine Grundlage für Typisierungen liefern, seien sie hier im Detail wiedergegeben, da sie gesicherte Daten für Vergleiche mit weiteren Geräten liefern, die hier nicht vermessen werden konnten oder uns bislang nicht bekannt sind.

Wir können uns diese Ausführungsform des Senders aus fünf verschiedenen Teilen zusammengesetzt vorstellen: 1. der Bodenplatte des Gerätes, 2. dem Mittelteilgehäuse, 3. dem Gerätedeckel, 4. dem Einsprechrohr, 5. der Rufvorrichtung.

Daraus ergibt sich für die Darstellung der gemessenen Daten folgende Gliederung:

Ausführungsform VII des Senders: Vermessungsdaten[1]

6.21 Die Bodenplatte des Gerätes

1   Material

2   Maße

3   Verarbeitung

6.22 Das Mittelteilgehäuse

1   Material

2   Maße

3   Rahmenstärke

4   Verarbeitung

5   Loch für Sprechmuschelansatz

6.23 Der Gerätedeckel

1   Deckelkorpus

2   Messingring

3   Kontaktteile

6.24 Das Einsprechrohr

1   Sprechmuschel

2   Sprechrohr

3   Befestigungsblech

6.25 Die Rufvorrichtung

1   Spulenkörper

2   Kontaktgeber mit Grundplatte

3   Federanker

---

1. *An dieser Stelle sei nochmals Manfred Spachtholz von der Exponatverwaltung des Deutschen Museums in München für die exakte Durchführung der Vermessung und Erfassung der dargestellten Apparate gedankt.*

6.21 Bodenplatte

6.211	Material

02: Eiche
50: Mahagoni
59: Eiche

6.212	Maße

02: 114 mm x 112 mm x 10 mm
50: 108 mm x 107 mm x 9 mm
59: 112 mm x 112 mm x 9 mm

6.213	Verarbeitung

a) aus einem Stück

02: ja
50: ja
59: ja

b) Kantenabrundung

02: keine Abrundung, rechtwinkelig, gerade Kanten
50: Kantenabrundung
59: Kantenabrundung

c) Kehlung

02: Keine Kehlung
50: Keine Kehlung
59: Keine Kehlung

6.22 Mittelteil-Gehäuse

6.221	Material

02: Eiche
50: Mahagoni
59: Eiche

6.222   Maße

            02:    je 2 Platten: 109 mm x 88 mm x 9 m,
                            91 mm x 88 mm x 9 mm
            50:    92 mm x 91 mm x 68 mm
            59:    93 mm x 90 mm x 66 mm

6.223   Rahmenstärke

            02:    9 mm
            50:    8 - 8,5 mm
            59:    variierend: 7,7 mm - 8 mm rechts, 9 mm -9,5 mm links,
                            8,8 mm vorne, 9,2 mm hinten

6.224   Verarbeitung

      a)   verleimt

            02:    verleimt
            50:    verleimt
            59:    verleimt

      b)   genagelt

            02:    Platten jeweils zusätzlich mit einem Nagel befestigt
            50:    nein
            59:    nein

      c)   verschraubt

            02:    nein
            50:    nein
            59:    nein

      d)   auf Gehrung geschnitten

            02:    nein. Seitenteile sind zwischen Vorder- und Rückteil
                            gesetzt.
            50:    ja
            59:    ja

6.225 Loch für Sprechmuschelansatz

a)   Maße

02:   leicht oval 40 mm x 38 mm
50:   rund. Durchmesser 39,5 mm
59:   oval 45 mm x 30 mm

b)   nach unten abgeschrägt

02:   nach unten abgeschrägt
50:   nicht abgeschrägt
59:   unten nach außen zum Sprechrohr hin abgeschrägt

6.23 Gerätedeckel

6.231 Deckelkorpus

6.2311   Material

02:   Eiche
50:   Mahagoni
59:   Eiche

Bei allen drei Geräten aus einem Stück gearbeitet

6.2312   Außenmaße

02:   116 mm x 115 mm x 22,5 mm
50:   93 mm x 91 mm x 28 mm
59:   90 mm x 93 bzw. 91 mm (leicht konisch zulaufend)
      x 27 mm

6.2313   Anpassung an Mittelteil

02:   Die Unterseite des Deckels ist an das Mittelteil durch
      eine Abfräsung an allen vier Seiten von 10 - 12 mm
      angepaßt
50:   liegt glatt auf Rahmenteilen auf
59:   liegt glatt auf Rahmenteilen auf

6.2314   Befestigung am Mittelteil

02:   keine Befestigung am Mittelteil
50:   mit 2 Scharnieren beweglich befestigt
59:   mit 2 Scharnieren beweglich befestigt

6.2315   Ausdrehungen/Ausnutungen im Deckel

    02:    92 mm x 2 mm für Schutzdeckel
            75 mm x 10 mm
            34 mm durchgehende Bohrung

    50:    80,5 mm x 3,3 mm - 3,6 mm für Schutzdeckel
            73 mm x 18 mm
            40 mm durchgehende Bohrung

    59:    83 mm x 4 mm für Schutzdeckel
            73 mm x 18 mm
            41 mm durchgehende Bohrung

6.232 Messingring zur Befestigung der Membrane

6.2321   Maße

    02:    Außendurchmesser 53 mm, Innendurchmesser 37 mm,
            Dicke 3 mm
            Zur Befestigung der Membrane ist ein 1,5 mm tiefer
            Einstich eingedreht.

    50:    Außendurchmesser 54 mm,
            Innendurchmesser 37,2 mm,
            Dicke 4 mm. Dieser Messingring ist scharfkantig.

    59:    Außendurchmesser 52 mm, Innendurchmesser 38 mm,
            Dicke 4 mm
            Dieser Messingring ist außen abgerundet.

6.2322   Befestigung

    02:    Messingring ist mit 3 Messingschrauben (M 4 auf 3
            mal 120°), die im Deckel von unten mit
            Sechskantmuttern verschraubt sind, befestigt.

    50:    Messingring ist mit drei Messingschrauben (M 2 auf 3
            mal 120°), die von unten mit handgemachten
            Vierkantmuttern verschraubt sind, befestigt.

    59:    Messingring ist mit drei Schrauben (M 2,5 auf 3 mal
            120°), die am Deckel mit handgemachten
            Vierkantmuttern angeschraubt sind, befestigt.

6.233   Kontaktteile

6.2331   Kontaktteile: Platinstreifchen

6.23311   Maße

02:    Ovales Plättchen: 9,5 mm x 8,2 mm;
       Messing-Arm: 31 mm x 2 mm x <0,05 mm

50:    Rundes Plättchen: Durchmesser 12 mm,
       Kupfer-Arm: 29,5 mm x 2,5 mm x <0,05 mm

59:    Rundes Plättchen: Durchmesser 12 mm,
       Kupfer-Arm: ca. 27 mm x 2 mm x 0,05 mm

6.23312   Befestigung

02:    Das Platinplättchen ist auf die Membranmitte geklebt
       und durch eine durchgehende Bohrung (Durchmesser
       2,5 mm) mit einer Zuleitungsschraube aus Messing
       verbunden

50:    Das Platinplättchen ist auf die Membranmitte geklebt
       und durch eine durchgehende Bohrung (Durchmesser
       2 mm) mit einer Zuleitungsschraube aus Messing
       verbunden

59:    Das Platinplättchen ist auf die Membranmitte geklebt
       und durch eine durchgehende Bohrung (Durchmesser
       2 mm) mit einer Zuleitungsschraube aus Messing
       verbunden

6.2332   Kontaktteile: Winkel mit Platinkontaktstift

02:    Rechtwinkelig, aus Messingblech (Breite: 7 mm,
       Dicke: 0,5 mm) mit den Maßen 41 mm x 41 mm. Der
       Winkel ist schwarz lackiert und an seinen Enden wie
       auch in der Mitte (an der Außenseite) abgerundet. An
       der Oberseite sind in den Winkelenden die Groß-
       buchstaben A und B und in der Winkelmitte der
       Großbuchstabe C eingeprägt. Im Winkelende A
       befindet sich eine Bohrung von 0,9 mm Durchmesser.
       Im Winkelende B befindet sich ein spitzer Metallstift
       mit einem Durchmesser von 1 mm und einer Höhe von

5 mm. Der Platinkontaktstift in der Winkelmitte bei C
hat einen Durchmesser von 1 mm und eine Höhe von
2,5 mm. Der Abstand von dem Stift im Winkelende B
zum Stift in der Winkelmitte C beträgt 35 mm. Der
Abstand vom Stift in der Winkelmitte C bis zur Mitte
des Loches im Winkelende B beträgt ebenfalls 35 mm.
Der Winkel hat ein Gewicht von 2,43 Gramm.

50:   Rechtwinklig, aus Messingblech mit schwankender
Breite (von 6,3 mm bis 7 mm), Dicke 0,5 mm, mit
folgenden Maßen 36,7 (vom Winkelende A bis zur
Winkelmitte bei C) und 36,6 mm (vom Winkelende bei
B bis zur Winkelmitte bei C). Der Winkel ist schwarz
lackiert und an den Winkelenden wie auch an der
Außenseite der Winkelmitte abgerundet. In den Winkelenden sind auf der Oberseite die Großbuchstaben A
und B und an der Winkelmitte der Großbuchstabe C
eingeprägt. Außerdem ist auf dem Winkelarm CB die
Zahl 50 eingeprägt. Im Winkelende bei A befindet sich
eine durchgehende Bohrung von 1,1 mm Durchmesser,
in der Winkelmitte der Platinkontaktstift und am
Winkelende B wiederum ein Metallstift. Der Abstand
der Stifte im Winkelende B und in der Winkelmitte bei
C beträgt 31 mm. Der Abstand von der Stiftmitte bei C
bis zur Mitte des Loches im Winkelende A beträgt
31,7 mm. Der Winkel hat ein Gewicht von 1,75
Gramm.

59:   Winkel fehlt

6.24 Einsprechrohr

6.241 Sprechmuschel

6.2411   Material

02:   Zinkblech (0,3 mm), schwarz lackiert
50:   Zinkblech (0,2 mm), oberflächenbehandelt (lackiert ?)
59:   vermutlich Zinkblech (0,4 mm), schwarz lackiert

6.2412   Maße

    02:   rund, Durchmesser 70 - 72 mm, gebördelt auf eine
           Breite von 12 mm (oben nicht begradigt !)

    50:   rund, Durchmesser 63 - 65 mm , gebördelt auf eine
           Breite von 13 mm (oben begradigt)

    59:   rund, Durchmesser 77 mm und auf 13 mm gebördelt
           (oben begradigt)

6.242 Sprechrohr

6.2421   Material

    02:   Zinkblech (0,3 mm), schwarz lackiert
    50:   Zinkblech (0,2 mm), oberflächenbehandelt (lackiert ?)
    59:   Zinkblech (0,3 mm), schwarz lackiert

6.2422   Durchmesser

    02:   Innendurchmesser ca. 36 mm
           Außendurchmesser 36,4 mm - 37 mm

    50:   Innendurchmesser 37,4 mm - 37,8 mm
           Außendurchmesser 39,2 mm - 39,8 mm

    59:   Innendurchmesser 35 mm
           Außendurchmesser 36,8 mm - 38 mm

6.2423   Länge

Wegen der Schrägstellung gibt es hier zwei Werte (Kurz- und
Langseite bzw. Ober- und Unterseite, wobei sich der größere
Wert immer auf die Lang- bzw. Unterseite bezieht:

    02:   78 mm / 54 mm

    50:   80 mm / 60 mm

    59:   ca. 77 mm / 57 mm

6.243 Befestigungsblech

6.2431   Material

      02:   Zinkblech (0,5 mm), schwarz lackiert
      50:   Zinkblech (0,3 mm), oberflächenbehandelt (lackiert?)
      59:   Zinkblech (0,5 mm), schwarz lackiert

6.2432   Maße

      02:   oval, 82 mm x 75 mm x 0,5 mm
      50:   rechteckig, Länge: 75 mm, Breite: 65 mm,
              Dicke 0,3 mm.
              Die oberen Ecken sind abgeschnitten
      59:   rund, Durchmesser 75 mm x 0,5 mm (oben und unten
              auf eine Gesamthöhe von 59 - 60 mm begradigt)

6.2433   Befestigung am Gerätemittelteil

      02:   mit vier Nägeln befestigt (einer fehlt)
      50:   mit vier Holzschrauben befestigt
      59:   mit vier Holzschrauben befestigt.

Sprechmuschel, Sprechrohr und Befestigungsplatte sind bei allen drei Geräten verlötet.

6.25 Rufvorrichtung

6.251 Spulenkörper

6.2511   Winkel zur Befestigung der Eisenkerne der Spulenkörper

6.25111   Material

      02:   Eisen
      50:   Eisen
      59:   Eisen

6.25112   Maße

      02:   Länge: 43,3 mm, Breite 16,9 mm, Höhe 23 mm,
              Dicke: 2,5 mm, mit drei Senkschrauben befestigt und
              an der Spulenseite in den Ecken abgeschrägt

50:	Länge: 32,8 mm, Breite: 20 mm, Höhe: 17,3 mm, Dicke: 2,4 mm, mit 2 Senkschrauben befestigt, scharfkantig
59:	Länge: 38 mm, Breite 19 mm, Höhe 19 mm, Dicke 1,2 mm, Kanten an der Spulenseite abgeschrägt

6.2512 Eisenkerne (Maße)

02:	8,3 - 8,4 mm x 59,4 mm
50:	6 mm x 48 mm (oberer Kern 48,5 mm lang)
59:	6 mm x 56 mm

6.2513 Holzummantelung der Eisenkerne (Durchmesser)

02:	16 mm x 53,5 mm
50:	15 mm x 45 mm
59:	13,5 mm x 48 mm (obere 46 mm)

6.2514 Spulenwickelung (Außendurchmesser)

02:	14,4 mm x 47,8 mm
50:	10,4 mm x 39,6 mm
59:	12,1 mm x 40,5 mm (untere 42,5 mm)

6.2515 Draht

02:	0,6 mm Kupferdraht (Gesamtdurchmesser mit Seidenwickelung: 0,75 mm)
50:	0,5 mm Kupferdraht (Gesamtdurchmesser mit Seidenwickelung: 0,6 mm)
59:	0,5 mm Kupferdraht (Gesamtdurchmesser ebenfalls mit grüner Seidenumwickelung 0,9 mm)

6.252 Kontaktgeber mit Grundplatte

6.2521 Kontaktgeber

6.25211 Material

02:	Eisen
50:	vermutlich Messing (schwarz brüniert)
59:	fehlt

6.25212   Maße

02:    Länge: 46 mm, Höhe: 21 mm
       5 mm x 3 mm Flacheisen

50:    Länge: 59 mm, Höhe: 27 mm
       5 mm x 3 mm Flacheisen (zum Kontaktpunkt hin von
       5 mm auf 3 mm verjüngt)

59:    fehlt

6.2522   Grundplatte

6.25221   Material

02:    Eisen, dunkel lackiert
50:    Messing
59:    fehlt

6.25222   Maße

02:    Länge: 31 mm, Breite: 16 mm, Höhe: 13,5 mm,
       Dicke: 1,5 mm; Dämpfung des Kontaktgebers durch
       Federblech

50:    Länge: 64 mm , Breite: 9,5 mm, Höhe: 16 mm,
       Dicke: 3 mm - 4 mm
       Dämpfung des Kontaktgebers durch
       Messingdruckfeder (Durchmesser 3 mm x 8 mm)

59:    fehlt

6.25223   Befestigung

02:    Die Lagerung für den Kontaktgeber ist verstiftet
       (Stift 9 mm x 2 mm).

50:    Die Lagerung für den Kontaktgeber ist verstiftet
       (Stift 10,5 mm x 21,5 mm)

59:    fehlt

6.253 Federanker

6.2531   Material

02:    Federstahl O,3 mm stark
50:    Federstahl 0,1 mm stark
59:    Messingblech 0,2 mm stark

6.2532   Maße

02:    Federblech:
Länge: 80 mm, Breite: 18 mm, Höhe: 10 mm, Dicke:
0,3 mm, darauf aufgenietet: Eisenplättchen 31 mm x
10 mm x 3 mm, auf der Eisenkernseite:
Messingplättchen 30 mm x 10 mm x 0,2 mm

50:    Federblech:
Länge: 69 mm, Breite: 2,5 mm, Dicke: 0,1 mm,
am Ende verlötet mit einem Eisenplättchen 24 mm x
9 mm x 1,8 mm, auf der Spulenseite mit Papier
bedeckt, Befestigung am Grundkörper des
Kontaktgebers

59:    Federblech:
Länge: 61,5 mm, Breite 16,5 mm, Höhe: 9,5 mm,
Dicke: 0,2 mm daran aufgenietet und festgelötet ein
Messingplättchen: 29 mm x 7,3 mm x 1,3 mm

6.2533   Befestigung

02:    Federanker mit 2 Holz-Senkschrauben am Gehäuse
festgeschraubt

50:    Federanker an die Grundplatte des Kontaktgebers
gelötet

59:    Federanker am Gehäuse mit Halbrund-Holzschrauben
befestigt

Aufgrund der vorgehenden Vermessungen ließ und läßt sich feststellen:

Die von uns bisher ermittelten Geräte bieten ein sehr unterschiedliches Spektrum mechanischer Präzision, ohne daß es jedoch möglich wäre, hier ein System zu erkennen. Es scheint sich um mehr oder weniger zufällige Variationen zu handeln, die sich auf eine Fertigung in kleinen Stückzahlen auf der Grundlage eines für die Herstellung nur in Grundzügen verbindlichen Prototyps zurückführen lassen. Die herrschende Annahme einer formal einheitlichen (quasi serienmäßigen) Herstellung und Gestaltung ist also nicht aufrecht zu erhalten.

Die unterschiedliche mechanische Präzision sollte angesichts der grundsätzlichen Störanfälligkeit der Geräte für die Bewertung des Erfolges oder Mißerfolges späterer Nachprüfungen nicht vernachlässigt werden.

Abbildung 58

VII. Ausführungsform des Senders
Hersteller J. W. Albert, Frankfurt

Gerät Nr. 52
Privatbesitz/Museum für Post und Kommunikation Frankfurt

Verzeichnisse

7.1 Literatur

Adler, Fritz: Freies Deutsches Hochstift. Seine Geschichte. Erster Teil 1859 - 1885. Frankfurt 1959.

Amtlicher Bericht über die acht und dreissigste Versammlung Deutscher Naturforscher und Ärzte im Sept. 1863. Hrsg von den Geschäftsführern derselben Dr. A.A. Dohrn und Dr. Behm. Stettin 1864.

Amtlicher Bericht über die neun und dreissigste Versammlung Deutscher Naturforscher und Ärzte in Giessen im September 1864. Herausgegeben von den Geschäftsführern Wernher und Leuckart. Giessen 1865.

Amtlicher Bericht über die Wiener Weltausstellung im Jahre 1873 erstattet von der Centralcommission des Deutschen Reiches für die Wiener Weltausstellung. 2. Band. Braunschweig 1874.

Ausstellung, Internationale ... zu Paris 1867. Katalog der österreichischen Abteilung. Hrsg. vom k.k. Central-Comité für die Pariser Ausstellung. Wien o.J. [1867].

Ausstellungs-Bericht, Officieller ... herausgegeben durch die General-Direction der Weltausstellung 1873 unter Redaction von Dr. Carl Th. Richter .... Die Telegraphen-Apparate .... Bericht von Dr. Leander Ditscheiner... Wien 1874.

Ausstellungs-Bericht, Officieller ... herausgegeben durch die General-Direction der Weltausstellung 1873 unter Redaction von Dr. Carl Th. Richter .... Mathematische und physikalische Instrumente... Bericht von Ferdinand Lippich [u.a.] ... Wien 1874.

Ausstellungszeitung, Deutsche.... Hrsg. von dem Bureau des Vereins Deutscher Ingenieure für die allgemeine Ausstellung zu Paris 1867 (unter verantwortlicher Redaktion von C. Kesseler-Greifswald, Nr. 1 (2.4.67) - 73 und 73 Supplement (28.9.1867).

Barber, Bernard: Der Widerstand von Wissenschaftlern gegen wissenschaftliche Entdeckungen. In: Peter Weingart (Hrsg.) Wissenschaftssoziologie I. Wissenschaftliche Entwicklung als sozialer Prozeß. Frankfurt / Main 1972.

Becker, Jörg (Hrsg.): Fernsprechen. Internationale Fernmeldegeschichte, -soziologie und -politik. Berlin 1994.

Bericht über die Ausstellung wissenschaftlicher Apparate im South Kensington Museum zu London 1876 zugleich vollständiger und beschreibender Katalog der Ausstellung. Im Auftrage des Königlich Grossbritannischen Erziehungsrathes zusammengestellt von Dr. Rudolf Biedermann. Berlin (A.Asher & Co.)

Bericht über die internationale Elektrische Ausstellung Wien 1883 unter Mitwirkung hervorragender Fachmänner herausgegeben vom Niederösterreichischen Gewerbe-Vereine. (Redacteur...Franz Klein), Wien 1885.

Bericht über die Weltausstellung zu Wien im Jahre 1873. Herausgegeben durch die Küstenländische Ausstellungs-Commission in Triest. Redigiert von Friedrich Bömches... Deutscher Text. Triest 1874.

Berichte Hamburger Gewerbetriebender über die Pariser Ausstellung 1867. Hrsg. von einer Commission der Hamburger Gesellschaft zur Beförderung der Künste und nützlichen Gewerbe. Hamburg 1868.

Bernzen, Rolf: „Modell", In: "Europäische Enzyklopädie zu Philosophie und Wissenschaften" (Hrsg. v. H.J. Sandkühler, Istituto Italiano per gli Studi Filosofici, A. Regenbogen), Bd. 3 (Felix Meiner Vlg.) Hamburg 1990; S. 425-432.

Bernzen, Rolf: Philipp Reis. Formen, Phasen und Motivationen der Auseinandersetzung mit dem Telephon. Versuch einer Bestandsaufnahme. Berliner Beiträge zur Geschichte der Naturwissenschaften und der Technik Nr. 16, Berlin 1992. Wiederabgedruckt in Becker, Jörg (Hrsg.): Fernsprechen. Internationale Fernmeldegeschichte, -soziologie und -politik. Berlin 1994, S. 46-89.

Buff, Heinrich: Ueber die durch den electrischen Strom in Eisenstäben erzeugten Töne. In: Annalen der Chemie und Pharmacie. Hrsg. v. F. Wöhler, J. Liebig und H. Kopp, III. Supplementband, Leipzig/Heidelberg 1864 u. 1865, S. 129-153.

Catalog für die internationale Elektricitäts-Ausstellung verbunden mit Versuchen im K. Glaspalaste zu München. München 1882.

Catalog, amtlicher...der Ausstellung der im Reichsrathe vertretenen Koenigreiche und Länder Oesterreichs. Weltausstellung 1873 in Wien. Verlag der Generaldirektion Wien 1873.

Commissariat Général: Exposition Universelle de Vienne, 1873, France. 2 Bde. Paris 1873.

Die Fortschritte der Physik im Jahre 1863. Dargestellt von der physikalischen Gesellschaft zu Berlin, XIX. Jg, Berlin 1865, S. 96.

Diehl, W.: Bericht über die Thätigkeit und den Stand der Gesellschaft vom 1. Juli 1863 bis zum 1. Juli 1865. In: Elfter Bericht der Oberhessischen Gesellschaft für Natur- und Heilkunde", Gießen 1865, S. 155-159.

Exposition universelle de 1867 a Paris. Catalog général publié par la Commission imperiale. 2. Bde. Paris / London [1867].

Exposition Universelle de 1867 a Paris. Rapports du Jury international publies sous la Direction de M. Michel Chevalier. Tome premier-treizieme. Paris 1868.

Feyerabend, Ernst: 50 Jahre Fernsprecher in Deutschland 1877 - 1927. Berlin 1927.(1927)

Feyerabend, Ernst: Fünfzig Jahre Fernsprecher in Deutschland. In: Elektrotechnische Zeitschrift 48 (1927) Heft 26 vom 30.6.1927, S. 905 - 916. (1927a).

Fricke, Heinz: 150 Jahre Physikalischer Verein Frankfurt a.M..Hrsg Physikalischer Verein Frankfurt o.J.[1974].

General-Catalog. Officieller ... Welt-Ausstellung 1873 in Wien. Wien 1873.

Die **Geschichte** und Entwicklung des elektrischen Fernsprechwesens. Zweite vermehrte und ergänzte Auflage. Berlin 1880.

Hartmann, Eugen: Das Telephon, eine deutsche Erfindung. Vortrag, gehalten bei der Constituierung des Comités zur Errichtung eines Denkmals für Philipp Reis am 23. Januar 1898. In: Philipp Reis, der Erfinder des Telephons. Sonderabdruck aus dem Jahresbericht des Physikalischen Vereins zu Frankfurt 1897/98, Frankfurt 1899, S. 7-27. (= Hartmann 1899)

Hennicke, Ferdinand: Das Reichs-Postmuseum. Berlin 1889.

Hermann, Armin und Ulrich **Benz**: Quanten- und Relativitätstheorie im Spiegel der Naturforscherversammlungen 1906-1920. In: Wege der Naturforschung 1822-1972 (Hrsg. H. Querner und H. Schipperges), Berlin 1972, S. 125.

Hessler, J. F. / F. J. **Pisko**: Lehrbuch der Technischen Physik. 3. Aufl., I. Bd., Wien 1866.

Horstmann, Erwin: 75 Jahre Fernsprecher in Deutschland 1877-1952. Ein Rückblick auf die Entwicklung des Fernsprechers in Deutschland und auf seine Erfindungsgeschichte. Hrsg. vom Bundesministerium für das Post- und Fernmeldewesen. Berlin 1952.

Horstmann, Erwin: Quellenbuch des Fermeldewesens. Darmstadt 1956

Houston, Edwin J.: Glimpses of the International Electrical Exhibition: The Telephone. The Franklin Institute, Philadelphia 1886.

Jahres-Berichte des physikalischen Vereins für die Rechnungsjahre 1861-1863.

Kallmorgen, Wilhelm: Siebenhundert Jahre Heilkunst in Frankfurt. Frankfurt 1936.

Karras, Th.: Geschichte der Telegraphie (=Telegraphen- und Fernsprech-Technik in Einzeldarstellungen (Hrsg. v. Th. Karras) IV) Braunschweig 1909.

Katalog der Philipp Reis Ausstellung zu Gelnhausen im Oktober 1931 (Beilage zur Zeitschrift "Die Heimat" (Gelnhausen) 1931, Nr. 13)

Katalog des Postmuseums im Kaiserlichen General-Postamt zu Berlin. Berlin 1878.

Katalog des Reichspostamtes. Im Auftrage des Reichs-Postamtes bearbeitet von H. Theinert. Berlin 1889.

Katalog des Reichspostmuseums. Berlin 1897.

Koenig, Karl Rudolph: Catalogue des appareils d'acoustique. Paris 1865.

Kohut, A.: Zum 100. Geburtstag von Buff. In: „Pharmazeutische Zeitschrift" 50. Jg., Nr. 42, Berlin 27.5.1905, S. 435f.

Kuhn, Carl: Handbuch der angewandten Elektricitätslehre, mit besonderer Berücksichtigung der theoretischen Grundlagen. (XX. Bd. der Allgemeinen Encyclopädie der Physik, hrsg. v. Gustav Karsten) Leipzig 1866, 1017-1020

Ladd, William: An Acoustic Telegraph. In: The Civil Engineer and Architect's Journal. Vol 26 (1863) S. 307f.

Ladd, William: On an Acoustic Telegraph. In: Report of the Thirty-third Meeting of the British Association for the Advancement of Science held at Newcastle-upon-Tyne in August and September 1863. Notices and Abstracts of miscellaneous Communications to the Sections, London 1864, S. 19.

Legat, Wilhelm von: Über die Reproduktion von Tönen auf elektrogalvanischem Wege. In: Zeitschrift des deutsch-österreichischen Telegraphenvereins. Hrsg. in dessen Auftrag von der Königlich preußischen Telegraphen-Direction, Jahrgang IX (1862) Heft VI, VII, VIII, S. 125-130.

Lorch-Göllner, Silke: Vom 'Maison D'Éducation' zur Garnier'schen Lehr- und Erziehungsanstalt - Erziehung und Bildung angehender junger Kaufleute in Friedrichsdorf in den Jahren 1836 bis 1860. In: 'Suleburc Chronik', Schriften zur Geschichte der Stadt Friedrichsdorf, Heft 8, Friedrichsdorf 1996.

Mache, Wolfgang: Reis-Telephon (1861/64) und Bell-Telephon (1875/77). Ein Vergleich. In: Hessische Blätter für Volks- und Kulturforschung, Neue Folge Bd. 24 (1989), Sonderheft 'Telephonieren' (Hrsg. Jörg Becker), S. 45 - 62.

Müller, Johannes: Lehrbuch der Physik und Meteorologie. 6. Aufl., 2. Bd., Braunschweig 1864

Müller, Johannes: Lehrbuch der Physik und Meteorologie. Theilweise nach Pouillet's Lehrbuch der Physik selbständig bearbeitet von Dr. Joh. Müller. Siebente umgearbeitete und vermehrte Auflage in zwei Bänden. Braunschweig 1868.

Noebels, J.: Die Entwicklung des Deutsch-Österreichischen Telegraphenvereins und der internationalen Telegraphenbeziehungen. In: Archiv für Post und Telegraphie Nr. 2/ 1905, 46 - 63; Nr. 3 / 1905, S. 79 - 89; Nr. 5 / 1905, S. 154 - 159; Nr. 8 / 1905, S. 259 - 271; Nr. 9 / 1905, S. 295 - 308.

Petrik, Leopold: Philipp Reis' Telephon. Ein Beitrag zur Entwicklungsgeschichte des elektrischen Fernsprechwesens. Mit einer Figurentafel. In: Jahresbericht über das k.k. Gymnasium in Triest veröffentlicht am Schlusse des Schuljahres 1892. XLII. Jahrgang, Triest 1892.

Pick, Hermann: Ueber das Telephon. Vortrag gehalten am 28.11.1864. In: Schriften des Vereins zur Verbreitung naturwissenschaftlicher Kenntnisse in Wien, 5. Bd, Jg. 1864/65, Wien 1866 (= Populäre Vorträge aus allen Fächern der Naturwissenschaft. Hrsg. v. Verein zur Verbreitung naturwissenschaftlicher Kenntnisse in Wien, 5. Cyclus) S. 57-71

Pisko, Franz Josef: Die neueren Apparate der Akustik. Wien 1865.

Pisko, Franz Josef: Die Telephonie. In: Bericht über die internationale Elektrische Ausstellung Wien 1883 (Hrsg. v. Niederösterreichischen Gewerbevereine). Wien 1885.

Pisko, Franz Josef: Über einige neuere akustische Gegenstände. In.: Jahresbericht der Wiedener Communal-Oberrealschule in Wien. Wien 1863, S. 2 - 16.(1863).

Poppe, Adolph: Erfinder-Lose. Philipp Reis und das Telephon. In: Die Gartenlaube (1893) Nr. 14, S. 237.

Poppe, Adolph: Erinnerungen an Philipp Reis, den Schöpfer des Grundgedankens der Telephonie. In: Didaskalia 64 (1886) Nr.202 und 203, S. 806f und 811f.

Prescott, George B. (Hrsg.): The Speaking Telephone, talking Phonograph and other Novelties. New York 1878.

Proescholdt, Ludwig (Hrsg.): Festschrift zur Feier des 60jährigen Bestehens der Garnier'schen Lehr- und Erziehungsanstalt zu Friedrichsdorf (Taunus), 15. und 16. August 1896. Homburg v. d. Höhe 1896.

Rapport d'1 administration de la Commission Impériale sur la section Francaise de 1 'Exposition Universelle de 1862, suivi de documents statistique et officiels et de la liste des exposants récompensés. Paris 1864.

Reinländer, Claus: Die Erfindung des Telephons. Ing. Diss. TH München 1961.

Reis, Philipp: Prospect von Philipp Reis. Homburg v. d. Höhe, 1863.

Reis, Philipp: Ueber Telephonie durch den galvanischen Strom. In: Jahres-Bericht des physikalischen Vereins zu Frankfurt am Main für das Rechnungsjahr 1860-1861, S. 57-64 (mit Tafel I, II, III).

Rotth, August: Das Telephon und sein Werden. Berlin 1927.

Ruge, Arnold: Vorwort. In: Hallische Jahrbücher für deutsche Wissenschaft und Kunst, 4. Jg. (1841), Nr.1 und 2 (vom 1. und 2. Januar 1841), S. 1-6.

Sack, J.: Die Telephonie, ihre Entstehung, Entwicklung und Verwerthung als Verkehrsmittel. Berlin 1878.

Schenk, Karl: Philipp Reis, der Erfinder des Telephon. Frankfurt a. M. 1878.

Schwarz, Georg: Fünfzig Jahre elektrische Telephonie. Wissenschaftliche Beilage zum Jahresbericht des Großh. Gymnasiums Tauberbischofsheim für 1911/12. Tauberbischofsheim 1912.

Special-Katalog. Collectiv-Ausstellung von Schul- und Unterrichts-Gegenständen. Veranstaltet vom k.k. Ministerium für Cultus und Unterricht. Wien 1873.

Taschenbuch, Gothaisches Genealogisches ... der Adeligen Häuser, Teil A, Jg. 1939, Gotha 1939, S.258.

Thompson, Jane S. und Helen G. Thompson: Silvanus Phillips Thompson. His Life and Letters. London 1920.

Thompson, Silvanus Phillips: The first Telephone. In: Proceedings of the Bristol Naturalists' Society. Vol. IV, (New Series), 1882-1885, S. 45-53.

Thompson, Silvanus Phillips: Philipp Reis: Inventor of the Telephone. A biographical Sketch with documentary Testimony, Translations of the Original Papers of the Inventor and contemporary Publications. London/New York 1883.

Turner, Gerard L'E.: Nineteenth Century Scientific Instruments (Sotheby Publications, University of California Press) London 1983.

Weltausstellung, Wiener.... Amtlicher Katalog der Ausstellung des Deutschen Reiches. Berlin 1873.

Wiener Weltausstellungs-Zeitung. Central Organ für die Weltausstellung im Jahre 1873.

Zeitungen und Zeitschriften
(soweit nicht anders angegeben für den Zeitraum von 1861-1865)

Anzeigeblatt für die Stadt und den Kreis Gießen (nur 1864)

Augsburger Allgemeine Zeitung

Berichte des Freien Deutschen Hochstiftes (1860-1876).

Didaskalia (ab 1854)

Elektrotechnische Zeitschrift 1887

Frankfurter Intelligenzblatt

Frankfurter Journal

Frankfurter Konversationsblatt

Frankfurter Nachrichten. Extrabeilage zum Intelligenz-Blatt der freien Stadt Frankfurt

Die Gartenlaube (nur 1863)

Jahres-Berichte des Physikalischen Vereins Frankfurt 1851 bis 1868

Polytechnisches Centralblatt (Hrsg. v. Schnedermann und Boettcher

Polytechnisches Journal. Hrsg. v. Dr. Emil Maximilian Dingler

Polytechnisches Notizblatt für Gewerbetreibende, Fabrikanten und Künstler. Hrsg. und redig. v. Prof. Dr. R. Böttger in Frankfurt am Main.

Scientific American. A weekly Journal of Practical Information, Art, Science, Mechanics, Chemistry, and Manufactures. (1876 -1886)

Der Taunusbote (bis 1867)

7.2 Verzeichnis der Abbildungen

Abb. 01   Seite 22   Übersicht Gerätetypen: Sender
Abbildungsnachweis: Montage des Verfassers
Apparatenummer: ohne

Abb. 02   Seite 23   Übersicht Gerätetypen: Sender
Abbildungsnachweis: Montage des Verfassers
Apparatenummer: ohne

Abb. 03   Seite 24   Übersicht Gerätetypen: Sender
Abbildungsnachweis: Montage des Verfassers
Apparatenummer: ohne

Abb. 04   Seite 25   Übersicht Gerätetypen: Empfänger
Abbildungsnachweis: Montage des Verfassers
Apparatenummer: ohne

Abb. 05   Seite 33   Gerätetyp: S I (Ph. Reis, Friedrichsdorf) vor 1861
Abbildungsnachweis:
Foto aus dem ehem. Reichspostmuseum
Apparatenummer: App. 1.001

Abb. 06   Seite 34   Gerätetyp: S I (Ph. Reis, Friedrichsdorf) vor 1861
Abbildungsnachweis: Thompson (1883) Fig. 2-5
Apparatenummer: App. 1.001

Abb. 07   Seite 35   Gerätetyp: S I (Ph. Reis, Friedrichsdorf) vor 1861
Abbildungsnachweis: Thompson (1883) Fig. 6
Apparatenummer: App. 1.001

Abb. 08   Seite 36   Gerätetyp: S I (Ph. Reis, Friedrichsdorf) vor 1861

Abbildungsnachweis: Hartmann (1899) Seite 13

Apparatenummer: App. 1.001

Abb. 09   Seite 55   Gerätetyp: S II [Ph. Reis, Friedrichsdorf] 1861

Abbildungsnachweis: Handskizze von Philipp Reis im Manuskript seines Aufsatzes „Ueber Telefonie durch den galvanischen Strom", Seite 6, Deutsches Museum München

Apparatenummer: App. 1.002

Abb. 10   Seite 56   Gerätetyp: S II [Ph. Reis, Friedrichsdorf] 1861

Abbildungsnachweis: Jahresbericht des physikalischen Vereins (1861-1862) Seite 60

Apparatenummer: App. 1.002

Abb. 11   Seite 58   Gerätetyp: S II,

Abbildungsnachweis: „Scientific American" Vol. LIII, No. 22 vom 28.11.1885, Seite 342, Fig. 1

Apparatenummer: App. 1.003

Abb. 12   Seite 62   Gerätetyp: S II,

Abbildungsnachweis: Thompson (1883) Seite 21, Fig.10 (Schnittskizze)

Apparatenummer: App. 1.004

Abb. 13   Seite 63   Gerätetyp: S II,

Abbildungsnachweis: „Scientific American" Vol. LIII, No. 22 vom 28.11.1885, Seite 342, Fig. 2 (Schnittskizze)

Apparatenummer: App. 1.003

Abb. 14   Seite 66   Gerätetyp:
Schematische Darstellung von Empfänger und Sender in
Schnitt und Schaltung (S II und E II),
Abbildungsnachweis: Skizze des Verfassers
Apparatenummer: keine

Abb. 15   Seite 80   Gerätetyp: S III [Ph. Reis, Friedrichsdorf] 1861/62
Abbildungsnachweis: Thompson (1883) Seite 24, Fig. 13
(Rekonstruktion nach einem Foto von Reis)
Apparatenummer: App. 1.005

Abb. 16   Seite 82   Gerätetyp: S III [Ph. Reis, Friedrichsdorf] 1861/62
Abbildungsnachweis: Stich nach einem Foto von
Philipp Reis, Abbildung nach Thompson (1883) Seite
23, Fig. 12
Apparatenummer: App. 1.005

Abb. 17   Seite 91   Gerätetyp: S IV [Ph. Reis, Friedrichsdorf] 1862
Abbildungsnachweis: Wilhelm von Legat (1862) Fig. 4A
Apparatenummer: App. 1.006

Abb. 18   Seite 92   Gerätetyp: S IV [Ph. Reis, Friedrichsdorf] 1862
Abbildungsnachweis: Carl Kuhn (1866) Fig. 504
Apparatenummer: App. 1.006

Abb. 19   Seite 99   Gerätetyp:
S Va [Ph. Reis, Friedrichsdorf] 1862/63 [Unikat]
Abbildungsnachweis: Schenk (1878) Seite 8, Fig. 2
Apparatenummer: App. 1.007

Abb. 20   Seite 102   Gerätetyp:
S Va [Ph. Reis, Friedrichsdorf] 1862/63 [Unikat]
Abbildungsnachweis: Foto aus dem ehem. Reichs-
postmuseum
Apparatenummer: App. 1.007

Abb. 21   Seite 103   Gerätetyp: S Vb [Ph. Reis, Friedrichsdorf] 1862/63
Abbildungsnachweis: Deutsches Museum München
Apparatenummer: App. 1.008

Abb. 22   Seite 105   Gerätetyp: S VIa [Ph. Reis, Friedrichsdorf] 1862/63
Abbildungsnachweis: Schenk (1878) Seite 8, Fig. 1
Apparatenummer: App. 1.009

Abb. 23   Seite 107   Gerätetyp: S VIa [Ph. Reis, Friedrichsdorf] 1862/63
Abbildungsnachweis: Foto aus dem ehem.
Reichspostmuseum
Apparatenummer: App. 1.009

Abb. 24   Seite 109   Gerätetyp: S VIb [Ph. Reis, Friedrichsdorf] 1862/63
Abbildungsnachweis: Deutsches Museum München
Apparatenummer: App. 1.010

Abb. 25   Seite 113   Gerätetyp:
Übergangsform zwischen Sendern mit senkrechter
Membrananordnung und Sendern mit waagrechter
Membrananordnung nach einem Brief von R. Messel an
Thompson vom 30.4.1883,
Abbildungsnachweis: Thompson (1883) Seite 122, Fig. 41
Apparatenummer: keine

Abb. 26   Seite 119   Gerätetyp: S VII [Albert, Frankfurt: 14] 1863
Abbildungsnachweis: Museum für Post und Kommunikation Frankfurt
Apparatenummer: App. 1.014

Abb. 27   Seite 123   Gerätetypen: S VII, E II
Abbildungsnachweis: Prospect von Ph. Reis (1863)
Apparatenummer: keine

Abb. 28   Seite 126   Gerätetyp: E I [Yeates, Dublin) 1865
Abbildungsnachweis: Hartmann (1899) Seite 21
Apparatenummer: App. 4.101

Abb. 29   Seite 135   Gerätetyp: S VII [van der Weyde] 1869
Abbildungsnachweis: „Scientific American" Vol. LIV, No. 22 vom 29.5.1886, Seite 335f
Apparatenummer: App. 2.402

Abb. 30   Seite 136   Gerätetyp: E II [van der Weyde] 1869
Abbildungsnachweis: „Scientific American" Vol. LIV, No. 22 vom 29.5.1886, Seite 335f, Fig. 5
Apparatenummer: App. 4.242

Abb. 31   Seite 137   Gerätetyp: E I [van der Weyde] 1870,
Abbildungsnummer: 31
Abbildungsnachweis: „Scientific American" Vol. LIV, No. 22 vom 29.5.1886, Seite 335f, Fig. 6
Apparatenummer: App. 4.102

Abb. 32   Seite 142   Gerätetyp: S VII [Koenig, Paris] 1865
Abbildungsnachweis: Smithsonian Institution, Washington
Apparatenummer: App. 2.202

Abb. 33   Seite 143   Gerätetyp: S VII [Koenig, Paris] 1865,
                        Abbildungsnachweis: Smithsonian Institution, Washington
                        Apparatenummer: App. 2.202

Abb. 34   Seite 148   Gerätetyp: S VII [Albert, Frankfurt] 1863
                        (mit E II [Albert, Frankfurt] = App. 3.218)
                        Abbildungsnachweis: Pisko (1865) Seite 94
                        Apparatenummer: App. 1.025

Abb. 35   Seite 152   Gerätetyp: E II [Hauck, Wien: 10] 1865
                        Abbildungsnachweis: Foto des Verfassers
                        Apparatenummer: App. 2.301

Abb. 36   Seite 156   Gerätetyp: S VII [Albert, Frankfurt: 50] 1863
                        Abbildungsnachweis: Deutsches Museum, München
                        Apparatenummer: App. 1.020

Abb. 37   Seite 157   Gerätetyp: S VII [Albert, Frankfurt: 2] 1863
                        Abbildungsnachweis: Deutsches Museum, München
                        Apparatenummer: App. 1.013

Abb. 38   Seite 161   Gerätetyp: S VII [Albert, Frankfurt] 1863
                        Abbildungsnachweis: Pisko (1885) Seite 247, Fig. 147
                        Apparatenummer: App. 1.025

Abb. 39   Seite 158   Gerätetyp: S VII [Albert, Frankfurt: 43] 1863
                        Abbildungsnachweis: PTT-Museum, Den Haag
                        Apparatenummer: App. 1.015

Abb. 40   Seite 166   Gerätetyp: E I (Vorform)

Abbildungsnachweis: Thompson (1883) Seite 119. Skizze
aus einem Brief Horkheimers an Thompson vom 2.12.1882.

Apparatenummer: ohne

Abb. 41   Seite 173   Gerätetyp: E I [Reis,Friedrichsdorf] 1861/62

Abbildungsnachweis: Wilhelm von Legat (1862) Fig. 4B

Apparatenummer: App. 3.101

Abb. 42   Seite 175   Gerätetyp: E I [Reis,Friedrichsdorf] 1861/62

Abbildungsnachweis: Carl Kuhn (1866) Seite 1019,
Fig. 505

Apparatenummer: App. 3.101

Abb. 43   Seite 180   Gerätetyp: E II [Reis, Friedrichsdorf] 1861

Abbildungsnachweis: M. Reuter: Telekommunikation. Aus
der Geschichte in die Zukunft. Heidelberg 1990, Seite 84.

Apparatenummer: ohne (App. 3.201 ?)

Abb. 44   Seite 184   Gerätetyp: E II

Abbildungsnachweis: „Scientific American
Vol. LIII, No. 22 vom 28.11.1885, Fig. 3

Apparatenummer: App. 3.202

Abb. 45   Seite 183   Gerätetyp: E II

Abbildungsnachweis: Joh. Müller (1864) Fig. 327, Seite 352

Apparatenummer: ohne

Abb. 46   Seite 185   Gerätetyp: E II

Abbildungsnachweis: Prospect von Philipp Reis (1863)

Apparatenummer: ohne

Abb. 47   Seite 189   Gerätetyp: E II [Albert, Frankfurt] 1863
                              Abbildungsnachweis: Deutsches Museum München
                              Apparatenummer: App. 3.206

Abb. 48   Seite 191   Gerätetyp: E II
                              Abbildungsnachweis: Skizze des Verfassers
                              Apparatenummer: ohne

Abb. 49   Seite 193   Gerätetyp: E II [Albert, Frankfurt] 1863
                              Abbildungsnachweis: Deutsches Museum, München
                              Apparatenummer: App. 3.213

Abb. 50   Seite 196   Gerätetyp: E II
                              Abbildungsnachweis: Skizze des Verfassers
                              Apparatenummer: ohne

Abb. 51   Seite 197   Gerätetyp: E II [Albert, Frankfurt] 1863
                              Abbildungsnachweis: Hartmann (1899), Seite 18
                              Apparatenummer: App. 3.222

Abb. 52   Seite 200   Gerätetyp: E II [unbekannter Hersteller] vor 1866
                              Abbildungsnachweis:
                              Hessler-Pisko (1866) I. Bd. Seite 648, Fig 429 II
                              Apparatenummer: App. 4.244

Abb. 53   Seite 200   Gerätetyp: E II
                              Abbildungsnachweis: J. Sack (1878) Seite 9, Fig. 2
                              Apparatenummer: ohne

Abb. 54   Seite 202   Gerätetyp: S VII, E II
                          Abbildungsnachweis: Teylers Museum, Haarlem
                          Apparatenummer: App. 2.403, App. 4.243

Abb. 55   Seite 204   Gerätetyp: [E II - Übersicht: Grundform / Standardform]
                          Abbildungsnachweis: Skizze des Verfassers
                          Apparatenummer: ohne

Abb. 56   Seite 205   Gerätetyp:
                          [E II - Übersicht: Standardform Varianten I und II]
                          Abbildungsnachweis: Skizze des Verfassers
                          Apparatenummer: ohne

Abb. 57   Seite 206   Gerätetyp:
                          [E II - Übersicht: Standardform Varianten I und II]
                          Abbildungsnachweis: Skizze des Verfassers
                          Apparatenummer: ohne

Abb. 58   Seite 258   Gerätetyp: S VII [Albert, Frankfurt: 52] 1864
                          Abbildungsnachweis: Foto des Verfassers
                          Apparatenummer: App. 1.022

Abb. 59   Seite 278   Gerätetyp: E II [Albert, Frankfurt] 1864
                          Abbildungsnachweis: Foto des Verfassers
                          Apparatenummer: App. 3.215

Abbildung 59

II. Form des Empfängers
Hersteller J. W. Albert, Frankfurt

Privatbesitz/Museum für Post und Kommunikation Frankfurt

7.3 Verzeichnis der Apparate

Die Sender der Ausführungsformen I - VI und alle Empfänger wurden von Reis selber - wie in den Vorbemerkungen bereits dargelegt - nicht numeriert, ebenso wenig natürlich die zeitgenössischen Nachbauten. Damit bleiben durch Reis selbst sehr viele der hier behandelten Geräte unerfaßt.

Deshalb war es notwendig, jedem der in der vorliegenden Darstellung vorkommenden Apparate (egal ob dessen Verbleib geklärt ist oder nicht) zur eindeutigen Identifizierbarkeit eine Apparatenummer zuzuweisen.

Da dies natürlich mit einer gewissen Systematik erfolgen soll, wollen wir bei den Apparatenummern nach Sendern und Empfängern, Originalgeräten und zeitgenössischen Nachbauten unterschieden.

Als Originalgeräte gelten hier die von Reis selbst hergestellten Apparate der Gerätetypen I - VI und die von ihm selbst mit Gerätenummern versehenen Apparate der VII. Ausführungsform des Senders (= Gerätetyp VII) aus der Herstellung der Firma Albert in Frankfurt. Alle hierunter fallenden Sender werden in unserer Klassifikation - wenngleich im Text nicht immer erwähnt - mit 1.0 beginnen. Also der erste von Reis gebaute Sender, das Ohr, wird die Apparatenummer 1.001 erhalten. Die dazugehörigen Empfänger werden in unserer Klassifikation mit 3.0 beginnen. Der erste behandelte Empfänger wird also die Apparatenummer 3.001 haben.

Als zeitgenössische Nachbauten und auch Originalgeräte können streng genommen nur Apparate gelten, die vor 1874, also dem Jahr, in dem Reis starb, hergestellt wurden. Wir wollen jedoch aus triftigem Grund als zeitgenössisch alle Nachbauten bis 1876, d.h. bis zur Patentanmeldung von Alexander Graham Bell, zulassen. Diese Nachbauten (z.B. die Apparate der Firma R. Koenig in Paris) sind wissenschafts- und apparategeschichtlich keineswegs weniger bedeutend als die hier als Originalgeräte bezeichneten Apparate. Wir werden daher nach der Apparategruppe 1 (1.0 , das heißt den Sendern von Reis selber oder aus der Herstellung der Firma Albert) als Apparategruppe 2 (2.) im erweiterten Sinne zeitgenössische Nachbauten erfassen. Ebenso wollen wir mit den Empfängern (Apparategruppen 3. und 4.) verfahren.

Bei der Erfassung der zeitgenössischen Gerätenachbauten stehen wir leider völlig am Anfang. Wir konnten die Firma Fritz in Frankfurt (2.1 / 4.21), die Firma Koenig in Paris (2.2 / 4.22), die Firma Hauck in Wien (2.3 / 4.23) und (wahrscheinlich) die Firma Ladd (2.4 / 4.24) in London ermitteln. Darüber hinaus gibt es (nichtgewerbliche) Gerätenachbauten einzelner (zeitgenössischer)

Wissenschaftler und Gerätebauer (z.B. St. M. Yeates in Irland oder P. H. van der Weyde in den USA. (2.4 / 4.1 bzw. 4.24)).

Für Nachbauten nach 1876 ließe sich diese Liste mit weiteren Gruppen 5. (Sender) und 6. (Empfänger) - falls erforderlich oder gewünscht - weiterführen.

Natürlich ist die folgende Apparateliste unvollständig. Aber vielleicht können wir sie ja gemeinsam weiterführen und vervollkommnen? Ich habe hierfür eine E-Mail-Adresse eingerichtet:

Philipp-Reis-Apparate@gmx.de

Vielleicht können wir hier unser Wissen zu einer umfassenderen Sicht dieser Frühphase der elektrischen Nachrichtentechnik mosaikartig zusammenfügen?

Ich erwarte Ihre Kritik, aber auch Ihre weiterführenden oder ergänzenden Informationen und Hinweise.

App. 1.001

Gerätetyp: S I (Ph. Reis, Friedrichsdorf) vor 1861, [Unikat]

Abbildungsnummer: 05, 06, 07, 08

Bemerkungen: Erstveröffentlichung des Apparates durch Silvanus Ph. Thompson (1882) in Bristol. Zum Zeitpunkt seiner Bekanntmachung befand sich dieser Apparat [ebenso wie die Apparate 1.007 und 1.009] im Besitz der physikalischen Sammlung des „Institut Garnier" in Friedrichsdorf. Im Oktober 1886 gingen die Apparate [1.007] [1.009] und [1.001] in den Besitz des „Reichspostmuseums" in Berlin über, wo sie nachweisbar bis gegen Ende des II. Weltkrieges blieben. Durch die Zerstörung des „Reichspostmuseums", aber auch durch andere Kriegs- und Nachkriegseinflüsse entstanden an den ausgelagerten Beständen große Schäden. Der heutige Verbleib dieses Apparates ist ungeklärt.

Standort/Verbleib: Ungeklärt.

Nach Auskünften der Museen für Post und Kommunikation in Berlin und Frankfurt befindet sich dieser Apparat nicht mehr in den aktuellen Beständen. Weitere Nachforschungen werden angeregt.

Textverweise: Seite 29 - 40, besonders Seite 38ff

App. 1.002

Gerätetyp:
S II [Ph. Reis, Friedrichsdorf] 1861, [Unikat]

Abbildungsnummer: 09, 10

Bemerkungen: Erstveröffentlichung des Apparates durch Ph. Reis in seinem Experimentalvortrag am 26.10.1861 vor dem Physikalischen Verein in Frankfurt. (Zugehöriger Empfänger [App. 3.201])

Standort/Verbleib: unbekannt

Textverweise: Seiten 41 - 69, vor allem 54ff

App. 1.003

Gerätetyp: S II,

Abbildungsnummer: 11, 13

Bemerkungen: Dieser zu Empfänger [App. 3.202] gehörende Sender wurde von J. R. Paddock für das Originalgerät von Reis [1.002] gehalten, für Experimente benutzt und im „Scientific American" veröffentlicht. [Identisch mit App. 1.004 und/oder 2.101 ?]

Standort/Verbleib: Unbekannt

Textverweise: Seite 41 - 69, vor allem 57ff

App. 1.004

Gerätetyp: S II,

Abbildungsnummer: 12

Bemerkungen: Diesen Sender (mit [App. 3.203] als Empfänger) übernahm Thompson von Siegmund Theodor Stein, der ihn 1882 auf der „Internationalen Electricitätsausstellung" im Glaspalast in München ausgestellt hatte. Thompson hielt ihn (irrtümlich) für das Gerät, das Reis bei seinem Vortrag am 26.10.61 benutzt hatte. [Identisch mit App. 1.003 und/oder 2.101 ?]

Standort/Verbleib: Unbekannt

Textverweise: Seite 41 - 69, vor allem 57ff

App. 1.005

Gerätetyp: S III [Ph. Reis, Friedrichsdorf] 1861/62

Abbildungsnummer: 15, 16

Bemerkungen: Ph. Reis stellte diesen Apparat mit [App. 3.221] im Rahmen eines Experimentalvortrages am 11.5.1862 vor dem Freien Deutschen Hochstift in Frankfurt der Öffentlichkeit vor.

Standort/Verbleib: unbekannt

Textverweise: Seiten 71-84, besonders Seite 79ff und 88ff.

App. 1.006

Gerätetyp: S IV [Ph. Reis, Friedrichsdorf] 1862

Abbildungsnummer: 17, 18

Bemerkungen: Erstveröffentlichung des Apparates durch Wilhelm von Legat (1862), (nicht zu verwechseln mit dem Hochstiftgerät von Reis [App. 1.005]) (Zugehöriger Empfänger [App. 3.101])

Standort/Verbleib: Unbekannt

Textverweise: Seite 85-95, besonders Seite 88ff

App. 1.007

Gerätetyp:
S Va [Ph. Reis, Friedrichsdorf] 1862/63 [Unikat]

Abbildungsnummer: 19, 20

Bemerkungen: Diese Ausführungsform des Senders aus dem Nachlaß von Reis wurde erst nach dessen Tod von Karl Schenk [Schenk (1878) Seite 8f, Fig 2] veröffentlicht. Zum Zeitpunkt seiner Bekanntmachung befand sich dieser Apparat (ebenso wie die [App. 1.007 und 1.009] im Besitz der physikalischen Sammlung des „Institut Garnier" in Friedrichsdorf. Im Oktober 1886 gingen die Apparate [1.007] [1.009] und [1.001] in den Besitz des „Reichspostmuseums" in Berlin über, wo sie nachweisbar bis gegen Ende des II. Weltkrieges blieben. Durch die Zerstörung des „Reichspostmuseums", aber auch durch andere Kriegs- und Nachkriegseinflüsse entstanden an den ausgelagerten Beständen große Schäden. Der heutige Verbleib dieses Apparates ist ungeklärt.

Standort/Verbleib: Ungeklärt

Textverweise: Seiten 97-104, besonders Seite 98ff

App. 1.008

Gerätetyp:
S Vb [Ph. Reis, Friedrichsdorf] 1862/63 [Unikat]

Abbildungsnummer: 21

Bemerkungen: Dieses in den Unterlagen des Deutschen Museums als Original ausgewiesene Gerät gelangte im Juni 1905 aus dem Besitz der Königlichen Industrieschule Augsburg in die Bestände des Deutschen Museums. Wann und auf welchem Wege die Geräte nach Augsburg gelangt sind, konnte nicht ermittelt werden.

Standort/Verbleib: Deutsches Museum München

Invt.-Nr.: 05/2561c

Textverweise: Seiten 97-104, besonders Seite 101ff

App. 1.009

Gerätetyp:
S VIa [Ph. Reis, Friedrichsdorf] 1862/63 [Unikat]

Abbildungsnummer: 22, 23

Bemerkungen: Diese Ausführungsform des Senders aus dem Nachlaß von Reis wurde erst nach dessen Tod von Karl Schenk [Schenk (1878) Seite 8f, Fig 1] veröffentlicht. Zum Zeitpunkt seiner Bekanntmachung befand sich dieser Apparat (ebenso wie die Apparate 1.007 und 1.009] im Besitz der physikalischen Sammlung des „Institut Garnier" in Friedrichsdorf. Im Oktober 1886 gingen die Apparate [1.007] [1.009] und [1.001] in den Besitz des „Reichspostmuseums" in Berlin über, wo sie nachweisbar bis gegen Ende des II. Weltkrieges blieben. Durch die Zerstörung des „Reichspostmuseums", aber auch durch andere Kriegs- und Nachkriegseinflüsse entstanden an den ausgelagerten Beständen große Schäden. Der heutige Verbleib dieses Apparates ist ungeklärt.

Standort/Verbleib: Ungeklärt

Textverweise: Seiten 105 - 114, besonders 105ff

App. 1.010

Gerätetyp: S VIb [Ph. Reis, Friedrichsdorf] 1862/63 [Unikat]

Abbildungsnummer: 24

Bemerkungen: Dieses in den Unterlagen des Deutschen Museums als Original ausgewiesene Gerät gelangte im

Juni 1905 aus dem Besitz der Königlichen Industrieschule Augsburg in die Bestände des Deutschen Museums. Wann und auf welchem Wege es nach Augsburg gelangt sind, konnte nicht ermittelt werden.

Standort/Verbleib: Deutsches Museum München

Invt.-Nr.: 05/2561d

Textverweise: Seiten 105 - 114, besonders Seite 108 ff

App. 1.011

Gerätetyp: S VII [Albert, Frankfurt] 1863,

Abbildungsnummer: ohne

Bemerkungen: Dies ist der erste Apparat dieses Typs, den Reis selbst am 4.7.1863 in einem Experimentalvortrag vor dem Physikalischen Verein in Frankfurt der Öffentlichkeit vorstellte. (Zugehöriger Empfänger [App. 3.204])

Standort/Verbleib: ungeklärt

Textverweise: Seite 116f

App. 1.012

Gerätetyp: S VII [Albert, Frankfurt] 1863

Abbildungsnummer: ohne

Bemerkungen: Dieses Gerät erwarb W. Ladd im Juli 1863 bei Albert in Frankfurt und stellte es noch im selben Jahr auf der 33. Sitzung der „Britisch Association for the Advancement of Science" in Newcastle-upon-Tyne der britischen Fachwelt vor.
Dieser Apparat war vermutlich noch ohne Gerätenummer von Reis. (Zugehöriger Empfänger [App. 3.205])

Standort/Verbleib: ungeklärt

Textverweise: Seite 124f

App. 1.013

Gerätetyp: S VII [Albert, Frankfurt: 2] 1863

Abbildungsnummer: 37

Bemerkungen: Dieses Gerät wurde von Reis 1863, wahrscheinlich am 15. August dem „Freien Deutschen Hochstift" in Frankfurt geschenkt und von diesem dem „Deutschen Mu

seum" in München am 1.11.1906 als Depositum überlassen.
(Zugehöriger Empfänger [App. 3.206])

Standort/Verbleib: Deutsches Museum, München

Invt-Nr: 06/7611

Textverweise: Seite 125, 159, 160 und Kap. 4.

App. 1.014

Gerätetyp: S VII [Albert, Frankfurt: 14] 1863

Abbildungsnummer: 26

Bemerkungen: Das Gerät (mit zugehörigem Empfänger
[App. 3.207] stammt aus dem Besitz des Dilthey-Gymnasiums in Wiesbaden und kam 1952 von dort in den Bestand
des Museums.

Standort/Verbleib: Museum für Post und Kommunikation
Frankfurt

Invt-Nr: EB-Nr. 5162

Textverweise: Seite 155, 160

App. 1.015

Gerätetyp: S VII [Albert, Frankfurt: 43] 1863

Abbildungsnummer: 39

Bemerkungen: Das Gerät kam am 29.7.1949 aus dem Museum van der Arbeid aus Amsterdam ins PTT-Museum Den
Haag ('s Gravenshage). Weitere Daten sind nicht bekannt.
Der dem Gerät heute in der Museumspräsentation zugeord-
nete Empfänger [App. 3.208] gehörte ursprünglich offenbar
nicht zu diesem Gerät.

Standort/Verbleib: PTT-Museum, Den Haag

Invt-Nr: 17997 (Alte **Invt-Nr:** E XIV/59)

Textverweise: Seite 155, 160

App. 1.016

Gerätetyp: S VII [Albert, Frankfurt] 1863

Abbildungsnummer: ohne

Bemerkungen: Gerätenummer nicht bekannt.
Dieses Gerät stellte R. Boettger im September 1863 auf der
30. Versammlung der „Gesellschaft Deutscher Naturforscher
und Ärzte" in Stettin vor. Sein Vortrag war u.a. Grundlage
für eine ausführliche Berichterstattung in der Gartenlaube

(1863) Heft 51, Seite 808. (Zugehöriger Empfänger [App. 3.209])

Standort/Verbleib: unbekannt

Textverweise: Seite 121ff

App. 1.017

Gerätetyp: S VII [Albert, Frankfurt]

Abbildungsnummer: ohne

Bemerkungen: Gerätenummer und Herstellungsjahr (1863 oder 1864) nicht bekannt.
Diesen Sender stellte der Professor für Physik an der Universität Gießen, Dr. Heinrich Buff (1805-1878) am 13. Februar 1864 im Rahmen eines Experimentalvortrages vor der „Oberhessischen Gesellschaft für Natur- und Heilkunde" in Gießen der Öffentlichkeit vor. (Zugehöriger Empfänger [App. 3.210])

Standort/Verbleib: unbekannt

Textverweise: Seite 129ff

App. 1.018

Gerätetyp: S VII [Albert, Frankfurt]

Abbildungsnummer: ohne

Bemerkungen: Gerätenummer und Herstellungsjahr (1863 oder 1864) nicht bekannt.
Diesen Sender stellte Dr. Hermann Pick (1824-1894) am 28. November 1864 im Rahmen eines öffentliches Experimentalvortrages vor dem „Verein zur Verbreitung naturwissenschaftlicher Kenntnisse" in Wien der Öffentlickeit vor. 1866 erschien sein Vortrag im Druck (Pick 1866]. (Zugehöriger Empfänger [App. 3.211])

Standort/Verbleib: unbekannt

Textverweise: Seite 133f

App. 1.019

Gerätetyp: S VII [Albert, Frankfurt]

Abbildungsnummer: ohne

Bemerkungen: Gerätenummer und Herstellungsjahr (1863 - 1865) nicht bekannt.
Diesen Sender [zusammen mit App. 3.212] führte David Ed-

ward Hughes (1831-1900) im Sommer 1865 dem Zaren von Rußland auf dessen Sommersitz Zarskoje wenige Kilometer südlich von St. Petersburg vor.

Standort/Verbleib: unbekannt

Textverweise: Seite 133

App. 1.020   **Gerätetyp:** S VII [Albert, Frankfurt: 50] 1863

Abbildungsnummer: 36

Bemerkungen: Dieser Apparat kam 1905 zusammen mit einen Anschreiben von Reis datiert vom 14.12.1863 (Handschriftenabteilung: Stand-Nr. 1233) aus dem Besitz der Industrieschule Augsburg ins Deutsche Museum in München. (Zugehöriger Empfänger [App. 3.213])

Standort/Verbleib: Deutsches Museum, München

Invt-Nr: 05 / 2561a

Textverweise: Seite 117f, 155f, 159f

App. 1.021   **Gerätetyp:** S VII [Albert, Frankfurt]

Abbildungsnummer: ohne

Bemerkungen: Gerätenummer und Herstellungsjahr (1863 oder 1864) nicht bekannt.
Am 21. September 1864 stellte Reis diesen Sender zusammen mit [App. 3.214] als Empfänger auf der 39. in Gießen tagenden Versammlung der „Gesellschaft Deutscher Naturforscher und Ärzte", d.h. den versammelten Fachwissenschaftlern aus allen deutschen Staaten (einschließlich Österreichs) vor.
[Identisch mit App. 1.011]

Standort/Verbleib: unbekannt

Textverweise: Seite 130ff

App. 1.022   **Gerätetyp:** S VII [Albert, Frankfurt: 52] 1864

Abbildungsnummer: 58

Bemerkungen: Während der Drucklegung dieses Buches wurde dem Museum für Post und Kommunikation in Frankfurt dieser aus einem privaten, niederländischen Sammlungsbestand stammende bislang nicht bekannte Sender mit dazugehörigem Empfänger [App. 3.215] angeboten.

[Identisch mit App. ?]

Standort/Verbleib: Privatbesitz
(Museum für Post und Kommunikation Frankfurt)

Invt-Nr: noch nicht bekannt

Textverweise: Seite 155

App. 1.023

Gerätetyp: S VII [Albert, Frankfurt: 59] 1864

Abbildungsnummer: ohne

Bemerkungen: Neben [App. 1.022] der zweite im Jahre 1864 hergestellte Sender. Er kam im Juni 1913 vom „Königlich Bayerischen Technikum" in Nürnberg als Depositum ins „Deutsche Museum" nach München. (Zugehöriger Empfänger [App. 3.204])

Standort/Verbleib: Deutsches Museum München

Invt-Nr: 13/ 39081

Textverweise: Seite 155, 159f

App. 1.024

Gerätetyp: S VII [Albert, Frankfurt]

Abbildungsnummer: ohne

Bemerkungen: Gerätenummer und Herstellungsjahr nicht bekannt.Dieses Gerät wurde möglicherweise erst nach dem Tode von Reis hergestellt, auf jeden Fall aber auf der ursprünglich für Juni 1875 geplanten, dann aber zweimal, zuletzt auf Mai 1876 verschobenen internationalen Ausstellung wissenschaftlicher Apparate im South Kensington Museum ausgestellt. (Zugehöriger Empfänger [App. 3.217])

[Identisch mit App. 1.027 ?]

Standort/Verbleib: ungeklärt

Textverweise: Seite 139ff

App. 1.025

Gerätetyp: S VII [Albert, Frankfurt] 1863
(mit E II [Albert, Frankfurt] = App. 3.218)

Abbildungsnummer: 34, 38

Bemerkungen: Hierbei handelt es sich um den Sender, der
von Pisko 1863/64 bei seinen Experimenten benutzt wurde,
den er detailliert beschrieb und 1865 erstmals veröffentlichte. Vgl. Pisko (1865). Seine Abbildung in Pisko (1885)
weist jedoch deutlich Unterschiede zu dem 1865 publizierten Gerät auf. (Zugehöriger Empfänger [App. 3.218])

Standort/Verbleib: unbekannt

Textverweise: Seite 146ff

App. 1.026

Gerätetyp: S VII [Albert, Frankfurt] 1863

Abbildungsnummer: ohne

Bemerkungen: Der Kauf dieser Geräte duch I. Hauck in
Wien bei Reis wird von Reis selbst in seinem Brief an F. J.
Pisko vom 18.10.1863 bestätigt. (Zugehöriger Empfänger
[App. 3.219])

[Identisch mit App. 1025 ?]

Standort/Verbleib: unbekannt

Textverweise: Seite 151ff

App. 1.027

Gerätetyp: S VII [Albert, Frankfurt „1"]

Abbildungsnummer: ohne

Bemerkungen: Dieser Apparat hat kein Signum in der Ausbohrung des Gerätedeckels. Abweichend von allen anderen
bekannt gewordenen Geräten befindet sich in der Sprechmuschel als Kennzeichnung eine „1". Die Herkunft des Apparates als Gerät aus der Herstellung der Firma Albert ist dokumentiert. Ob es sich dabei allerdings tatsächlich um das erste
Gerät aus der Produktion von Reis handelt, ist fragwürdig.
Entscheidend ist, daß das Signum fehlt, das nach Reis eigener Darstellung erst nach persönlicher Prüfung eines Gerätes
durch ihn angebracht wurde. Es spricht vieles dafür anzunehmen, daß dieses Gerät ein erst nach dem Tode von Reis
(also zwischen 1874 und 1877) für Präsentationszwecke besonders aufwendig hergestelltes Exemplar ist

(möglicherweise identisch mit [App. 1.024]), das dann am 22.11.1877 von Heldberg im Auftrage Stephans bei der Firma Albert in Frankfurt für das Reichspostmuseum gekauft wurde. (Zugehöriger Empfänger [App. 3.220])

[Identisch mit App. 1.024 ?]

Standort/Verbleib:
Museum für Post und Kommunikation Berlin

Invt-Nr: 3.111.4.000.1.

Textverweise: Seite 154f, 160

App. 2.101

Gerätetyp: S II [Fritz, Frankfurt] 1861, [Unikat]

Abbildungsnummer: ohne

Bemerkungen: Dieser Sender wurde - wie (wahrscheinlich auch) der hierzu gehörige Empfänger [App. 4.211] nach den Vorträgen von Reis am 26. 10. und 16. 11. 1861 vom Physikalischen Verein in Auftrag gegeben und von Boettger in einem Experimentalvortrag am 1. 12. 1861 öffentlich vorgestellt.

Wahrscheinlich war es dieses Gerätepaar, das Siegmund Theodor Stein aus den Bestand des Physikalischen Vereins übernahm und an Silvanus Thompson weitergab.

Ob es sich hierbei um das Apparatepaar [App. 1.003] [App. 3.202] oder [App. 1.004] [App. 3.203] handelt, ist unklar.

[Identisch mit App. 1.003 oder 1.004 ?]

Standort/Verbleib: unbekannt

Textverweise: Seite 47ff

App. 2.201

Gerätetyp: E II [Koenig, Paris] 1862ff

Abbildungsnummer: ohne

Bemerkungen: R. Koenig brachte bereits auf der Weltausstellung in London (1862) Nachbauten der II. Ausführungsform des Senders mit magnetostriktivem Empfänger zur Ausstellung und vertrieb das Reis Telephon auch in den folgenden Jahren. Der hierzu gehörige und von Pisko beschriebene Empfänger wurde als [App. 4.221] erfaßt.

Standort/Verbleib: ungeklärt

Textverweise: Seite 49ff, vgl. auch 141ff

App. 2.202

Gerätetyp: E II [Koenig, Paris] 1865ff

Abbildungsnummer: ohne

Bemerkungen: R. Koenig vertrieb Nachbauten der VII. Ausführungsform des Senders mit magnetostriktivem Empfänger spätestens seit 1865 bis in die 70er Jahre des 19. Jahrhunderts. Zu diesem konkreten Sender in der Smithsonian Institution, Washington, gehört als Empfänger [App. 4.222]

Standort/Verbleib:
Smithsonian Institution, Washington

Invt-Nr: 179, 180 (?)

Textverweise: Seite 141 ff, vgl. 49 ff

App. 2.301

Gerätetyp: E II [Hauck, Wien: 10] 1865

Abbildungsnummer: 35

Bemerkungen: I. Hauck in Wien baute spätestens seit 1865 Geräte der VII. Ausführungsform des Senders mit magnetostriktivem Empfänger nach. Dieser Sender gehört zu [App. 4.231] und wurde dem Museum am 12.2.1915 vom Physikalischen Institut der Technischen Hochschule Wien gestiftet.

Standort/Verbleib: Technisches Museum, Wien

Invt-Nr: 10728/1

Textverweise: Seite 151ff

App. 2.401

Gerätetyp: S VII [Ladd, London] 1863

Abbildungsnummer: ohne

Bemerkungen: W. Ladd gehörte zu den frühesten Käufern des Reis Telephons und experimentierte damit. Wahrscheinlich baute er das Gerät nach und vertrieb es. Bekannt wurde der Verkauf eines Gerätes an St. M. Yeates. (Zugehöriger Empfänger [App. 4.241])

[Identisch mit App. 1.012 ?]

Standort/Verbleib: unbekannt

Textverweise: Seite 125ff

App. 2.402

Gerätetyp: S VII [v. d. Weyde] 1869, [Unikat]

Abbildungsnummer: 29

Bemerkungen: Auf der Grundlage der Darstellung des Reis-Telephons bei Hessler-Pisko (1866) baute der amerikanische Physiker P. H. van der Weyde 1869/70 diesen Sender [App. 2.402] nach, experimentierte damit und stellte ihn öffentlich vor. (Zugehöriger Empfänger [App. 4.102 oder 4.242])

Standort/Verbleib: unbekannt

Textverweise: Seite 134ff

App. 2.403

Gerätetyp: S VII

Abbildungsnummer: 54
(gemeinsam mit App. 4.243)

Bemerkungen: Die Archivbestände des Museums erlauben leider keine exakten Angaben hinsichtlich des Herstellungszeitpunktes und des Herstellers. Auf das Gerät sei insbesondere deshalb hingewiesen, weil es durch die Darstellung von Gerard L`E. Turner (1983) S. 140 als Reis Telephon eine Darstellung in der instrumentengeschichtlichen Literatur erfahren hat. (Zugehöriger Empfänger [App. 4.243])

Standort/Verbleib: Teylers Museum, Haarlem

Invt-Nr: Invt. Nr. NM 289

Textverweise: Seite 201ff

App. 2.404

Gerätetyp: S VII [unbekannter Hersteller] vor 1866

Abbildungsnummer: ohne

Bemerkungen: Zu diesem bei Hessler-Pisko abgebildeten und beschriebenen Sender liegen uns keine weiteren Informationen vor. Ob es sich hierbei allerdings wirklich um ein Originalgerät handelt, ist zweifelhaft, zumal Reis hier als „Reuss" bezeichnet wird. Rezeptionsgeschichtlich sind diese Abbildung und ihre Beschreibung jedoch wichtig, weil sie die Grundlage bilden z. B. für die Rezeption des Reis-Telephons in Amerika. Vgl. [App. 4.242 und 2.402]. (Zugehöriger Empfänger [App. 4.244])

Standort/Verbleib: unbekannt

Textverweise: Seite 47ff

App. 3.101

Gerätetyp: E I [Reis,Friedrichsdorf] 1861/62, [Unikat]

Abbildungsnummer: 41

Bemerkungen: Erstveröffentlichung des Apparates durch Wilhelm von Legat (1862), (nicht zu verwechseln mit dem Hochstiftgerät von Reis [App. 3.221]). (Zugehöriger Sender [App. 1.006])

Standort/Verbleib: unbekannt

Textverweise: Seite 165 - 176, besonders Seite 172ff

App. 3.201

Gerätetyp: E II [Reis, Friedrichsdorf] 1861

Abbildungsnummer: ohne (43 ?)

Bemerkungen: Von Reis bei seinem Vortrag am 26. 10. 1861 vor dem Physikalischen Verein benutzter magnetostriktiver Empfänger. Möglicherweise identisch mit dem „Violin - Receiver", d.h. einer auf einen Brief H.F. Peters an S.Ph. Thompson zurückgehende, rekonstruierte (erstmals bei Thompson (1883) Seite 29, Fig. 19 veröffentlichte) Vorform, vgl. auch Thompson (1883) 126f. (Zugehöriger Sender [App. 1.002])

Standort/Verbleib: unbekannt

Invt-Nr.:

Textverweise: Seite 177ff

App. 3.202

Gerätetyp: E II

Abbildungsnummer: 44

Bemerkungen: Dieser zu Sender [App. 1.003] gehörende Empfänger wurde von J. R. Paddock für Experimente benutzt und im „Scientific American" veröffentlicht. [Identisch mit App. 3.203 und/oder App. 4.211 ?]

Standort/Verbleib: unbekannt

Textverweise: Seite 184 f

App. 3.203

Gerätetyp: E II

Abbildungsnummer: ohne

Bemerkungen: Zu Sender [App. 1.004] gehöriger Empfänger, den Dr. Sigmund Theodor Stein 1882 auf der „Internationalen Electricitätsausstellung" im Glaspalast in München ausstellte und an Silvanus Ph. Thompson weitergab. Thompson hielt ihn (irrtümlich) für das Gerät, das Reis bei seinem Vortrag am 26.10.61 benutzt hatte.

[Identisch mit App. 3.202 und/oder App. 4.211 ?]

Standort/Verbleib: unbekannt

Textverweise: Seite 184 f

App. 3.204

Gerätetyp: E II [Albert, Frankfurt ?] 1863

Abbildungsnummer: ohne

Bemerkungen: Diesen Empfänger (in Verbindung mit [App. 1.011] führte Reis selbst am 4.7.1863 in einem Experimentalvortrag vor dem Physikalischen Verein in Frankfurt der Öffentlichkeit vor.
Ob dieses Gerät bereits durch die Firma Albert oder von Reis selber gefertigt wurde, ist unklar.

[Identisch mit App. 3.214 ?]

Standort/Verbleib: unbekannt

Textverweise: Seite 182 ff

App. 3.205

EII zu S VII
Gerätetyp: E II [Albert, Frankfurt] 1863,

Abbildungsnummer: ohne

Bemerkungen: Dieses Gerät erwarb W. Ladd zusammen mit [App. 1.012] im Juli 1863 bei Albert in Frankfurt und stellte es noch im selben Jahr auf der 33. Sitzung der „Britisch Association for the Advancement of Science" in Newcastle-upon-Tyne der britischen Fachwelt vor.

Standort/Verbleib: ungeklärt

Textverweise: Seite 124f

App. 3.206

Gerätetyp: E II [Albert, Frankfurt] 1863
Standardform,

Abbildungsnummer: 47

Bemerkungen: Den Archivunterlagen des Deutschen Museums zufolge stammt dieses Gerät aus dem Besitz des Freien Deutschen Hochstiftes in Frankfurt, gehört somit zu Sender [App. 1.013] und gelangte am 8. 11.1906 ins Deutsche Museum.

Standort/Verbleib: Deutsches Museum München

Invt-Nr: 06 / 7612

Textverweise: Seite 188, 190f

App. 3.207

Gerätetyp: E II [Albert, Frankfurt] 1863

Abbildungsnummer: ohne

Bemerkungen: Dieser Empfänger gehört zu [App. 1.014] und stammt aus dem Besitz des Dilthey-Gymnasiums in Wiesbaden, von wo es 1952 in den Bestand des Museums kam.

Standort/Verbleib: Museum für Post und Kommunikation Frankfurt

Textverweise: ohne

App. 3.208

Gerätetyp: E II [Albert, Frankfurt] 1863

Abbildungsnummer: ohne

Bemerkungen: Der Empfänger gehörte ursprünglich vermutlich nicht zu dem ihm jetzt zugeordneten Sender [App. 1.015]. Er kam am 24.11.1947 von der Technischen Hogeschool te Delft ins PTT-Museum. Der Empfänger trägt als einziger uns bisher bekannt gewordener im Deckel einen Herstellervermerk: „J. Wilh. Albert, Frankfurt a. M".

Standort/Verbleib: PTT-Museum, Den Haag

Invt-Nr: Invt.-Nr.: 16154

Textverweise: Seite 191

App. 3.209

Gerätetyp: E II [Albert, Frankfurt] 1863

Abbildungsnummer: ohne

Bemerkungen: Dieses Gerät stellte R. Boettger im September 1863 in Verbindung mit [App. 1.016] auf der 30. Versammlung der „Gesellschaft Deutscher Naturforscher und Ärzte" in Stettin vor. Boettgers Vortrag war u.a. Grundlage für eine ausführliche Berichterstattung in der Gartenlaube (1863) Heft 51, Seite 808.

Standort/Verbleib: unbekannt

Textverweise: Seite 121ff

App. 3.210

Gerätetyp: E II [Albert, Frankfurt]

Abbildungsnummer: ohne

Bemerkungen: Herstellungsjahr (1863 oder 1864). Diesen Empfänger (zusammen mit App. 1.017] benutzte der Professor für Physik an der Universität Gießen, Dr. Heinrich Buff (1805-1878), als er am 13. Februar 1864 im Rahmen eines Experimentalvortrages vor der „Oberhessischen Gesellschaft für Natur- und Heilkunde" in Gießen das Reis-Telephon der Öffentlichkeit vorstellte.

Standort/Verbleib: unbekannt

Textverweise: Seite 128ff

App. 3.211

Gerätetyp: E II [Albert, Frankfurt]

Abbildungsnummer: ohne

Bemerkungen: Herstellungsjahr (1863 oder 1864). Diesen Empfänger stellte Dr. Hermann Pick (1824-1894) zusammen mit [App. 1.018] am 28. November 1864 im Rahmen eines öffentliches Experimentalvortrages vor dem „Verein zur Verbreitung naturwissenschaftlicher Kenntnisse" in Wien der Öffentlickeit vor. 1866 erschien sein Vortrag im Druck (Pick 1866).

Standort/Verbleib: unbekannt

Textverweise: Seite 132f

App. 3.212

Gerätetyp: E II [Albert, Frankfurt]

Abbildungsnummer: ohne

Bemerkungen: Herstellungsjahr (1863 oder 1865. Diesen Empfänger [zusammen mit App. 1.019] führte David Edward Hughes (1831-1900) im Sommer 1865 dem Zaren von Rußland auf dessen Sommersitz Zarskoje wenige Kilometer südlich von St. Petersburg vor.

Standort/Verbleib: unbekannt

Textverweise: Seite 133

App. 3.213

Gerätetyp: E II [Albert, Frankfurt] 1863

Abbildungsnummer: 49

Bemerkungen: Dieser Apparat kam 1905 zusammen mit [App. 1.020] und einem Anschreiben von Reis datiert vom 14.12.1863 (Handschriftenabteilung: Stand-Nr. 1233) aus dem Besitz der Industrieschule Augsburg ins Deutsche Museum in München.

Standort/Verbleib: Deutsches Museum, München

Invt-Nr: 05 / 2561b

Textverweise: Seite 117f, 155f, 192, vor allem 194f

App. 3.214

Gerätetyp: E II [Albert, Frankfurt]

Abbildungsnummer: ohne

Bemerkungen: Herstellungsjahr (1863 oder 1864). Am 21. September 1864 stellte Reis diesen Empfänger zusammen mit [App. 1.021] als Sender auf der 39. in Gießen tagenden Versammlung der „Gesellschaft Deutscher Naturforscher und Ärzte", d.h. den versammelten Fachwissenschaftlern aus allen deutschen Staaten (einschließlich Österreichs) vor.

[Identisch mit 3.203 ?]

Standort/Verbleib: unbekannt

Textverweise: Seite 130ff, 182,

App. 3.215

Gerätetyp: E II [Albert, Frankfurt] 1864,

Abbildungsnummer: 59

Bemerkungen: Während der Drucklegung dieses Buches wurde dem Museum für Post und Kommunikation in Frankfurt dieser aus einem privaten, niederländischen Sammlungsbestand stammende, bislang nicht bekannte Empfänger mit dazugehörigem Sender [App. 1.022] angeboten.

Standort/Verbleib: Museum für Post und Kommunikation Frankfurt

Invt-Nr: noch offen

Textverweise: Seite 257 ?

App. 3.216

Gerätetyp: E II [Albert, Frankfurt] 1864

Abbildungsnummer: ohne

Bemerkungen: Zu [App. 1.023] (= Invt. Nr. 13/ 39081 und 62/ 75365) existiert im heutigen Bestand des Deutschen Museums kein Empfänger. Im Übergabebrief des Königlich Bayerischen Technikums Nürnberg vom 6. Juni 1913 wird jedoch ein Originaltelephon von Reis, das als Funktionssystem aus Sender und Empfänger bestehen müßte, angegeben.

[Identisch mit 3.206 ?]

Standort/Verbleib: ungeklärt

Textverweise: Seite 199

App. 3.217

Gerätetyp: E II [Albert, Frankfurt]

Abbildungsnummer: ohne

Bemerkungen: Dieses Gerät wurde möglicherweise erst nach dem Tode von Reis hergestellt, auf jeden Fall aber (zusammen mit [App. 1.024] 1876 auf der internationalen Ausstellung wissenschaftlicher Apparate im South Kensington Museum ausgestellt.

[Identisch mit App. 3.220 ?]

Standort/Verbleib: ungeklärt

Textverweise: Seite 138ff

App. 3.218

Gerätetyp: E II [Albert, Frankfurt] 1863

Abbildungsnummer: 34
(mit App. 1.025 zusammen)

Bemerkungen: Hierbei handelt es sich um den Empfänger,
den F. J. Pisko 1863/64 bei seinen Experimenten benutzte,
den er detailliert beschrieb und 1865 erstmals veröffentlichte. Vgl. Pisko (1865). (Zugehöriger Sender [App. 1.025])

Standort/Verbleib: unbekannt

Textverweise: Vgl. Seite 146ff

App. 3.219

Gerätetyp: E II [Albert, Frankfurt] 1863

Abbildungsnummer: ohne

Bemerkungen: Der Kauf diesers Apparates und des dazugehörigen Senders [App.1.026] durch I. Hauck in Wien wird
von Reis selbst in seinem Brief an F. J. Pisko vom
18.10.1863 bestätigt.

[Identisch mit App. 3.218 ?]

Standort/Verbleib: unbekannt

Textverweise: Vgl. Seite 151ff

App. 3.220

Gerätetyp: E II [Albert, Frankfurt]

Abbildungsnummer: ohne

Bemerkungen: Die Herkunft des Apparates als Gerät aus
der Herstellung der Firma Albert ist dokumentiert. Es spricht
vieles dafür anzunehmen, daß dieses Gerät ein erst nach dem
Tode von Reis (also zwischen 1874 und 1877) für Präsentationszwecke hergestelltes besonders aufwendiges Exemplar
ist (möglicherweise identisch mit App. 3.217), das dann am
22.11.1877 von Heldberg im Auftrage Stephans bei der Firma Albert in Frankfurt für das Reichspostmuseum gekauft
wurde. (Zugehöriger Sender [App. 1.027])

[Identisch mit App. 3.217 ?]

Standort/Verbleib: Museum für Post und Kommunikation
Berlin

Textverweise: Seite 154f

App. 3.221

Gerätetyp: E II [Reis, Friedrichsdorf] 1862

Abbildungsnummer: ohne

Bemerkungen: Diesen Empfänger benutze Reis in Verbindung mit [App. 1.005] bei seinem Experimentalvortrag am 11.5.1862 vor dem Freien Deutschen Hochstift in Frankfurt. [Identisch mit App. 3.201 ?]

Standort/Verbleib: unbekannt

Textverweise: Seite 71-84, 182

App. 3.222

Gerätetyp: E II [Albert, Frankfurt] 1863
Standardform, Variante II

Abbildungsnummer: 51

Bemerkungen: In einer frühen Beschreibung und Veröffentlichung dieses Gerätes (noch vor dessen Übergang ins Deutsche Museum) wird dieser Empfänger durch Hartmann (1899) ausdrücklich als der beschrieben, der zu [App. 1.013] gehört.

Standort/Verbleib: ungeklärt

Textverweise: Seite 196ff

App. 4.101

Gerätetyp: E I [Yeates, Dublin) 1865, [Unikat]

Abbildungsnummer: 28

Bemerkungen: Eine von Yeates 1888 gefertigte originalgetreue Kopie befindet sich heute als Leihgabe des „Science Museums" in London im „Royal Museum of Scotland" in Edinburgh.

Standort/Verbleib: unbekannt

Textverweise: Seite 125ff

App. 4.102

Gerätetyp: E I [van der Weyde] 1870

Abbildungsnummer: 31

Bemerkungen: Auf der Grundlage der Darstellung des Reis-Telephons bei Hessler-Pisko (1866) konstruierte der ameri-

kanische Physiker Peter Henri van der Weyde 1869/70 diesen elektromagnetischen Empfänger [4.102], experimentierte
damit und stellte ihn öffentlich vor. (Zugehöriger Sender
[App. 2.402])

Standort/Verbleib: unbekannt

Textverweise: Seite 134ff

App. 4.211

Gerätetyp: E II [Fritz, Frankfurt] 1861

Abbildungsnummer: ohne

Bemerkungen: Dieser Empfänger wurde - wie der hierzu
gehörige Sender [App. 2.101] nach den Vorträgen von Reis
am 26. 10. und 16. 11. 1861 vom Physikalischen Verein in
Auftrag gegeben und von Boettger in einem Experimental-
vortrag am 1. 12. 1861 öffentlich vorgestellt.
Wahrscheinlich war es dieses Gerätepaar, das Siegmund
Theodor Stein aus den Bestand des Physikalischen Vereins
übernahm und an Silvanus Thompson weitergab.
Ob es identisch ist mit dem Apparatepaar [App. 1.003]
[App. 3.202] oder [App. 1.004] [App. 3.203], ist unklar.

[Identisch mit App. 3.202 und/oder App. 3.202 ?]

Standort/Verbleib: unbekannt

Textverweise: Seite 184 f

App. 4.221

Gerätetyp: E II [Koenig, Paris] 1862ff

Abbildungsnummer: ohne

Bemerkungen: R. Koenig brachte bereits auf der Weltausstellung in London (1862) Nachbauten der II. Ausführungsform des Senders mit magnetostriktivem Empfänger zur
Ausstellung und vertrieb das Reis Telephon auch in den folgenden Jahren. Der hierzu gehörige und von Pisko beschriebene Sender wurde als [App. 2.201] erfaßt.

Standort/Verbleib: ungeklärt

Textverweise: Seite 49ff, vgl. auch 141ff

App. 4.222

Gerätetyp: E II [Koenig, Paris] 1865ff

Abbildungsnummer: ohne

Bemerkungen: R. Koenig vertrieb Nachbauten der VII.
Ausführungsform des Senders mit magnetostriktivem Emp-
fänger spätestens seit 1865 bis in die 70er Jahre des 19.
Jahrhunderts. Zu diesem konkreten Empfänger un der
Smithsonian Institution, Washington gehört als Sender
[App. 2.202]

Standort/Verbleib:
Smithsonian Institution, Washington

Invt-Nr: 179, 180 (?)

Textverweise: Seite 141 ff, vgl. 49 ff

App. 4.231

Gerätetyp: E II [Hauck, Wien] 1863

Abbildungsnummer: ohne

Bemerkungen: I. Hauck in Wien baute spätestens seit 1865
Geräte der VII. Ausführungsform des Senders mit magneto-
striktivem Empfänger nach. Dieser Empfänger gehört zu
[App. 2.301] und wurde dem Museum am 12.2.1915 vom I.
Physikalischen Institut der Technischen Hochschule Wien
gestiftet.

Standort/Verbleib: Technisches Museum, Wien

Invt-Nr: 10728/2

Textverweise: Seite 151ff

App. 4.241

Gerätetyp: E II [Ladd, London] 1863

Abbildungsnummer: ohne

Bemerkungen: W. Ladd gehörte zu den frühesten Käufern
des Reis Telephons und experimentierte damit. Wahrscheinlich baute er das Gerät nach und vertrieb es. Bekannt wurde
der Verkauf eines Gerätes an St. M. Yeates. (Zugehöriger
Sender [App. 2.401])

[Identisch mit App. 3.205 ?]

Standort/Verbleib: unbekannt

Textverweise: Seite 125ff

App. 4.242

Gerätetyp: E II [v. d. Weyde] 1869, [Unikat]

Abbildungsnummer: 30

Bemerkungen: Auf der Grundlage der Darstellung des Reis-Telephons bei Hessler-Pisko (1866) baute der amerikanische Physiker Peter Henri van der Weyde 1869/70 diesen magnetostriktiven Empfänger [App. 4.242] nach, experimentierte damit und stellte ihn öffentlich vor.

Standort/Verbleib: unbekannt

Textverweise: Seite 134ff

App. 4.243

Gerätetyp: E II
Standardform, Variante IV

Abbildungsnummer: 54
(gemeinsam mit App. 2.403)

Bemerkungen: Die Archivbestände des Museums erlauben leider keine exakten Angaben hinsichtlich des Herstellungszeitpunktes und des Herstellers. Auf das Gerät sei insbesondere deshalb hingewiesen, weil es durch die Darstellung von Gerard L`E. Turner (1983) S. 140 als Reis Telephon eine Darstellung in der instrumentengeschichtlichen Literatur erfahren hat. (Zugehöriger Sender [App. 2.403])

Standort/Verbleib: Teylers Museum, Haarlem

Invt-Nr: Invt. Nr. NM 289

Textverweise: Seite 201ff

App. 4.244

Gerätetyp: E II [unbekannter Hersteller] vor 1866
Standardform, Variante III

Abbildungsnummer: 52

Bemerkungen: Dieser Empfänger aus dem Lehrbuch von Hessler-Pisko (1866) ist mit Arretierschrauben versehen, durch die Druck auf die schwingende Nadel ausgeübt werden konnte. (Zugehöriger Sender [App. 2.404])

Standort/Verbleib: unbekannt

Textverweise: Seite 199ff

Register

8.1 Personenregister

Abel, Niels Hendrik	221
Adler, Fritz	74ff
Albert, J. Wilhelm	115, 120, 139, 155, 188, 191, 279, 284, 294, 295
Barber, Bernard	222
Barrett, W.F.	127
Bell, Alexander Graham	30, 65, 134
Bernzen, Rolf	17, 29f, 105, 209, 213
Biedermann, Rudolf	139f
Boettger, Rudolph	42, 47 ff, 60, 72, 115, 121 ff, 124, 130, 182, 285, 290, 296, 301
Bohn, Johannes Conrad	130
Bourseul, Charles	211f
Brix, Philipp	88, 167
Buff, Heinrich	115, 128 ff, 131f, 141, 286, 296
Chambers, William u. Robert	145f
Delezenne, Charles E. J.	217
Diehl, W.	129
Dingler, Emil M.	117, 166
Edison, Thomas A.	30
Ferguson, Robert M.	145
Feyerabend, Ernst	100
Finn, Bernhard	144
Franz Joseph von Österrech	118, 196 ff,
Fricke, Heinz	45ff
Fritz, Georg August Heinrich	48f, 60, 279, 290, 301
Gassiot, John Peter	217

Gray, Elisha	134,
Hartmann, Eugen	172, 196ff
Hauck, Wilhelm Ignatz	149ff, 279, 289, 291, 299, 302
Heldberg	39, 290, 299
Hennike, Ferdinand	100
Hessler, Ferdinand	134, 146, 200, 292, 303
Hold, Heinrich	181
Horkheimer, Ernst	30ff, 38, 79 ff, 110f, 165,177ff,
Horstmann, Erwin	100, 128, 133, 211
Houston, Edwin J.	65, 67, 144
Hübner, Hans	39f
Hughes, David Edward	115, 133, 286f, 297
Karsten, Gustav	144f
Karras, Th.	172
Koenig, Rudolph	50 ff, 65, 125, 141-144, 146f, 151, 279, 290, 291, 301, 302
Kuhn, Carl	85, 93f, 144, 166, 174ff
Ladd, William	115, 121, 124f, 141, 186, 214f, 279, 284, 291,294, 302
Legat, Wilhelm von	73, 85-95, 111, 166-176, 282, 293
Lorch-Göllner, Silke	8
Mateucci, Carlo	217
Maximilian von Bayern	196ff
Mendel, Gregor Johann	221
Messel, Rudolph	112f
Müller, Johannes	140, 145, 183f
Nägli, Carl von	221

Niepce, Joseph N.   49

Noebels, J.   86

Ohm, Georg Simon   221

Paddock, J. R.   59, 65, 67ff, 185, 281, 293

Page, Charles Grafton   217

Peter, Heinrich Friedrich   43f, 177 ff, 293

Petrik, Leopold   53f, 151

Pick, Hermann   115, 132f, 141, 160, 286, 296

Pisko, Franz Joseph   49 ff, 146f, 160f, 200, 289, 290, 299, 301

Poggendor ff, Johann Christian   131f, 217

Poppe Adolph   65

Proescholdt, Ludwig   18

Reinländer, Claus   72, 155, 176, 215

Reis, Carl   81f, 88, 181

Rive, August Arthur de la   217

Ruge, Arnold   77

Sack, J.   39, 200

Schenk, Karl Wilhelm   38f, 97 ff, 101, 104, 105 ff, 108, 110f, 113, 160, 186, 282, 283

Schönbein, Christian F.   47

Schwarz, Georg   172

Schwarz-Schilling, Christian   11f

Stein, Siegmund Theodor   59 ff, 67, 183, 281, 290, 294, 301

Stephan, Heinrich von   39, 290, 294, 299

Thompson, Jane S. und Helen G.   30

Thompson, Silvanus Phillips   9 ff, 29ff, 59 ff, 79 ff, 88, 97ff, 101, 104, 106, 108, 110 ff, 124, 128,

	130f, 165ff, 176, 177ff, 183f, 185, 196, 218, 280, 281, 290, 294, 301
Turner, Gerard L'E.	201
van der Weyde, Peter Henri	115, 134ff, 146, 176
Volger, Otto	71, 74-79, 87, 196ff
Yeates, Stephen Mitchel	15, 125 ff, 176, 280
Zar Alexander II. von Rußland	133, 287, 291, 297, 302

8.2   Sachregister

American Electrical Society   134

Annalen der Chemie und Pharmacie   129, 140

Anzeigeblatt für die Stadt und den Kreis Gießen   129

Apparategeschichte   15f, 226 ff

   Systematik der Erfassung   279f

Augsburger Allgemeine Zeitung   122

British Association for the Advancement of Science 124, 141, 284, 294

Bristol Naturalists' Society Association   9, 25, Abb.4

Deutsches Museum   54f, 101, 103, 108f,
                                                   117, 121, 131, 149f,
                                                   155 ff, 160, 162, 188f,
                                                   190ff, 193, 199, 245ff,
                                                   272, 274, 276, 283ff,
                                                   287, 295, 297

Deutsch-Österreichischer-Telegraphenverein   85 ff, 166, 171

Didaskalia   42, 72f, 212, 225f

Dilthey Gymnasium Wiesbaden   155, 285, 295

Elektroakustik, Basisbeweis   15, 225

Elektrotechnische Gesellschaft Frankfurt   60

Elektrotechnische Zeitschrift   59, 67ff

Empfänger,   165-206

   Einteilung   20 ff, 25, 165

   Formen, des   21, 165ff

   Formen, Übersicht   20 ff, 32,

   Klassifizierung   20 ff, 32, 279

Empfänger, elektromagnetisch   [Abb. Nr. 4] 21, 25,
                                                   125f, 165-176

   elektromagnetisch (v.d.Weyde)   [Abb. Nr. 31] 134 ff,
                                                   176

   elektromagnetisch (Yeates)   [Abb. Nr. 28]
                                                   125-128, 176

Empfänger, magnetostriktiv

magnetostriktiv   21, 25, 163f, 125f,
                                         177-206

Abbildungen   [Nr. 4, 27, 34]

Formen   182 ff

Formen, Übersicht   204-206

Grundform   [Abb. 44, 45], 183 ff

Standardform   [Abb. 46, 47] 185-191

    Variante I   [Abb. 48, 49] 191 ff

    Variante II   [Abb. 50, 51] 196-199

    Variante III   [Abb. 52, 53] 199-201

    Variante IV   [Abb. 54] 201-203

    Übersicht   [Abb. 55-57], 204-206

Endkontrolle   117, 154

Fonautograph   51

Frankfurter Fürstentag   118f, 196 ff

Frankfurter Intelligenzblatt   71, 116

Frankfurter Journal   198f

Frankfurter Konversationsblatt   47ff, 71, 219

Frankfurter Nachrichten   198, 225

Freies Deutsches Hochstift: 20, 71ff, 74-79, 85ff,
                                         125, 159, 182, 196ff,
                                         282, 284, 295, 300

Fritz, Mechanikerfirma in Frankfurt   48, 49, 60, 279

Funktionsprinzip des Reis-Telephons   65ff

Gartenlaube, Die   65, 122f, 140, 285, 296

Geigenempfänger   [Abb. Nr. 43], 174,
                                         179, 181

Gerätenummer   26, 117, 125

Gerät Nr. 2   26, 284f, 295

Gerät Nr. 14   26, 285, 295

Gerät Nr. 43   26, 285, 295

Gerät Nr. 50	26, 287, 197
Gerät Nr. 52	26, 287f, 298
Gerät Nr. 59	26, 288, 298
Geräte-Übersicht	22-25, 279ff
Gesellschaft Deutscher Naturforscher und Ärzte	20, 121 ff, 130 ff, 182, 285, 287, 296, 297
Institut Garnier	18f, 38, 97 ff, 106, 177, 280, 282f
Internationale Elektricitätsausstellung München (1882)	61, 183
Klassifizierung der Geräte von Reis	20 ff, 32
Königlich Bayerisches Technikum Nürnberg	155, 199, 288, 298
Königliche Industrieschule Augsburg	117, 155, 283, 284, 287
Kompetenzvermutung und Wissenschaftshierarchie	221ff
Konstruktionsarbeit von Reis	16-20
Problemzusammenhang	215-226
Zusammenhang, methodischer	210 ff
Zusammenhang, methodologischer	210 ff
Kurfürstentum Hessen Kassel	19, 168
Landgrafschaft Hessen-Homburg	19
Magnetostriktion	165
Museum der Stadt Gelnhausen	83f, 181
Mechanikerfirma Albert, Frankfurt/M.	115, 120, 139, 155, 188, 191, 279, 284, 294, 295
Mechanikerfirma Fritz, Frankfurt/M.	48, 49, 60, 279
Mechanikerfirma Hauck	149, 151ff
Mechanikerfirma Koenig, Paris	141, 146f, 151
Modelltheoretische Betrachtung	212ff
Museum für Post und Kommunikation	
Berlin	40, 100f, 106, 154f, 160

Museum für Post und Kommunikation
Frankfurt · 40, 42, 100f, 119, 121, 155, 160, 258, 273, 277f, 285, 295

Museum van der Arbeit, Amsterdam · 155

National Telephone Company London · 133

Oberhessische Gesellschaft für Natur- und Heilkunde · 128f, 286, 296

Patentagenturen · 46

Patente · 46

Physical Society of London · 38

Physikaliche Gesellschaft Berlin · 117

Physikalischer Verein: · 19f, 32, 41 ff, 44 ff 49, 54, 60f, 68, 74, 78, 85, 116 ff, 130, 168, 181,182, 281, 284, 294, 301

Polytechnisches Centralblatt · 49

Polytechnisches Journal · 49, 85, 117, 140, 166

Polytechnisches Notizblatt · 48f, 116f, 140, 219, 226

Positionsinhabe, soziale und Kompetenz · 221 ff

Prospect · 117, 120ff, 124f, 153, 159f, 185ff, 217, 225, Anhang 1 (=239-244)

PTT-Museum Den Haag · 155, 158, 160, 191, 203, 274

PTT-Museum Prätoria · 200

Reichspostmuseum · 33, 40, 100, 102, 106, 154, 269, 272, 282

Royal Museum of Scotland, Edinburgh · 128

Science Museum London · 124, 128, 186

Sender

Ausführungsformen, Übersicht	20 ff, 32
Klassifizierung	20 ff, 32
Ausführungsform I:	[Abb. Nr. 1, 5-8] 22, 29-40, 280
Ausführungsform II:	[Abb. Nr. 1, 9-13,] 21, 22, 41-69, 122, 144, 147, 182, 281
Ausführungsform III	[Abb. Nr. 1, 15, 16] 20 21, 22, 71-84, 87, 89, 182, 281f
Ausführungsform IV:	[Abb. Nr. 1, 17,18] 20, 21, 22, 85-95, 166, 282
Ausführungsform V	[Abb. Nr. 2, 19-21] 23, 38, 97-104, 282f
Ausführungsform VI	[Abb. Nr. 2, 22, 24] 23, 38, 97, 105-114, 283f
Ausführungsform VII	[Abb. Nr. 3, 26, 27, 34], 20, 21, 24, 38, 49f, 53, 97, 115-162, 182, 284-292
Albert-Gerät Nr. 02	[Abb. 37],125, 149ff, 159f, 162, 188
Albert-Gerät Nr. 14	[Abb. 26], 155, 160
Albert-Gerät Nr. 43:	[Abb. 39], 155, 160
Albert-Gerät Nr. 50	[Abb. 36], 121, 149ff, 155, 159f
Albert-Gerät Nr. 52	[Abb. 58], 121, 155
Albert-Gerät Nr. 59	[Abb.ohne], 149ff, 155, 199
Hauck-Gerät Nr. 10	[Abb. 35] 149, 151ff
König-Gerät	[Abb. 32, 33], 141-144
Prospect-Gerät	[Abb. Nr. 3]

Sender (Fortsetzung)
    van der Weyde-Gerät   [Abb. 29] 134 ff
Scientific American   53, 57ff, 60f, 134ff,
                                                 138, 183, 185
Signum   120, 125, 162
Smithsonian Institution, Washington   144 ff
Society of Telegraph Engeneers London   124, 142, 186, 273f
South Kensington Museum Ausstellung (1876)   138 ff
Stricknadelempfänger,   siehe Empfänger,
                                                 magnetostriktiver
Systematik der Geräte von Reis   20 ff, 32
Taunusbote, Der   121
Technische Hogeschool te Delft   155
Technisches Museum Wien   152f, 291, 302
Teylers Museum Haarlem   201f, 277
Tönen durch Galvanismus   217ff
Typennummern   26
Typologie der Geräte von Reis   20ff, 32
Verein zur Verbreitung nat.wiss. Kenntnisse, Wien 132f, 286, 296
Violinempfänger, s. Geigenempfänger
Verkaufsprospekt   117, 120, 124
Weltausstellung (London 1862)   49f, 290, 301
Wissenschaftshierarchie und Kompetenzvermutung   221ff
Zollverein, Deutscher   46, 86, 171